普通高等教育“十一五”国家级规划教材
PUTONG GAODENG JIAOYU SHIYIWU GUOJIAJI GUIHUA JIAOCAI

SHUJUKU XITONG YUANLI

数据库系统原理

（第二版）

编著　陆慧娟　高波涌　何灵敏
主审　林怀忠　范剑波

中国电力出版社
CHINA ELECTRIC POWER PRESS

内 容 简 介

本书为普通高等教育“十一五”国家级规划教材。书中较全面地介绍了数据库系统基本原理、技术实现和基本应用知识。全书共分10章，主要内容包括数据库系统概述、关系数据库、关系数据库标准语言、关系数据库的查询优化处理、关系数据库设计理论、数据物理组织与索引、数据库设计、数据库事务管理、数据库的安全性与完整性等，最后还介绍了几种新型的数据库。

本书可作为普通高等院校本、专科计算机专业及相近专业的教材，也可作为计算机爱好者的参考用书。

★ 本书另配有《数据库系统原理习题集与上机指导》。

★ 本书还配有演示文稿，需要者可与出版社联系，免费索取。

图书在版编目（CIP）数据

数据库系统原理：第二版 / 陆慧娟，高波涌，何灵敏编著. 北京：中国电力出版社，2011.5（2018.6 重印）
普通高等教育“十一五”国家级规划教材
ISBN 978-7-5083-7811-4

Ⅰ. ①数… Ⅱ. ①陆… ②高… ③何… Ⅲ. ①数据库系统－高等学校－教材 Ⅳ. ①TP311.13

中国版本图书馆 CIP 数据核字（2011）第 078578 号

中国电力出版社出版、发行
（北京市东城区北京站西街 19 号 100005 http://www.cepp.sgcc.com.cn）
北京九州迅驰传媒文化有限公司印刷
各地新华书店经售

*

2011 年 5 月第一版 2018 年 6 月北京第五次印刷
787 毫米×1092 毫米 16 开本 17.75 印张 433 千字
定价 **53.00** 元

前　言

针对数据库技术的发展，我们对本书第一版做了较大调整、修改和增删，但是原书的基本宗旨不变：全面介绍数据库系统的基本原理、技术实现和基本应用知识。

全书共 10 章。第 1、2、3 章是有关数据库的基本概念，主要介绍了关系数据库和关系数据库的标准语言。第 4、5、6、7 章是有关数据库的设计和优化的内容，主要介绍了关系数据库的查询优化、关系数据库的设计理论、数据库的底层存储结构与索引技术以及数据库的设计理论。第 8、9 章是有关数据库内核的内容，主要介绍事务管理、并发控制与封锁机制、数据库的恢复、数据库的安全性与完整性。第 10 章是有关数据库新技术，主要介绍了几个重要的数据库新技术及其应用。

与本书的第一版不同，本书的大部分实例都能在 Microsoft SQL Server 2005 中执行。第二版较第一版的不同之处有：

（1）去掉了第一版第 1 章中扩充 E-R 模型。

（2）去掉了第一版第 2 章中关系代数表达式的优化部分内容。考虑到查询优化的重要性，把关系数据库的查询优化处理作为单独的一章，在本书中为第 4 章。

（3）去掉了第一版第 4 章，将第一版第 4 章中的 Transact-SQL 程序设计放在了本书第 3 章中。Transact-SQL 是使用 SQL Server 的核心，它是对标准 SQL 的扩充。

（4）去掉了第一版第 5 章中连接依赖及第 5 范式的内容。

（5）对第 6 章的结构与内容做了适当调整。

（6）将数据库设计由原来的第 8 章调整为现在的第 7 章，这样安排使得内容讲解更连贯，并且在数据库设计章节中增加了数据库设计工具 PowerDesigner、采用语义对象建模及采用 XML 方法建模三部分内容。希望通过对这些内容的介绍，使读者能够将理论与实践结合起来。另外，突出了数据流图和数据字典的重要性。

（7）把事务与事务处理、并发控制与封锁机制、数据库恢复单独拿出来作为第 8 章。

（8）对数据库新技术，在结构和内容上做了适当调整与更新，加入了新的 XML 与数据仓库等知识点。

（9）每章后面的习题做了一定的补充和修改。

本书可作为普通高等院校、高等职业技术学校、成人高等院校计算机类相关专业的教材，也可作为非计算机专业学生的选修课或辅修课的教材。另外，还可作为计算机应用人员及工程技术人员的自学参考书。

本书由陆慧娟、高波涌、何灵敏编著，第 1、2、4、6、7、8、9 章由陆慧娟编写，第 5、10 章由高波涌编写，第 3 章由何灵敏编写。另外，蒋志平、关伟在第 3、6 章的编写过程中，给予编者很大帮助。全书由陆慧娟统稿，由浙江大学林怀忠教授、宁波工程学院范剑波教授审阅。在此一并向他们表示感谢。

在本书修订编写过程中，陈伍涛、莫沫、张金伟、毛赟燕等参加了文字录入、绘图和校对等工作。同时得到了编者所在单位的领导和同事的支持，也得到了浙江大学出版社原责任编辑石国华先生的帮助，在此也一并致谢。

在本书编写过程中参考了国内外同行的研究成果和相关资料。在此，编者谨向本书参考文献中列出的作者表示感谢!

由于时间仓促，限于编者知识水平，书中如有不当之处，恳请读者批评指正。对本书的意见请按电子邮件地址 hjlu8@cjlu.edu.cn 反馈给编者，在此表示感谢。

编　者

2011 年 3 月

第一版前言

近年来，计算机数据库技术发展迅速，已广泛地应用于我们生产与生活的各个领域，成为计算机科学的重要分支。因此，数据库课程已经成为计算机科学技术教育的一门重要课程。

本书系统讲述数据库技术的基本概念、原理和基本应用，阐述数据库设计、实现的基本过程，同时介绍数据库系统的最新发展成果。全书共 9 章。第 1 章是数据库系统概论，主要介绍数据管理技术发展的四个阶段及各个阶段的特点，数据库管理系统的组成、结构和功能，数据模型和数据库系统的发展。第 2 章是关系数据库，主要介绍关系模型的特点、关系、关系模式，关系数据库的有关基本概念、关系代数和关系运算，同时还介绍关系代数表达式的优化策略、等价变换规则和优化算法。第 3 章是关系数据库标准语言，主要介绍标准 SQL 语言的基本语法以及应用，同时列举大量实例帮助读者理解和掌握 SQL 语言的使用与特点。第 4 章是关系数据库管理系统实例，主要介绍 SQL Server 2000 软件架构、数据库结构、工具以及 Transact-SQL 程序设计。第 5 章是关系数据库设计理论，是进行数据库设计所必需的理论基础，主要讲解函数依赖的概念，1NF、2NF、3NF、BCNF、4NF 和 5NF 的定义及其规范化的方法。第 6 章是数据库存储结构，主要讨论计算机常见外存介质、文件的组织形式及常用存储方法。第 7 章是数据库安全与保护，从安全性控制、完整性控制、并发控制与封锁和数据库恢复四个方面讨论数据库的安全和保护功能。第 8 章是数据库设计，介绍数据库设计的六个阶段：系统需求分析、概念结构设计、逻辑结构设计、物理设计、数据库实施、数据库运行与维护，对于每一阶段，都分别详细讨论了其相应的任务、方法和步骤。第 9 章是数据库新技术，主要介绍几个重要的数据库新技术及其应用领域，包括面向对象数据库、分布式数据库、多媒体数据库、嵌入式数据库、WWW 数据库和数据挖掘等。

本书的教学需要 51～68 学时，其中理论讲授 39～57 学时，实验 12～18 学时。第 1～5 章及第 7、8 章为必学内容；第 6 章、第 9 章为选学内容。

本书是全面介绍数据库系统基本原理、技术实现和基本应用知识的最新教程，编写中力求内容全面、概念清晰、语言流畅、图文并茂、理论与实际系统相结合，相关章节还结合 SQL Server 2000 数据库系统进行介绍，并尽力反映数据库领域的最新研究成果，比如，ODMG 2.0 标准、SQL3 和嵌入式数据库等。

本教材可作为普通高等院校、高等职业技术学校、成人高等院校计算机类及相关专业的教材，也可作为非计算机专业学生的选修课或辅修课的教材。另外，还可作为计算机应用人员及工程技术人员的自学参考书。

本书由陆慧娟担任主编，高波涌、蒋志平担任副主编，第 1、2、6、7、8 章由陆慧娟编写，第 4、5 章及第 9 章部分内容由高波涌编写，第 3 章和第 9 章的嵌入式数据库由蒋志平编写。全书由陆慧娟统稿。

在本书编写过程中，王力、龚骏辉、陈庆寿、林传华、胡庆泽、余霖泽、周松等参加了文字录入、绘图和校对等工作。同时得到了编者所在单位的领导和同事的支持，特别是得到了关伟、阮健的帮助，在此一并致谢。

在本书编写过程中参考了国内外同行的研究成果和相关资料。在此，编者谨向本书参考文献中列出的作者表示感谢!

由于时间仓促，书中如有不当之处，恳请读者批评指正。对本书的意见请按电子邮件地址 hjlu8@cjlu.edu.cn 反馈给编者，谢谢。

编　者

2004 年 8 月

目　录

前言
第一版前言
第1章　数据库系统概述 ……1
1.1　信息、数据与数据处理 ……1
1.2　信息存储 ……2
1.3　数据库与数据库管理系统 ……3
1.4　数据库体系结构 ……7
1.5　数据模型 ……11
1.6　数据库技术的应用与发展 ……20
小结 ……24
习题 ……24
第2章　关系数据库 ……26
2.1　关系模型概述 ……26
2.2　关系的键 ……30
2.3　关系数据库模式与关系数据库 ……32
2.4　关系代数 ……33
2.5　关系演算 ……40
小结 ……43
习题 ……43
第3章　关系数据库标准语言 ……46
3.1　SQL 语言简介 ……46
3.2　SQL 数据定义 ……47
3.3　SQL 数据查询 ……54
3.4　SQL 数据操纵 ……80
3.5　SQL 数据控制 ……83
3.6　视图管理 ……86
3.7　嵌入式 SQL 语句 ……89
3.8　Transact-SQL 程序设计 ……94
小结 ……101
习题 ……101
第4章　关系数据库的查询优化处理 ……104
4.1　查询处理与查询优化 ……104
4.2　查询优化技术 ……108
4.3　代数优化 ……111

4.4 关系代数表达式的优化策略和算法……112
4.5 物理优化……115
小结……117
习题……117
第 5 章 关系数据库设计理论……119
5.1 关系模式的非形式化设计规则……119
5.2 函数依赖……121
5.3 关系模式的规范化……127
5.4 多值依赖与第四范式……136
小结……138
习题……138
第 6 章 数据物理组织与索引……141
6.1 数据库存储设备……141
6.2 文件……144
6.3 索引技术……150
小结……164
习题……164
第 7 章 数据库设计……167
7.1 数据库设计概述……167
7.2 系统需求分析……177
7.3 概念结构设计……181
7.4 逻辑结构设计……196
7.5 数据库物理设计……200
7.6 数据库实施……203
7.7 数据库运行和维护……205
小结……206
习题……207
第 8 章 数据库事务管理……209
8.1 事务与事务管理……209
8.2 并发控制与封锁机制……213
8.3 数据库恢复……221
小结……227
习题……227
第 9 章 数据库的安全性与完整性……229
9.1 数据库的安全性……229
9.2 完整性控制……237
小结……242
习题……242

第 10 章　数据库新技术 ······ 244
10.1　基于对象的数据库系统 ······ 244
10.2　分布式数据库 ······ 249
10.3　多媒体数据库 ······ 258
10.4　WWW 数据库 ······ 261
10.5　数据仓库和数据挖掘 ······ 264
10.6　嵌入式数据库 ······ 269
小结 ······ 271
习题 ······ 272
参考文献 ······ 274

第1章 数据库系统概述

数据库是当前数据管理的主要技术，是计算机科学的一个重要分支。数据库系统原理是计算机专业以及相关专业的核心课程及必修课程。

数据库技术的产生和发展虽然只有近50年的时间，然而数据库的理论和应用却取得了巨大的成功，极大地促进了计算机应用向各行各业的渗透。如今，数据库和数据库系统已经成为现实生活中不可缺少的一部分。我们每天都会或多或少的、不知不觉地和数据库发生某些联系。我们可能会去银行取款、可能会去预定汽车票或飞机票、可能会为找一本书而去检索一个由计算机管理的图书馆目录，也可能会去网上商店购买衣服等，所有这些活动都会涉及对数据库的使用。

本章主要介绍数据库的基本概念、数据库系统的组成及各部分的主要功能、数据库的发展状况以及数据模型等基本知识，为以后各章的学习打下基础。

1.1 信息、数据与数据处理

1.1.1 信息与数据

信息和数据是数据处理中的两个基本概念，它们有着不同的含义。

1. 信息

（1）信息的定义。信息是一种重要的资源，它与能源、材料构成了现代社会的三大支柱，在不同的领域中，其含义有所不同。一般认为，信息是关于现实世界事物的存在方式或运动状态反映的综合。例如，学生在多媒体教室上课，投影仪屏幕颜色、形状、尺寸、材料等，均是关于投影仪屏幕的信息。

（2）信息的特征。信息有以下3个重要特征：

1）信息源于物质和能量。信息的传播和获取都需要物质载体和消耗能量，不可能脱离物质而存在。如信息可以通过广播、报纸、电视、网络等进行传递。

2）信息是可以感知的。例如从广播上获得的信息是通过听觉器官来感知的。

3）信息是可存储、加工、传递和再生的。人们对收集到的信息进行取舍整理以及通过各种手段进行传递与再生。

2. 数据

（1）数据的定义。数据是用来记录信息的可识别的符号。

（2）数据的表现形式。数据的表现形式多种多样，不仅包括数字和文字，还包括图形、图像、声音等。这些数据可以记录在纸上，也可记录在各种存储器中，如磁盘、磁带、光盘等。

3. 数据与信息的联系

数据与信息相互联系，数据是信息的物理符号表示或载体，信息是数据的内涵，是对数据的语义解释。数据能表示信息，但并非任何数据都能表示信息，有的数据可能完全没有用处，称为数据垃圾。因此，信息是人们消化理解了的数据，信息是抽象的，而数据却是客观具体的。

1.1.2 数据处理

数据处理又称信息处理，是将数据转换成信息的过程，包括对数据的收集、存储、加工、检索和传输等一系列活动，其目的是从大量的原始数据中抽取和推导出有价值的信息，做各种应用。

我们可简单地用下列式子表示信息、数据与数据处理的关系

信息＝数据＋数据处理

数据可以形象化地比喻为原料——输入；信息就像产品——输出；而数据处理是原料变成产品的过程。从这种角度看，“数据处理”的真正含义应该是为了产生信息而处理数据。

1.2 信息存储

自人类文明开始，信息存储技术就在不断发展，从最初的结绳记事、岩画壁画，到现在的计算机高速存储技术，在此过程中，存储应用不断出现新的特点，促使信息存储技术向前发展。

1.2.1 信息存储的发展历史

信息的存储是各种科学技术得以存在和发展的基础。信息必须以一定的载体存储才能延续、共享。在人类历史中，结绳记事是人类最初存储信息的方法。后来人们把石块、甲骨、竹简、丝帛等作为记录信息的载体。造纸与印刷技术的出现，在人类信息存储历史中是一次巨大的飞跃，它使信息得以快速传播并长时间保存，对人类文明的发展起到了极大的推动作用。近代科技的发展，产生了磁盘存储技术、微缩存储技术、半导体存储技术、激光存储技术等，信息存储呈现出多样化格局，不同应用领域的存储技术展现出各自不同的特点。

1.2.2 信息存储应用的新特点

信息存储技术总是受到实际应用的影响，大容量、高速度、低价格、小型化一直是过去存储技术的发展主线。随着信息数字化的不断发展，人们对信息存储技术提出了新的需求。

1. 数据成为最宝贵的资源

数据是信息的符号表示，数据的价值取决于信息的价值。在今天，数据往往比存储设备本身的价值高得多，对于金融、保险、电信和军事部门来说数据尤其重要。因此，信息存储系统的可靠性、可用性对于这些行业来讲是进行信息存储考虑的首要因素。为防止地震、洪水、火灾和战争等对数据的破坏，数据备份、容灾能力是存储系统要解决的重要问题。

2. 海量数据存储

互联网的发展，使全球的数据量呈指数增长。2008 年，全球著名搜索引擎 Google 每天要处理的数据量达到约 20PB（20000TB，1TB＝1024GB）。IDC（Internet Data Center，互联网数据中心）预计 2011 年世界上将产生 1.8ZB 数据，即 1800000000TB。人类对存储容量的需求越来越大，因此存储系统要有良好的可扩展性，还要求扩展时不中断现在运行的业务。

3. 高速输入/输出（I/O）

在当今的网络应用中，计算机之间的通信时间取代 CPU 运行时间成为耗时最多的活动，加快网络速度和 I/O 速度成为当务之急，计算瓶颈已经从过去的 CPU、内存、网络变为现在

的持久存储I/O。因此，如何提高存储设备的I/O速度成为一个关键问题。

4. 全天候服务

在大部分网络服务应用中，7×24h甚至365×24h的全天候服务已是大势所趋。这不仅意味着没有营业时间的概念，还意味着营业不能中断。全天候要求存储系统具有极高的可用性和快速的灾难恢复能力，集群系统、实时备份、灾难恢复都是为全天候服务开发的技术。

5. 存储管理和维护自动化

以前的存储管理和维护工作大部分是由人工完成，由于存储系统越来越复杂，对管理维护人员的素质要求也越来越高，稍不留意就可能会造成数据丢失。现代存储系统要求具有易管理性，最好具有智能化的管理功能。

6. 多平台互操作性和数据共享

现阶段企业应用中往往存在着多种信息平台，既有不同的操作系统，又有不同厂商的存储设备。多平台的互操作性和数据共享对应用的方便性、减少重复投资和保护已有投资是非常重要的。存储系统要有足够的开放性，除了标准和协议的制定以外，各家厂商的合作也十分必要。

1.3 数据库与数据库管理系统

1.3.1 数据库

数据库（Database，简称DB）就是存储数据的仓库。一般定义为：长期存储在计算机内的、有组织的、可共享的数据集合。数据库分为两类，一类是应用数据的集合，称为物理数据库，它是数据库的主体；另一类是各级数据结构的描述，称为描述数据库。数据库有以下几个特点。

1. 数据结构化

在数据库系统中，数据不再像文件系统中的数据那样从属于特定的应用，而是面向全组织的、复杂的数据结构，数据的结构化是数据库区别于文件系统的根本特征。

2. 数据共享

数据库系统中的数据可供多个用户、多种语言和多个应用程序共享，这是数据库技术的基本特征。数据共享大大减少了数据冗余度和不一致性，大大提高了数据的利用率和工作效率。

3. 数据独立性

数据独立性包括数据的物理独立性和逻辑独立性。用户的应用程序与存储在磁盘上的数据库的数据是相互独立的，这就是数据的物理独立性；同时用户的应用程序与数据库的逻辑结构是相互独立的，这就是数据的逻辑独立性，它不会因一方的改变而改变，这大大减少了应用程序设计和数据库维护的工作量。

1.3.2 数据库管理系统

数据库管理系统（Database Management System，简称DBMS）是数据库系统中对数据进行管理的一组大型软件系统，它是数据库系统的核心组成部分。数据库系统的一切操作，包括查询、更新及各种控制，都是通过DBMS进行的。目前常用的DBMS有Oracle、MySql、Microsoft SQL Server、DB2、Sybase、FoxPro和Access等。

1. DBMS 的主要功能

（1）数据库定义功能。DBMS 提供数据定义语言 DDL（Data Definition Language）来定义数据库的三级模式，两级映像，定义数据完整性和保密限制等约束。

（2）数据库操纵功能。DBMS 提供数据操纵语言 DML（Data Manipulation Language）来实现对数据库的操作，如查询、插入、修改和删除。DML 有两类，一类是嵌入在宿主语言中的，如嵌入在 C、Java、Delphi、PowerBuilder 等高级语言中，这类 DML 称为宿主型 DML；另一类是可以独立地交互使用的 DML，称为自主型或自含型 DML，常用的有 Transact SQL、SQL Plus 等。目前国内外较流行的 DBMS 都包含有这两类 DML 供用户使用。

（3）数据库保护功能。数据库中的数据是信息社会的战略资源，对数据的保护是至关重要的。DBMS 对数据库的保护主要包括四个方面：数据安全性控制、数据完整性控制、数据并发控制及数据库的恢复。

1）数据安全性控制。数据安全性控制是对数据库的一种保护措施。它的作用是防止未被授权的用户破坏或存取数据库中的数据。

2）数据完整性控制。数据完整性控制是 DBMS 对数据库提供保护的另一个重要方面。完整性控制的目的是保持进入数据库中的存储数据的语义的正确性、有效性和相容性，防止操作对数据造成违反其语义的改变。

3）并发控制。DBMS 一般允许多用户并发地访问数据库，即数据共享，但是多个用户同时对数据库进行存取操作可能会破坏数据的正确性。因此 DBMS 中必须具有并发控制机制，解决多用户下的并发冲突。

4）恢复功能。恢复功能是保护数据库的又一个重要方面。数据库在运行中可能会出现各种故障，如停电、软硬件各种错误等，导致数据库的损坏和不一致性。DBMS 必须把处于故障中的数据库恢复到以前的某个正确状态，保证数据库的一致性。

（4）数据库维护功能。DBMS 提供一系列的实用程序来完成包括数据库的初始数据的装入、转换、数据库的转储、重组、性能监视、分析等维护功能。

（5）数据字典。数据字典（Data Dictionary，简称 DD）是对数据库结构的描述，存放着对实际数据库三级模式的定义，是数据库系统中各种描述信息和控制信息的集合。还存放数据库运行时的统计信息，如记录个数、访问次数等。数据字典是数据库管理的有力工具。数据字典是数据库系统的一部分，但用户通常不能直接访问它，只有 DBMS 才能对它进行访问。

2. DBMS 的组成

DBMS 是许多程序所组成的一个大型软件系统，每个程序都有自己的功能，共同完成 DBMS 的一个或几个工作。一个典型的 DBMS 组成模块如图 1.1 所示（图中虚线中表示的是由数据存储管理模块控制的存取），通常由以下几部分组成。

（1）语言编译处理程序。语言编译处理程序包括以下两个程序。

1）数据定义语言 DDL 编译程序。把用 DDL 编写的各级源模式编译成各级目标模式。这些目标模式是对数据库结构信息的描述，它们被保存在数据字典中，供数据操纵控制时使用。

2）数据操纵语言 DML 编译程序。它将应用程序中的 DML 语句转换成可执行程序，实现对数据库的查询、插入、修改等基本操作。

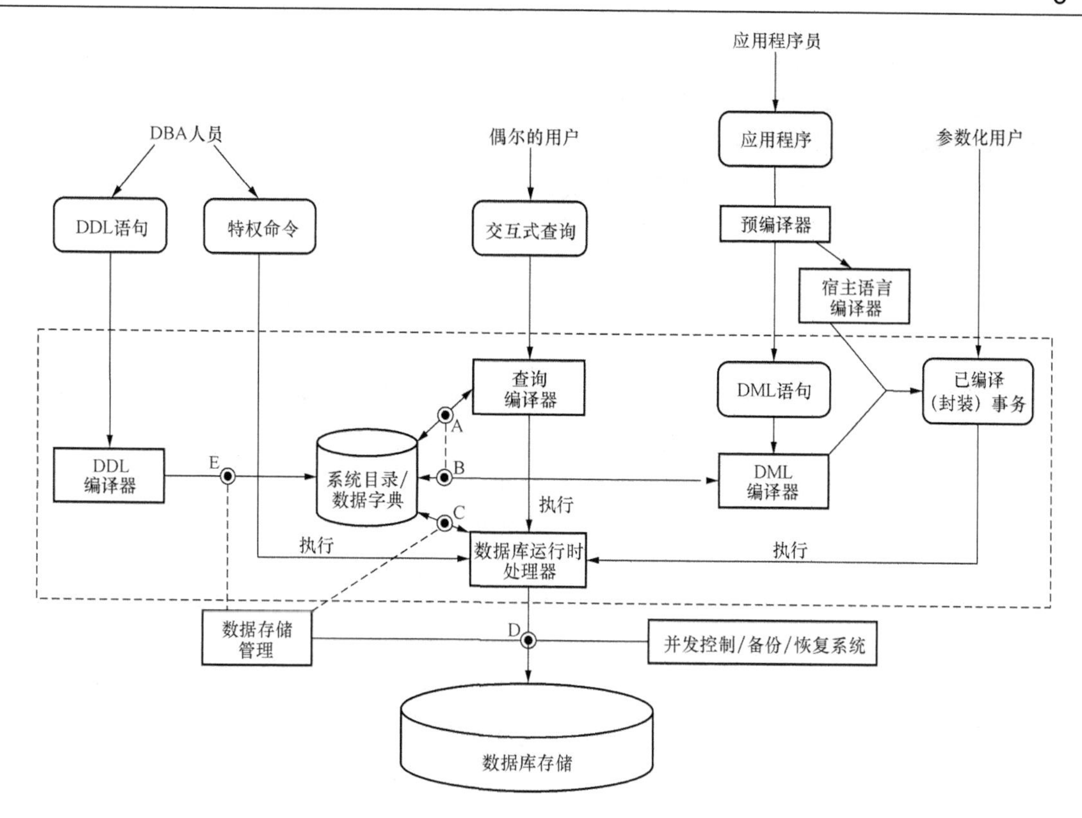

图 1.1 一个典型的 DBMS 组成模块

（2）系统运行控制程序。系统运行控制程序主要包括以下几部分。

系统总控程序：用于控制和协调各程序的活动，它是 DBMS 运行程序的核心。

安全性控制程序：防止未被授权的用户存取数据库中的数据。

完整性控制程序：检查完整性约束条件，确保进入数据库中的数据的正确性、有效性和相容性。

并发控制程序：协调多用户、多任务环境下各应用程序对数据库的并发操作，保证数据的一致性。

数据存取和更新程序：实施对数据库数据的查询、插入、修改和删除等操作。

通信控制程序：实现用户程序与 DBMS 间的通信。

此外，还有事务管理程序、运行日志管理程序等。所有这些程序在数据库系统运行过程中协同操作，监视着对数据库的所有操作，控制、管理数据库资源等。

（3）系统建立、维护程序。系统建立、维护程序主要包括以下几部分：

装配程序：完成初始数据库的装入。

重组程序：当数据库系统性能降低时（如查询速度变慢），需要重新组织数据库，重新装入数据。

系统恢复程序：当数据库系统受到破坏时，将数据库系统恢复到以前某个正确的状态。

（4）数据字典系统程序。管理数据字典，实现数据字典功能。

在数据库中，DBMS 与操作系统、应用程序、硬件等协调工作，共同完成数据各种存取操作，其中 DBMS 起着关键的作用。

DBMS 对数据的存取通常需要以下四步：

1）用户使用某种特定的数据操作语言向 DBMS 发出存取请求；

2）DBMS 接受请求并解释；

3）DBMS 依次检查外模式、外模式/模式映像、模式、模式/内模式映像及存储结构定义；

4）DBMS 对存储数据执行必要的存取操作。

上述存取过程中还包括安全性控制、完整性控制，以确保数据正确、有效和一致。

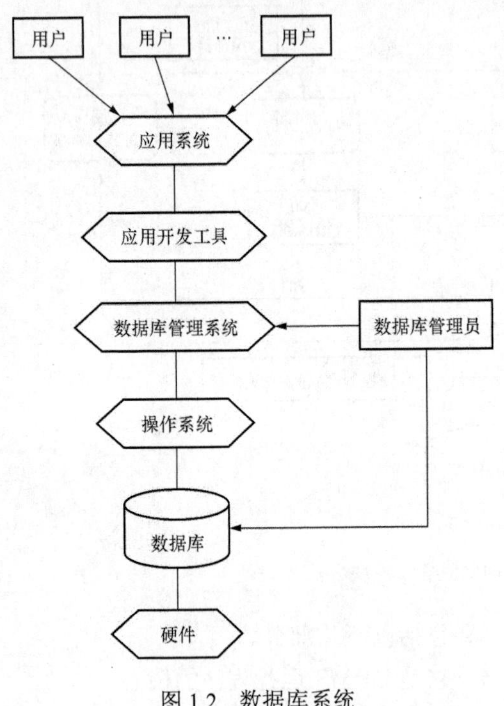

图 1.2 数据库系统

1.3.3 数据库系统

数据库系统（Database System，简称 DBS）是采用了数据库技术的计算机系统，通常由数据库、硬件、软件、用户四部分组成。数据库系统如图 1.2 所示。

1. 数据库

数据库是一个长期存储在计算机内的、有组织的、可共享的、统一管理的数据集合。它是一个按数据结构来存储和管理数据的计算机软件系统。数据库的概念实际包括两层意思：

（1）数据库是一个实体，它是能够合理保管数据的“仓库”，用户在该“仓库”中存放要管理的事务数据，“数据”和“库”两个概念结合成为数据库。

（2）数据库是数据管理的新方法和技术，它能更合理地组织数据、更方便地维护数据、更严密地控制数据和更有效地利用数据。

2. 硬件

计算机系统的硬件包括中央处理器、内存、外存、输入/输出设备等硬件设备。

3. 软件

数据库系统的软件主要包括操作系统（Operation System，简称 OS）、数据库管理系统（DBMS）、各种宿主语言和应用开发支撑软件等程序。DBMS 是在操作系统的文件系统基础上发展起来的，在操作系统支持下工作，是数据库系统的核心软件。为了开发应用系统，需要各种宿主语言（如 C#、Java）和开发工具，当前比较流行的应用开发工具主要有 PowerBuilder、Delphi、Visual Basic 等。

4. 用户

管理、开发和使用数据库系统的用户主要有数据库管理员、应用程序员和普通用户。数据库系统中不同人员涉及不同的数据抽象级别，具有不同的数据视图。

（1）普通用户。普通用户有应用程序和终端用户两类。它们通过应用系统的用户接口使用数据库，目前常用的接口方式有菜单驱动、表格操作、图形显示、报表生成等，这些接口使得用户的操作简单易学易用，适合非计算机专业人员使用。

（2）应用程序员。应用程序员负责设计和调试数据库系统的应用程序。他们通常使用第四代开发语言编写数据库应用程序，供普通用户使用。

（3）数据管理员（Database Administrator，简称 DBA）。DBA 在数据库管理中是极其重要的，即所谓的超级用户。DBA 全面负责管理、控制和维护数据库，使数据能被任何有使用权限的人有效使用，DBA 可以是一个人，或几个人组成的一个小组。DBA 主要有以下职责：

1）参与数据库设计的全过程，决定整个数据库的结构和信息内容。

2）帮助终端用户使用数据库系统，如：培训终端用户、解答终端用户日常使用数据库系统时遇到的问题等。

3）定义数据的安全性和完整性，负责分配用户对数据库的使用权限和口令管理等数据库访问策略。

4）监督控制数据库的使用和运行，改进和重新构造数据库系统。当数据库受到损坏时，应负责恢复数据库；当数据库的结构需要改变时，应完成对数据库结构的修改。

DBA 不仅要有较高的技术水平和较深的资历，还应具有了解和阐明管理要求的能力。特别对于大型数据库系统，DBA 极为重要。常见的微机系统往往只有一个用户，没有必要设置 DBA，DBA 的职责由应用程序员或终端用户代替。

1.3.4 数据库系统的主要研究领域

数据库学科的研究范围十分广泛，主要有以下三个领域。

1. 数据库管理系统软件的研制

DBMS 是数据库系统的基础。DBMS 的研制包括研制 DBMS 本身以及 DBMS 为核心的一组相互联系的软件系统，包括工具软件和中间件。研制的目标是提高系统性能和用户的生产率。

2. 数据库设计

数据库设计的研究范围包括数据库的设计方法、设计工具和设计理论、数据模型和数据建模、计算机辅助数据库设计及其软件系统、数据库设计规范和标准等。数据库设计的目的是在 DBMS 的支持下，按照应用的要求，为某一部门或组织设计一个结构合理、使用方便、效率较高的数据库及其应用系统。

3. 数据库理论

数据库理论的研究主要集中于关系规范化理论、关系数据理论等。近年来，随着人工智能与数据库理论的结合以及并行计算技术的发展，数据库逻辑演绎和知识推理、并行算法等都成为新的研究方向。

随着数据库应用领域的不断扩展以及计算机技术的迅猛发展，数据库技术与人工智能技术、网络通信技术、并行计算技术等相互渗透、相互结合，不断涌现出新的研究方向。

1.4 数据库体系结构

考查数据库系统的结构可以有多种不同的层次或不同的角度。

从数据库管理系统角度看，数据库系统通常采用三级模式结构；这是数据库管理系统的内部体系结构。从数据库最终用户角度看；数据库系统的结构分为单用户结构、主从式结构、分布式结构和客户/服务器结构。这是数据库系统的外部体系结构。

1. 单用户数据库系统

单用户数据库系统是一种早期的最简单的数据库系统。在这种系统中，整个数据库系统（包括应用程序、DBMS、数据）都装在一台计算机上，为一个用户独占，不同机器之间不能共享数据。例如一个企业的各个部门都使用本部门的机器来管理数据，各个部门的机器是独立的。由于不同部门之间不能共享数据，因此企业内部存在大量的冗余数据。

2. 主从式结构的数据库系统

主从式结构是指一个主机带多个终端的多用户结构。在这种结构中，数据库系统，包括应用程序、DBMS、数据，都集中存放在主机上，所有处理任务都由主机来完成。各个用户通过主机的终端并发地存取数据库，共享数据资源。具有易于管理、控制与维护的优点。但同时存在一些缺点，当终端用户数目增加到一定程度后，主机的任务会过分繁重，形成瓶颈，从而使系统性能下降。系统的可靠性依赖主机，当主机出现故障时，整个系统都不能使用。

3. 分布式结构的数据库系统

分布式结构是指数据库中的数据在逻辑上是一个整体，但物理地分布在计算机网络的不同结点上。网络中的每个结点都可以独立处理本地数据库中的数据，执行局部应用；同时也可以同时存取和处理多个异地数据库中的数据，执行全局应用。

分布式结构的数据库系统满足了地理上分散的公司、团体和组织对于数据库应用的需求。但在这种结构中，数据的分布存放给数据的处理、管理与维护带来困难；当用户需要经常访问远程数据时，系统效率会明显地受到网络传输的制约。

4. 客户／服务器结构的数据库系统

随着工作站功能的增强和广泛使用，人们开始把 DBMS 的功能和应用分开，网络中某个（些）结点上的计算机专门执行 DBMS 功能，称为数据库服务器，简称服务器；其他结点上的计算机安装 DBMS 的外围应用开发工具，支持用户的应用，称为客户机，这就是客户／服务器结构数据库系统。

客户／服务器结构的优点是当客户端的用户请求被传送到数据库服务器时，数据库服务器进行处理后，只将结果返回给用户，从而显著减少了数据传输量。而且数据库更加开放，客户与服务器一般都能在多种不同的硬件和软件平台上运行，并且可以使用不同厂商的数据库应用开发工具。

客户／服务器结构的缺点被戏称为“胖客户”问题：系统安装复杂，工作量大；应用维护困难，难于保密，造成安全性差；相同的应用程序要重复安装在每一台客户机上，从系统总体来看，大大浪费了系统资源；系统规模达到数百数千台客户机时，它们的硬件配置、操作系统又常常不同，要为每一个客户机安装相同的应用程序和相应的工具模块，其安装维护代价很高。

1.4.1 数据库模式

在使用数据模型描述数据时，通常有“数据型”和“数值型”的区分。对于某一类数据的结构、特征和约束的描述与刻画就称为数据模式：在给定的数据模式之下，数据可以取到很多的值，这种数据的具体取值就称为实例。由此可知，数据模型和数据模式是两个不同的概念，这种区别就像程序设计语言和用程序设计语言所写的一段程序不同一样。同时，数据模式和数据实例也应进行有效区分。同一模式反映一个客体的各个对象的结构、属性、联系和约束，即这一客体的当前状态。

在 DBMS 中，数据通常需要使用多个层面上的数据模式分别表述，相应就有多个级别上的数据模式。数据模式分为三个不同级别，即模式、外模式和内模式，这三级数据模式和模式间的相互映射就组成了数据库系统的结构体系。

1.4.2　数据库的三级模式结构

数据库系统通常采用三级结构：模式、外模式和内模式，如图 1.3 所示。

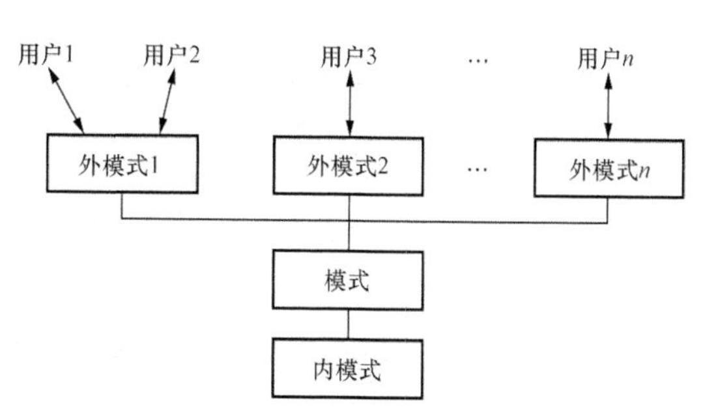

图 1.3　数据库系统的三级模式结构

1. 模式

模式（Schema）是数据库中全部数据的逻辑结构的描述，是所有概念记录类型的定义，又称概念模式或逻辑模式。模式一般以某一种数据模型为基础，定义数据的逻辑结构，如记录名称、数据项名称、类型、长度等，还要定义数据的安全性和完整性及数据之间的联系。模式是数据库系统二级结构的中间层，它与应用程序和高级语言无关，也与物理结构无关。下面以关系数据库为例进行说明。例如，在学生选课数据库中，有如图 1.4 所示的关系模式集，图 1.5 所示是这个关系模型的三个具体关系。

学生关系模式S（Snum,Sname,Ssex,Sage, Sphone,Dnum）
选课模式SC(Snum,Cnum,Score)
课程模式C(Cnum,Cname,Cfreq)
其中：Snum代表“学号”，Sname代表“姓名”，Ssex代表“性别”，Sage代表“年龄”，Sphone代表“电话”，Dnum代表“系编号”，Cnum代表“课程号”，Score代表“成绩”，Cname代表“课程名称”，Cfreq代表“学分”

图 1.4　关系模式集

数据库系统提供了模式描述语言（Data Definition Language，简称 DDL）来定义模式。

2. 外模式

外模式（External Schema）是指用户所看到和使用的数据库，即局部逻辑结构，又称子模式或用户视图。一个数据库可以有多个外模式，由于用户的需求、数据的安全等方面的不同，可以有不同的外模式。每个用户都需要通过一个外模式来使用数据库，但不同的用户可以使用同一外模式。外模式是数据库系统保证数据库安全性的一个重要手段。除此之外，还应指出数据与关系模式中相应数据的联系。例如，在学生选课数据库中，用户需要用到外模式成绩 G。这个外模式的构造如图 1.6 所示。

数据库系统提供了外模式描述语言来定义外模式。

成绩外模式 G（Snum, Sname, Cnum, Score）

课程表C

Cnum	Cname	Cfreq
C001	数据库系统原理	3.5
C002	C程序设计	4
C003	计算机组成原理	3
C004	自动控制原理	2
C005	数据结构	4

（a）

学生表S

Snum	Sname	Ssex	Sage	Sphone	Dnum
0903330001	张山	男	18	45673434	D002
0903330002	李波涛	男	22	89457321	D003
0903330003	岳岚	女	17		D001
090333 0004	王燕	女	17	18814325768	D001
0903330005	王劲松	男	24	13098765892	D003
0903330006	赵玉兰	女	16		D001

（b）

选修表SC

Snum	Cnum	Score
0903330001	C002	53
0903330001	C004	89
0903330001	C005	65
0903330002	C004	75
0903330004	C001	85
0903330005	C001	92
0903330005	C003	76

（c）

图 1.5　学生选课中三个关系

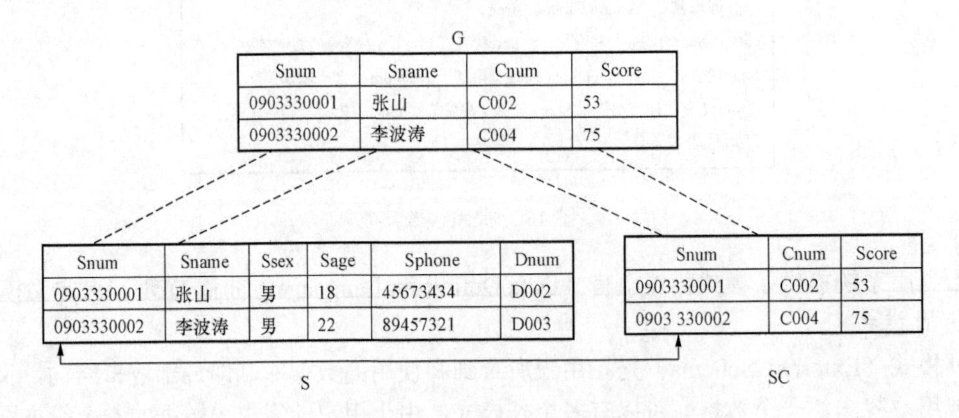

G

Snum	Sname	Cnum	Score
0903330001	张山	C002	53
0903330002	李波涛	C004	75

S

Snum	Sname	Ssex	Sage	Sphone	Dnum
0903330001	张山	男	18	45673434	D002
0903330002	李波涛	男	22	89457321	D003

SC

Snum	Cnum	Score
0903330001	C002	53
0903 330002	C004	75

图 1.6　外模式 G 的构造

3. 内模式

内模式（Internal Schema）是对内层数据的物理结构和存储方式的描述，是数据在数据库文件内部的表示方式，如记录是如何进行存储（顺序存储方式还是散列方式）、如何索引等。内模式是用设备介质语言来定义的，又称存储模式，或物理模式。内模式对一般用户是透明的。

数据库系统提供了内模式描述语言（内模式 DDL）来定义内模式。

1.4.3 数据库的两级映像功能

1. 模式间的映像

数据库系统提供了三级模式之间的二级映像。

（1）外模式／模式映像：定义了外模式与模式之间的映像关系。由于外模式和模式的数据结构可能不一致，即记录类型、字段类型的命名和组成可能不一样，因此，需要这个映像说明外部记录和概念记录之间的对应性。

（2）模式／内模式映像：定义了模式与内模式的映像关系。由于模式和内模式的数据结构可能不一致，即记录类型、字段类型的命名和组成可能不一样，因此，需要这个映像说明概念记录和内部记录之间的对应性。

2. 两级数据独立性

由于数据库系统采用三级模式结构，因此系统具有数据独立性的特点。

数据独立性（Data Independence）是指应用程序和数据库的数据结构之间相互独立，不受影响。

数据独立性分成物理数据独立性和逻辑数据独立性两个级别。

（1）物理数据独立性。如果数据库的内模式要修改，即数据库的物理结构有所变化，那么只要对模式/内模式映像作相应的修改，就可以使概念模式尽可能保持不变。也就是对内模式的修改尽量不影响概念模式，当然对外模式和应用程序的影响更小，这样，我们称数据库达到了物理数据独立性（简称物理独立性）。

（2）逻辑数据独立性。如果数据库的概念模式要修改，例如增加记录类型或增加数据项，那么只要对外模式/模式映像作相应的修改，就可以使外模式尽可能保持不变。这样，我们称数据库达到了逻辑数据独立性（简称逻辑独立性）。

这两个数据独立性是数据库系统的重要特性。

1.5 数 据 模 型

数据模型是理解数据库的基础。模型（Model）是对现实世界的抽象。数据模型（Data Model）是对现实世界数据特征的抽象，是用来描述数据的一组概念和定义。

1.5.1 数据之间的联系

1. 三个世界的划分

（1）现实世界。现实世界（Real World）是存在于人们头脑外的客观世界。

（2）信息世界。信息世界（Information World）是现实世界在人们头脑中的反映。把现实世界中的事物及其联系抽象为某一种信息结构，即对现实世界的第一层抽象。

（3）机器世界。机器世界（Machine World）又称为数据世界，是数据库的处理对象。信息世界的信息经过加工、编码转换为计算机能接受的数据形式，即信息的数据化，这是第二层抽象。

2. 信息世界中的数据描述

在信息世界中，数据描述常用到以下一些术语：

（1）实体（Entity）。客观存在并可相互区别的事物称为实体。实体可以是具体的对象，如人、事、物，也可以是抽象的事件或联系，如学生的一次选课、一次足球比赛，一次借书等。

（2）属性（Attribute）。实体所具有的某一特性称为属性。实体可以由若干个属性组成。例如，学生实体有姓名、学号、性别、年龄、电话、系编号等属性。

（3）码（Key）。能唯一标识实体的属性或属性集称为码。例如，学生的学号可以作为学生实体的码，学生的姓名则不一定可以作为学生实体的码，因为姓名可能有重复。而选课情况则要把学号和课程号的组合作为码。

（4）实体集（Entity Set）。同一类型的实体的集合称为实体集，即具有同一类属性的事物的集合。例如所有的学生、所有的课程、所有的选课情况。

（5）域（Domain）。属性的取值范围称为该属性的域或值域。一个属性的值域可以是整数、实数、字符串等。姓名的域为字符串，性别的域为{男，女}，年龄的域为整数。

（6）实体型（Entity Type）。具有相同属性的实体必然具有共同的特征和性质。实体型就是用实体名和属性名集合来描述同类实体。例如：学生（学号，姓名，性别，年龄，电话，系编号），课程（课程号，课程名称，学分），选修情况（学号，课程号，成绩）。

3. 机器世界中的数据描述

机器世界中有以下数据描述的术语：

（1）字段（Field）。标记实体属性的符号集叫字段或数据项。它是数据库中可以命名的最小逻辑数据单位，所以又叫数据元素。字段的命名应该体现出属性的具体含义。例如学生表中可用 Snum 来表示学号属性、Sname 来表示姓名属性等。

（2）记录（Record）。字段的有序集合称为记录。一般用一个记录描述一个实体，所以记录又可定义为能完整地描述一个实体的符号集。例如一个学生记录由有序的字段集组成：（学号、姓名、性别、年龄，电话，系编号）。

（3）文件（File）。同一类记录的汇集称为文件。文件是描述实体集的，所以它又可以定义为描述一个实体集的所有符号集。例如所有的学生记录组成了一个学生文件。

（4）键（Key）。能唯一标识文件中每个记录的字段或字段集，称为记录的键。这个概念与实体的码概念是一致的。

三个世界的术语对应关系如表 1.1 所示。

表 1.1 三个世界术语的对应关系

现实世界	信息世界	机器世界	现实世界	信息世界	机器世界
事物总体	实体集	文件	特征	属性	字段
事物个体	实体	记录	事物之间的联系	实体模型	数据模型

1.5.2 数据模型概述

数据模型大体可分为两类：

第一类是独立于任何计算机系统实现的，如实体-联系模型，这种模型完全不涉及信息在计算机系统中的表示，只是用来描述某个特定组织所关心的信息结构，称为概念数据模型，简称为概念模型。这类模型强调其语义表达能力，概念简单、清晰、易于用户理解，它是现实世界的第一层抽象，是用户和数据库设计人员之间进行交流的语言。概念模型是用于建立信息世界的数据模型，是按用户的观点来对数据和信息建模，主要用于数据库的设计。

另一类数据模型则是直接面向数据库中的数据逻辑结构，例如有关系、网状、层次、面向对象等模型，这类模型涉及计算机系统，称为结构数据模型，简称为数据模型。这类模型有严格的形式定义，以便于机器上的实现。它通常有一组严格定义了语法和语义的语言。人们使用它来定义、操纵数据库中的数据，数据模型是现实世界的第二层抽象，是按计算机系统的观点对数据建模，主要用于 DBMS 的实现。

任何一种数据模型都是有严格定义的，包括模型的静态特性和动态特性，通常数据模型有三个要素。

1. 数据结构

数据结构用于描述数据库系统的静态特性。数据模型是所描述的对象类型的集合，包括两类：一类是与数据类型、内容、性质有关的对象，例如关系模型中的域、属性、关系等；另一类是与数据之间联系有关的对象，例如网状模型中的系型（Set Type）。

通常，人们按照数据结构的类型来命名数据模型，如层次结构、网状结构、关系结构所对应的数据模型分别命名为层次模型、网状模型和关系模型。

2. 数据操作

数据操作用于描述数据库系统的动态特性。数据操作是指对数据库中各种对象执行操作的集合，包括操作及有关的操作规则，主要有检索和更新（包括插入、删除、修改）两大类。数据模型必须定义这些操作的确切含义、操作符号、操作规则（如优先级）以及实现操作的数据库语言。

3. 数据的约束条件

数据的约束条件是一组完整性规则的集合。完整性规则是数据模型中数据及其联系所具有的制约和存储规则，以保证数据库中的数据的正确性与相容性。一般，数据库都提供定义完整性约束条件的机制。

1.5.3 概念数据模型

概念数据模型是用户与数据库设计人员之间进行交流的工具。常见的概念数据模型有实体联系模型（Entity Relationship Model，简称 E-R 模型）。随着数据库应用的深入，将传统的 E-R 模型进行改进，有了扩充 E-R 模型（Enhanced-ER 模型，简称 EER 模型）。另外，将面向对象建模所使用的统一建模语言（Unified Modeling Language，简称 UML）引入，成为新的概念模型。

E-R 模型是 P.P. Chen 于 1976 年提出的。E-R 模型是用 E-R 图来描述概念模型的一种常用的表示方法。E-R 模型的基本语义单位是实体与联系，它可以形象地用图形表示实体-联系及其关系。E-R 图是直观表示概念模型的有力工具，该方法简单实用。E-R 图有三要素：

（1）实体——用矩形框表示，框内标注实体名称。

（2）属性——用椭圆形表示，并用连线与实体或联系连接起来。

（3）实体间的联系——用菱形框表示，框内标注联系名称，并用连线将菱形框分别与有关实体相连。

实体间的联系有两种方式：一种是同一实体集的实体间的联系，另一种是不同实体集的实体间的联系。我们主要研究第二种。实体间的联系虽然复杂，但可分解到最基本的两个实体间的联系。实体间的联系根据数量映射关系可归纳为三种类型：

（1）一对一联系（1:1）。如果实体集 A 和 B 中的每一个实体至多和另一个实体集中的一个实体有联系，那么实体集 A 和 B 的联系称为一对一联系，记作 1:1。例如，飞机的乘客和座位之间、学校与校长之间等都是 1:1 的联系，要注意的是 1:1 联系不一定是一一对应，如图 1.7 所示。

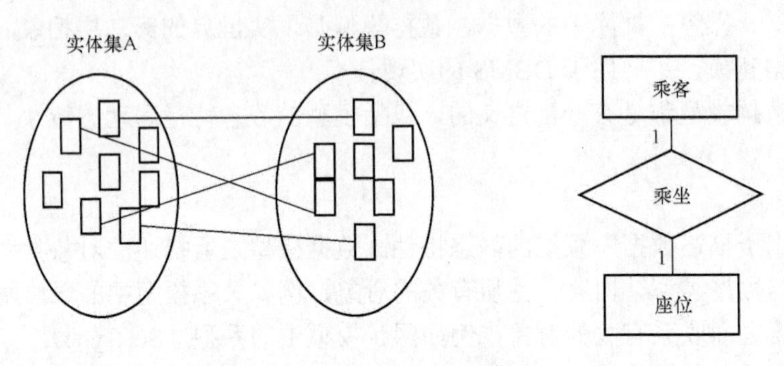

图 1.7　一对一联系

（2）一对多联系（1:n）。若实体集 A 中每个实体与实体集 B 中任意多个实体（$n \geqslant 0$）有联系，而实体集 B 中每个实体至多与实体集 A 中一个实体有联系，那么称从 A 到 B 是“一对多联系”，记为 1:n。例如，部门与职工之间、班级与学生之间、车间和工人之间、系与学生之间，都是一对多的关系。1:1 联系是 1:n 联系的一个特例，即 $n=1$ 时的 1:n，如图 1.8 所示。

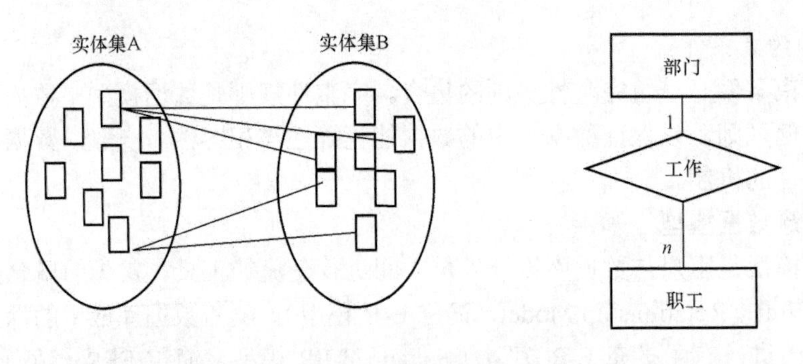

图 1.8　一对多联系

（3）多对多联系（m:n）。若实体集 A 和实体集 B 中允许每个实体都和另一个实体集中任意多个实体有联系，那么称 A 和 B 为多对多联系，记为 m:n。例如，图书与读者之间、学生与课程之间、电影院和观众之间、商店和顾客之间都是多对多的关系，如图 1.9 所示。

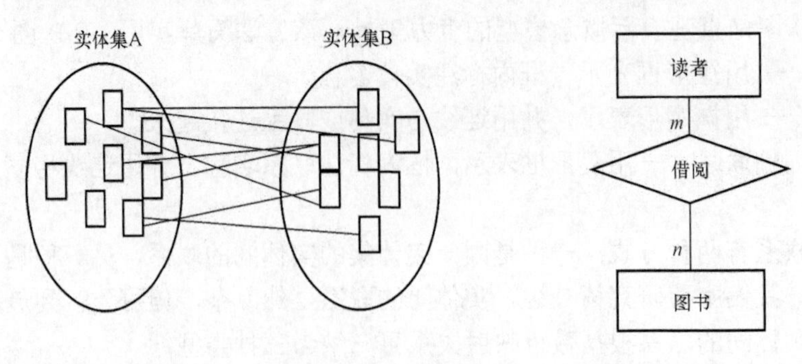

图 1.9　多对多联系

实际上，一对一联系是一对多联系的特例，而一对多联系又是多对多联系的特例，如图 1.10 所示。

图 1.10　各种联系之间的关系

以上三种实体间的联系都是发生在两个实体之间的，也可以是三个或三个以上实体同时发生联系：即三实体型或多实体型，例如，教师、课程、参考书之间的三实体型联系，一个教师只能讲授一门课程，一门课程可以有若干个教师讲授，可以使用若干本参考书，每一本参考书只供一门课程使用。因此，课程与教师、参考书之间的联系是一对多的三实体型联系。如图 1.11（a）所示。又如，供应商、项目、材料之间的三实体型联系，一个供应商可以为多个项目提供多种材料，每个项目可以使用多个供应商供应的材料，每种材料可由不同供应商供给。供应商、项目、材料三个实体之间同时存在多对多的联系，如图 1.11（b）所示。

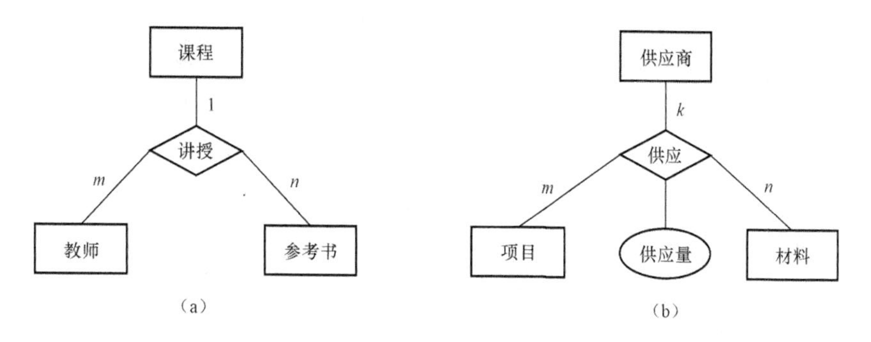

图 1.11　三实体型之间的联系

另外，在一个实体集内的各实体之间同样存在三种联系。例如职工实体集内具有领导和被领导的联系，某一具有领导职务的职工领导若干职工，而其他职工仅被他所领导，这是一对多的联系，如图 1.12 所示。

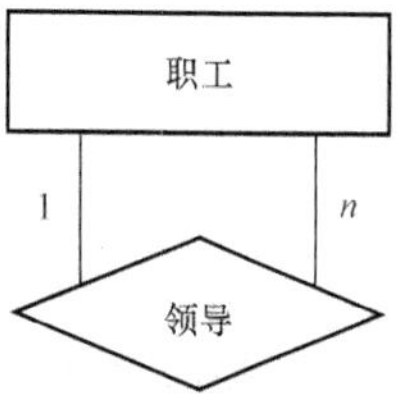

图 1.12　同一实体集内的一对多联系

下面用 E-R 图表示学生、教师与课程之间的联系，它们的属性见表 1.2。学生实体与课程实体的联系为选修，教师实体与课程实体的联系为授课，其实体联系模型即 E-R 图如图 1.13 所示。

表 1.2　学生、教师与课程的属性

实　体	属　　性
学生	学号、姓名、性别、年龄、电话、系编号
教师	教师号、姓名、性别、出生年月、职称、工资、电话、系编号
课程	课程号、课程名称、学分

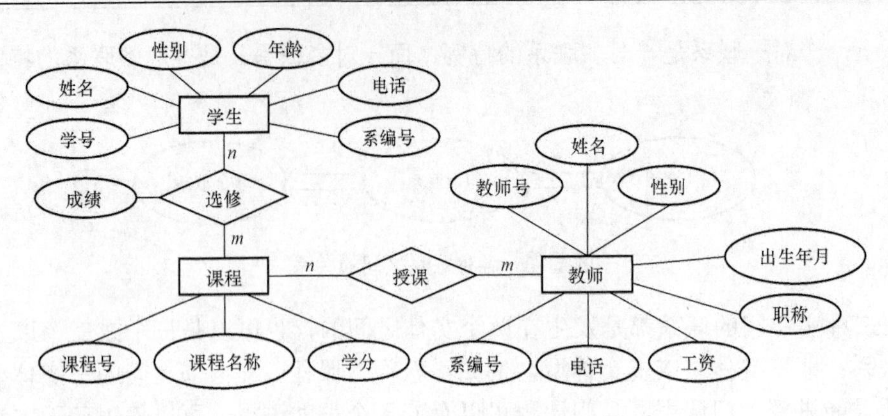

图 1.13 学生、课程与教师 E-R 图

1.5.4 关系模型及格式化模型

在数据库发展过程中出现的数据模型主要有：关系模型（Relational Model）、层次模型（Hierarchical Model）、网状模型（Net Model）和面向对象模型（Object Oriented Model）。

1. 关系模型

关系模型是用二维表结构来表示实体及实体之间联系的数据模型。关系模型的数据结构是一个由“二维表框架”组成的集合，每个二维表又称为关系，因此关系模型是“关系框架”组成的集合。当今国内外大多数数据库管理系统都是基于关系模型的。

例如，学生、课程及选修的关系可用图 1.5 的三个二维表表示。每一个二维表表示一个实体集或实体集之间的联系。表中的一行称为元组，一列称为属性，属性的取值范围称为域，能唯一标识一个元组的属性或属性的组合称为码。实体与实体之间的联系通过表中的相同属性来实现的，而层次模型、网状模型是通过指针实现实体集之间的联系的。关系模型中各关系之间没有指针，无论实体还是联系都用二维表表示。

（1）关系模型的组成部分：

1）数据结构。关系模型的基本数据结构是关系。

2）关系的操作。一般分为数据查询与更新操作两大类。

3）完整性约束。数据与数据或数据与应用上的相容性与正确性。

（2）关系模型的优点主要有：

1）关系模型概念单一。无论是实体还是实体之间的联系都用关系表示。所以其数据结构简单，清晰，用户易懂易用。

2）关系模型与非关系模型不同。关系模型是数学化的模型，它建立在严格的数学理论基础上，如集合论、数理逻辑、关系方法、规范化理论等。

3）关系模型的存取路径对用户是透明的。从而使关系模型具有较高的数据独立性，更好的安全保密性，大大减轻了用户的编程工作。

（3）关系模型的缺点主要有：

1）由于存取路径对用户是透明的，使关系模型的查询效率往往不如非关系模型。因此，为了提高性能，必须对用户的查询进行优化，增加了开发数据库管理系统的负担。

2）关系模型在处理如 CAD 数据、多媒体数据时就有了局限性，必须要和其他的新技术相结合。

2. 格式化模型

层次模型与网状模型统称为格式化模型，这两种模型是建立在图论的基础上的，用图结构来表示数据间的关系，实体用记录表示，实体之间的联系转换成记录之间的两两联系。格式化模型的基本单位是基本层次联系，即任何一个图都可以分解成两个结点与一条边，如图 1.14 所示。图中的每一个结点代表一个记录类型，R_i 为父结点（Parent），R_j 为子女结点（Child），L_{ij} 为有向边，表示一对多（包括一对一）的联系。

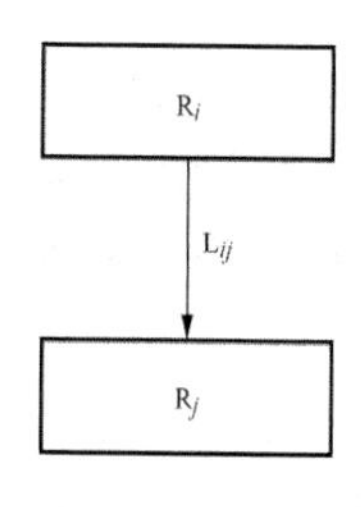

图 1.14　层次联系

（1）层次模型。层次模型是用树形结构表示实体及其之间联系的数据模型。层次模型是数据库发展历史上最早出现的数据模型，其典型代表是 IBM 公司研制的曾经广泛使用的、第一个大型商用数据库管理系统 IMS（Information Management System）。

层次模型的定义：

1）有且仅有一个结点无父结点，这个结点称为根结点。

2）其他结点有且仅有一个父结点。

满足以上两个限制的基本层次联系的集合为层次模型。

在层次模型中，根结点处在最上层，其他结点都有上一级结点作为其父结点，这些结点称为父结点的子女结点，同一父结点的子女结点称为兄弟结点。没有子女的结点称为叶结点。父结点和子女结点表示了实体间的一对多关系。

在现实世界中许多事物间存在着自然的层次关系，如组织机构、家庭关系和物品的分类等。图 1.15 是层次模型的一个例子。在模型中，大学是根结点，也是系、处的父结点，系、处是兄弟结点，在大学和系、处两个实体之间分别存在一对多的联系。同样，在系和教研室、班级之间也存在着一对多的关系。

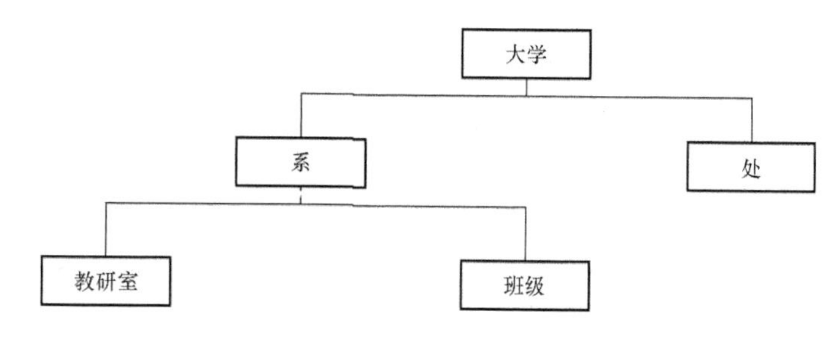

图 1.15　大学行政机构层次模型

（2）网状模型。网状模型是用网状结构表示实体及其之间联系的模型。网状模型的典型代表是 1970 年美国数据库系统语言协会（Conference On Data System Language）提出的数据库任务组（Date Base Task Group，简称 DBTG）系统。

网状模型的定义：

1）可以有一个以上结点无父结点。

2）至少有一个结点有一个以上父结点。

满足以上两个限制的基本层次联系的集合为网状模型。

这样，在网状模型中，结点间的联系可以是任意的，任意两个结点间都能发生联系，更适于描述客观世界。

图 1.16（a）、（b）是网状模型的两个例子。在图 1.16（a）中，学生实体有两个父结点，

即班级和社团，如规定一个学生只能参加一个社团，则在班级与学生、社团与学生间都是 1:*m* 的联系；而在图 1.16（b）中，实体工厂和产品既是父结点又是子结点，工厂与产品间存在着 *m*:*n* 的关系。这种在两个结点间存在 *m*:*n* 联系的网称为复杂网。而在模型图 1.16（a）中，结点间都是 1:*m* 的联系，这种网称为简单网。

在已实现的网状数据库系统中，一般只处理 1:*m* 的联系；而对于 *m*:*n* 的关系，要先转换成 1:*m* 的联系，然后再处理。转换方法常常是用增加一个联结实体型实现。如图 1.16（b）可以转换成图 1.16（c）所示的模型，图中工厂号和产品号分别是实体工厂和产品的标识符。

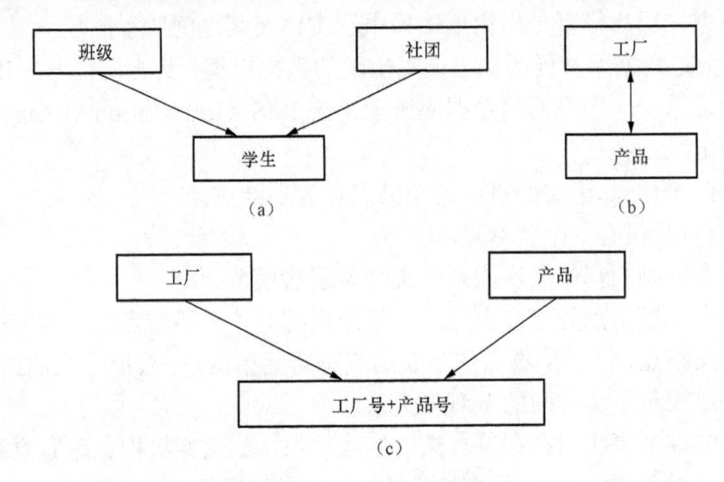

图 1.16 网状模型的例子

（a）、（b）简单网；（c）复杂网

1.5.5 面向对象数据模型

随着计算机技术的飞速发展，数据库技术在一些新的应用领域的出现，暴露出关系模型的局限性。例如，多媒体数据、超文本数据、办公信息系统、CAD 数据、CASE（计算机辅助软件工程）数据、CAM（计算机辅助制造）数据、图形数据等，关系模型对这些数据结构复杂信息的描述就显得力不从心，因此需要一种新的数据模型来表达。于是，出现了面向对象的数据模型（Object Oriented Data Model，简称 OODM）。面向对象的概念最早出现在程序设计语言中，20 世纪 70 年代末、80 年代初开始提出了面向对象的数据模型，面向对象模型是面向对象概念与数据库技术相结合的产物。一个面向对象模型是用面向对象观点来描述现实世界实体（对象）的逻辑组织、对象间限制、联系等的模型，一系列面向对象核心概念构成了面向对象模型的基础。

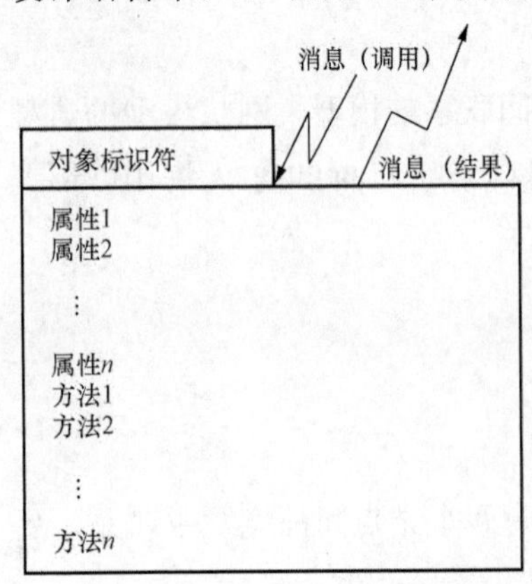

图 1.17 对象示意图

下面介绍面向对象模型的一些基本概念。

1. 对象

对象（Object）是现实世界中的实体的模型化。现实世界中的任一实体都可模型化为一个对象，小至一个整数、字符串，大至一架飞机、一个公司。对象示意图如图 1.17 所示。

一个对象包含若干属性，用以描述对象的状态、组成和特性。属性也是对象，它又可能包含其他对象作为其属

关系数据库逐步取代网状系统和层次系统，占领了市场。同时关系数据库的理论也逐步完善。目前流行的关系数据库管理系统有 IBM 公司的 DB2、Oracle 公司的 Oracle、Sybase 公司的 Sybase、Microsoft 公司的 SQL Server、TCX 公司开发的 MySQL 以及面向桌面应用的关系数据库管理系统 dBASE、FoxPro、Access 等。

现在，数据库技术的应用已经深入到人类社会的各个领域，从工农业生产、商业、行政、科学研究、工程技术到国防军事的各个部门。管理信息系统、办公自动化系统、决策支持系统等都是使用了数据库管理系统或数据库技术的计算机应用系统。

4. 高级数据库技术阶段

高级数据库技术阶段的主要标志是 20 世纪 80 年代的分布式数据库系统、90 年代的面向对象数据库系统和 20 世纪的各种新型数据库系统。

（1）分布式数据库系统。在高级数据库技术阶段以前的数据库系统是集中式的。在文件系统阶段，数据分散在各个文件中，文件之间缺乏联系。集中式数据库把数据集中在一个数据库中进行集中管理，减少了数据冗余和不一致性，而且数据联系比文件系统强得多。但集中式系统也有弱点：一是随着数据量的增加，系统越来越庞大，操作越来越复杂，开销越来越大；二是数据集中存储，大量的通信都要通过主机，容易造成拥挤。随着小型计算机和微型计算机的普及，以及计算机网络软件和远程通信的发展，分布式数据库系统崛起了。

分布式数据库系统，通俗讲是物理上分散而逻辑上集中的数据库系统。分布式数据库系统使用计算机网络将地理位置分散而又需要不同程度的集中管理和控制的多个逻辑单位（通常是集中式数据库系统）联结起来，共同组成一个统一的数据库系统。其中，被计算机网络连结的每个逻辑单位称为结点（Node）或站点（Site）。所谓逻辑上集中是指各站点之间不是互不关联的，而是一个逻辑整体，并由统一的数据库管理系统进行管理，这个数据库管理系统称为分布式数据管理系统（Distributed Database Management System，简称 DDBMS）。本书 10.2 节将详细介绍分布式数据库系统。

（2）面向对象数据库系统。在数据处理领域，关系数据库的使用已相当普遍、相当出色。但是现实世界存在着许多具有更复杂数据结构的实际应用领域，如多媒体、多维表格数据和 CAD（计算机辅助设计）数据等应用问题，需要更高级的数据库技术来表达，以便于管理、构造与维护大容量的持久数据，并使它们能与大型复杂程序紧密结合。而面向对象数据库正是适应这种形势发展起来的，它是面向对象的程序设计技术与数据库技术结合的产物。

面向对象数据库系统主要有以下两个特点：

1）面向对象数据模型能完整地描述现实世界的数据结构，能表达数据间的嵌套、递归的联系。

2）具有面向对象技术的封装性（把数据和操作定义在一起）和继承性（继承数据结构和操作）的特点，提高了软件的可重用性。本书 10.1 节将介绍面向对象数据库系统的发展状况。

（3）各种新型的数据库系统。数据库技术是计算机软件领域的一个重要分支，经过 30 余年的发展，已经形成相当规模的理论体系和实用技术。但受到相关学科和应用领域（如网络、多媒体等）的影响，数据库技术的研究并没有停滞，仍在不断发展，并出现许多新的分支。例如：演绎数据库、主动数据库、时态数据库、模糊数据库、并行数据库、多媒体数据库、内存数据库、联邦数据库、工作流数据库、空间数据库等。感兴趣的读者可以查阅有关的书籍。

小　结

本章概述了信息、数据与数据处理的基本概念以及数据库管理技术发展的历史和现状。

数据库管理技术经历了人工管理、文件系统、数据库和高级数据库技术四个阶段。数据库系统是在文件系统的基础上发展而来的，同时克服了文件系统的三个缺陷：数据的冗余度过大、数据不一致和文件间缺乏有机联系。

一个完整的数据库系统应包含数据库、硬件、软件和用户等几部分。

数据库是指长期存储在计算机内、有组织的、可共享的数据集合。计算机硬件是数据库系统存在和运行的硬件基础。在计算软件系统中，数据库管理系统和操作系统是核心软件。数据库的用户就是使用数据库的人员，包括数据库管理员（超级用户）、普通用户和应用程序员。

数据库采用三级模式结构，构成了数据库系统内部的体系结构，采用二级映像保证了数据库系统的逻辑独立性和物理独立性。

数据模型是对现实世界进行抽象的工具，用于描述现实世界的数据、数据联系、数据语义和数据约束等方面的内容。数据模型分为概念模型和结构模型两大类。前者的代表是 E-R 模型，后者的代表是层次、网状、关系和面向对象模型。关系模型是当今的主流模型，面向对象模型则代表了未来的发展方向。

习　题

一、解释下列术语

模式、外模式、内模式、数据库（DB）、数据库管理系统（DBMS）、DDL（数据描述语言）、DML（数据操纵语言）、数据模型、实体、码。

二、单项选择

1．现实世界中客观存在并能相互区别的事物称为（　　）。

A．实体　　B．实体集　　C．字段　　D．记录

2．现实世界中事物的特性在信息世界中称为（　　）。

A．实体　　B．实体标识符　　C．属性　　D．关键码

3．数据库系统与文件系统的主要区别是（　　）。

A．文件系统只能管理程序文件，而数据库系统能够管理各种类型的文件

B．数据库系统复杂，而文件系统简单

C．文件系统管理的数据量较少，而数据库系统可以管理庞大的数据量

D．文件系统不能解决数据冗余和数据独立性问题，而数据库可以解决

4．在 DBS 中，DBMS 和 OS 之间的关系（　　）。

A．并发运行　　B．相互调用

C．OS 调用 DBMS　　D．DBMS 调用 OS

5．数据的独立性是指（　　）。

A．数据之间的关系

B．应用程序与 DB 的结构之间相互独立

C．数据的而逻辑结构和物理结构相互独立

D．数据和磁盘之间相互独立

三、填空

1．数据库中存储的基本对象是___________。

2．数据库系统与文件系统的本质区别在于数据库系统实现了整体数据的__________。

3．数据模型应当满足___________、___________和__________三方面要求。

4．模式与子模式之间的映像是由___________实现的，存储模式与数据物理组织之间的映像是由______________实现的。

5．数据模型的三要素包含数据结构、___________和___________三部分。

6．模式/内模式映像为数据库提供了___________数据独立性。

7．DBS 是___________、___________、___________和__________的集合体。

四、简答

1．数据库有什么特点？

2．数据库的发展经历了哪几个阶段？

3．试述数据库系统的三级模式结构和二级映像。

4．DBMS 有哪几部分组成？有哪些主要功能？

5．DBA 指什么？它的主要职责是什么？

6．试述数据模型的概念、基本分类及三个要素。

7．什么是数据独立性？

8．试述关系模型和面向对象模型的主要特点。

9．为某百货公司设计一个 E-R 模型。

百货公司管辖若干个商店，每家商店经营若干商品，每家商店有若干职工，但每个职工只能服务于一家商店。实体类型“商店”的属性有：店号、店名、店址、店经理。实体类型“商品”的属性有：商品号、品名、单价、产地。实体类型“职工”的属性有：工号、姓名、性别、工资。在联系中应反映出职工参加某商店工作的开始时间，商店销售商品的月销售量。

试画出反映商店、商品、职工实体类型及其联系类型的 E-R 图。

第2章 关系数据库

本章主要讲述关系模型的基本概念、关系代数和关系演算。

本章任务是学习关系数据库的基础，其中，关系代数是学习的重点和难点。重点要掌握实体完整性和参照完整性的内容和意义，以及常用的几种关系代数的基本运算等。

2.1 关系模型概述

2.1.1 关系模型的基本概念

关系数据库系统是支持关系模型的数据库系统，而关系模型是由数据结构、关系操作集合和完整性约束三部分组成的。

1. 数据结构

关系模型的数据结构非常单一，在用户看来，关系模型中数据的逻辑结构是一张二维表。但关系模型的这种简单的数据结构能够表达丰富的语义，描述出现实世界的实体以及实体间的各种联系，表2.1是一张学生登记表的示例。

表2.1 学生登记表

学 号	姓 名	性 别	年 龄	系 别	政治面貌
0903330001	张山	男	18	通信	团员
0903330002	李波涛	男	22	自控	团员
0903330003	岳岚	女	17	计算机	党员
0903330004	王燕	女	17	计算机	团员
0903330005	王劲松	男	24	自控	党员
0903330006	赵玉兰	女	16	计算机	团员

2. 关系的操作

关系操作采用集合操作方式，即操作的对象和结果都是集合。

关系模型中常用的关系操作包括两类。

（1）查询操作：选择、投影、连接、除、并、交、差、笛卡尔积等。

（2）更新操作：增加、删除、修改操作。

表达（或描述）关系操作的关系数据语言可以分为三类（见表2.2）。

表2.2 关系数据语言的分类

<table>
<tr><td rowspan="4">关系数据语言</td><td>1.</td><td colspan="3">关系代数语言</td><td>例如 ISBL</td></tr>
<tr><td rowspan="2">2.</td><td rowspan="2">关系演算语言</td><td>（1）</td><td>元组关系演算语言</td><td>例如 ALPHA,QUEL</td></tr>
<tr><td>（2）</td><td>域关系演算语言</td><td>例如 QBE</td></tr>
<tr><td>3.</td><td colspan="3">具有关系代数和关系演算双重特点的语言</td><td>例如 SQL</td></tr>
</table>

（1）关系代数。关系代数是用对关系的运算表达查询要求的方式。

（2）关系演算。关系演算是用谓词来表达查询要求的方式。关系演算又可按谓词变元的基本对象是元组变量还是域变量分为元组关系演算和域关系演算。关系代数、元组关系演算和域关系演算三种语言在表达能力上是完全等价的。

关系代数、元组关系演算和域关系演算均是抽象的查询语言，这些抽象的语言与具体的DBMS中实现的实际语言并不完全一样。但它们能用作评估实际系统中查询语言能力的标准或基础。

（3）介于关系代数和关系演算之间的语言——SQL。SQL不仅具有丰富的查询功能，而且具有数据定义和数据控制功能，是集数据查询、数据定义（DDL）、数据操纵（DML）和数据控制（DCL）于一体的关系数据语言。它充分体现了关系数据语言的特点和优点，是关系数据库的标准语言。

3. 完整性约束

关系模型提供了丰富的完整性控制机制，允许定义三类完整性：实体完整性、参照完整性和用户定义的完整性。其中实体完整性和参照完整性是关系模型必须满足的完整性约束条件，应该由关系系统自动支持。

2.1.2 关系的定义

1. 域

域（Domain）是一个集合，集合中的元素具有相同的数据类型和取值范围。例如整数、自然数、实数、长度小于50的字符串集、{0,1}、大于0小于100的正整数等，这些都可以是域。

2. 笛卡尔积

设D_1，D_2，…，D_n为域，则$D_1 \times D_2 \times \cdots \times D_n = \{(d_1, d_2, \cdots, d_n) | d_i \in D_i, i=1, \cdots, n\}$为$D_1$，$D_2$，…，$D_n$的笛卡尔积（Cartesian Product）。其中每个元素（d_1，d_2，…，d_n）称为一个n元组（n-Tuple），简称元组（Tuple），元素中每个d_i称为分量（Component），$d_i \in D_i$。

若D_i的基数为m_i，笛卡尔积的基数M为$M = \prod_{i=1}^{n} m_i$

笛卡尔积可以表示为一个二维表，是元组的集合。例如设:

D_1=姓名={梁文博,王芳,李刚}　　(教师集合)
D_2=性别={男,女}　　(性别集合)
D_3=职称={副教授,教授,讲师}　　(职称集合)
$D_1 \times D_2 \times D_3$={(梁文博,男,副教授),(梁文博,男,教授),(梁文博,男,讲师),
(梁文博,女,副教授),(梁文博,女,教授),(梁文博,女,讲师),
(王芳,男,副教授),(王芳,男,教授),(王芳,男,讲师),
(王芳,女,副教授),(王芳,女,教授),(王芳,女,讲师),
(李刚,男,副教授),(李刚,男,教授),(李刚,男,讲师),
(李刚,女,副教授),(李刚,女,教授),(李刚,女,讲师)}

其中（王芳，男，教授），（梁文博，女，副教授）等是元组，“李刚”，“女”，“讲师”等是分量。该笛卡尔积的基数为3×2×3=18，即$D_1 \times D_2 \times D_3$一共有3×2×3=18个元组，这18个元组可列成一张二维表，见表2.3。

表 2.3　　**D_1，D_2，D_3 的笛卡尔积**

姓 名	性 别	职 称	姓 名	性 别	职 称
梁文博	女	副教授	王 芳	女	教 授
梁文博	男	副教授	王 芳	男	讲 师
梁文博	女	教 授	王 芳	女	讲 师
梁文博	男	教 授	李 刚	女	副教授
梁文博	女	讲 师	李 刚	男	副教授
梁文博	男	讲 师	李 刚	女	教 授
王 芳	男	副教授	李 刚	男	教 授
王 芳	女	副教授	李 刚	女	讲 师
王 芳	男	教 授	李 刚	男	讲 师

3. 关系

笛卡尔积 $D_1 \times D_2 \times \cdots \times D_n$ 的任一子集称为在域 D_1，D_2，…，D_n 上的关系（Relation），表示为

$$R（D_1，D_2，\cdots，D_n）$$

这里 R 表示关系的名字，n 是关系的目或度（Degree）。

关系是笛卡尔积的有限子集，所以关系也是一个二维表。表中的每一行对应一个元组，表中的每一列对应一个域。由于域可以相同，为了加以区别，必须对每列取一个名字，称为属性。关系中属性的个数称为元数，元组中的一个属性值称为分量。

形式化的关系定义同样可以把关系看成二维表，给表的每一列取一个名字，称为属性（Attribute）。n 目元关系有 n 个属性，属性的名字要唯一。属性的取值范围 D_i（$i=1$，…，n）称为值域（Domain）。在实际应用的数据库中，通常关系称为数据表，属性被称为字段，元组被称为记录。

例如，可以在表 2.3 的笛卡尔积中取一个子集：

R＝{（梁文博，男，副教授），（王芳，女，教授），（李刚，男，讲师）}

构成一个关系。二维表的形式如表 2.4 所示，把第一个属性命名为姓名，把第二个属性命名为性别，把第三个属性命名为职称。由于一个教师性别和职称是唯一的，所以笛卡尔积中许多元组是无实际意义的。

表 2.4　　**教 师 关 系 示 例**

姓 名	性 别	职 称	姓 名	性 别	职 称
梁文博	男	副教授	李 刚	男	讲 师
王 芳	女	教授			

2.1.3　关系的性质

关系数据库中的基本表具有以下六个性质。

1. 同一属性的数据具有同质性

同一属性的数据具有同质性是指同一属性的数据应当是同质的数据，即同一列中的量是同一类型的数据，它们来自同一个域。例如，学生选课表的结构为：选课（学号，课程号，

成绩），其成绩的属性值不能有百分制、5分制或“及格”、“不及格”等多种取值法，同一关系中的成绩必须统一语义（比如都用百分制），否则会出现存储和数据操作错误。

2. 同一关系的属性名具有不能重复性

同一关系的属性名具有不能重复性是指同一关系中不同属性的数据可出自同一个域，但不同的属性要给予不同的属性名。这是由于关系中的属性名是标识列的，如果在关系中有属性名重复的情况，则会产生列标识混乱问题。在关系数据库中由于关系名也具有标识作用，所以允许不同关系中有相同属性名的情况。

例如，要设计一个能存储两科成绩的学生成绩表，其表结构不能为：学生成绩（学号，成绩，成绩），可以设计为：学生成绩（学号，成绩1，成绩2）。

需要说明两点:

（1）关系是元组的集合，集合（关系）中的元素（元组）是无序的；而元组不是分量 d_i 的集合，元组中的分量是有序的。

例如，在关系中（a，b）≠（b，a），但在集合中$\{a, b\}=\{b, a\}$。

（2）若一个关系的元组个数是无限的，则该关系称为无限关系，否则称为有限关系；在数据库中只考虑有限关系。

3. 关系中的列位置具有顺序无关性

关系中的列位置具有顺序无关性，说明关系中的列的次序可以任意交换、重新组织，属性顺序不影响使用。对于两个关系，如果属性个数和性质一样，只有属性排列顺序不同，则这两个关系的结构应该是等效的，关系的内容应该是相同的。由于关系的列顺序对于使用来说是无关紧要的，所以在许多实际的关系数据库产品提供的增加新属性中，只提供了插至最后一列的功能。

4. 关系具有元组无冗余性

关系具有元组无冗余性是指关系中的任意两个元组的候选键不能完全相同。由于关系中的一个元组表示现实世界中的一个实体或一个具体联系，元组重复则说明一个实体重复存储。实体重复不仅会增加数据量，还会造成数据查询和统计的错误，产生数据不一致问题，所以数据库中应当绝对避免元组重复现象，确保实体的唯一性和完整性。

5. 关系中的元组位置具有顺序无关性

关系中的元组位置具有顺序无关性是指关系元组的顺序可以任意交换。在使用中可以按各种排序要求对元组的次序重新排列，例如，对学生表的数据可以按学号升序、按年龄降序、按所在系或按姓名笔画多少重新调整，由一个关系可以派生出多种排序表现形式。由于关系数据库技术可以使这些排序表在关系操作时完全等效，而且数据排序操作比较容易实现，所以我们不必担心关系中元组排列的顺序会影响数据操作或影响数据输出形式。

6. 关系中每一个分量都必须是不可分的数据项

关系模型要求关系必须是规范化的，即要求关系模式必须满足一定的规范条件。关系规范条件中基本的一条就是关系的每一个分量必须是不可分的数据项，即分量是原子的。

例如，表2.5中的工资分为基本工资和职务工资，这种组合数据项不符合关系规范化的要求，这样的关系在数据库中是不允许存在的。必须进行规范化，满足第一范式（1NF）。规范化后的表格见表2.6。

表 2.5 非规范化的关系结构表

姓 名	性 别	职 称	工 资	
			基本工资	职务工资
梁文博	女	副教授	2000.0	600.0
王 芳	男	教 授	2400.0	800.0
李 刚	女	讲 师	1800.0	400.0

表 2.6 规范化后的关系结构

姓 名	性 别	职 称	基本工资	职务工资
梁文博	女	副教授	2000.0	600.0
王 芳	男	教 授	2400.0	800.0
李 刚	女	讲 师	1800.0	400.0

2.2 关 系 的 键

2.2.1 候选键与关系键

能唯一标识关系中元组的一个属性或属性集，称为候选键（Candidate Key），也称候选关键字。如“学生关系”中的学号能唯一标识每一个学生，则属性“学号”是学生关系的候选键。在“选课关系”中，只有属性的组合“学号＋课程号”才能唯一地区分每一条选课记录，则属性集“学号＋课程号”是选课关系的候选键。

下面给出候选键的形式化定义。

设关系 R 有属性 A_1，A_2，…，A_n，其属性集 K=（A_i，A_j，…，A_k），当且仅当满足下列条件时，K 被称为候选键：

（1）唯一性（Uniqueness），关系 R 的任意两个不同元组，其属性集 K 的值是不同的。

（2）最小性，组成关系键的属性集（A_i，A_j，…，A_k）中，任一属性都不能从属性集 K 中删掉，否则将破坏唯一性的性质。例如“学生关系”中的每个学生的学号是唯一的，“选课关系”“学号＋课程号”的组合也是唯一的。在属性集“学号＋课程号”中去掉任一属性，都无法唯一标识选课记录。

如果一个关系中有多个候选键，可以从中选择一个作为查询、插入或删除元组的操作依据，被选用的候选键称为主关系键（Primary Key），或简称为主码、主键、主关键字等。

例如，假设在学生关系中没有重名的学生，则“学号”和“姓名”都可作为学生关系的候选键。如果选定“学号”作为数据操作的依据，则“学号”为主键。如果选定“姓名”作为数据操作的依据，则“姓名”为主键。

主关系键是关系模型中的一个重要概念。每个关系必须选择一个主关系键，选定以后，不能随意改变。每个关系必定有且仅有一个主键，因为关系的任意两个元组都不能重复，这样至少可以将关系的所有属性的组合可作为主键，通常用较小的属性组合作为主键。

包含在候选键中的属性称为主属性（Prime Attribute）。不包含在任何候选键中的属性称为非主属性（Nonprime Attribute）。在最简单的情况下，一个候选键只包含一个属性，如学生关系中的“学号”，教师关系中的“教师号”。在最极端的情况下，所有属性的组合是关系的候选键，这时称为全键（All-Key）。下面是一个全键的例子。

例如，假设有教师授课关系 TCS，分别有三个属性教师（T）、课程（C）和学生（S）。一个教师可以讲授多门课程，一门课程可以有多个教师讲授，同样一个学生可以选修多门课程，一门课程可以为多个学生选修。在这种情况下，T，C，S 三者之间是多对多关系，（T，C，S）三个属性的组合是关系 TCS 的候选键，称为全键，T，C，S 都是主属性。

2.2.2 外部关系键

设 F 是基本关系 R 的一个或一组属性，但不是关系 R 的主键（或候选键）。如果 F 与基本关系 S 的主键 Ks 相对应，则称 F 是基本关系 R 的外部关系键，也简称外键（Foreign Key），并称基本关系 R 为参照关系（Referencing Relation），基本关系 S 为被参照关系（Referenced Relation）或目标关系（Target Relation）。

需要指出的是，外键并不一定要与相应的主键同名。不过，在实际应用中，为了便于识别，当外键与相应的主键属于不同关系时，往往给它们取相同的名字。

例如，“教学数据库”中有“教师”和“院系”两个关系，其关系模式如下：

教师 （教师号，姓名，性别，出生日期，职称，工资，联系电话，系编号）；

院系 （系编号，系名称，负责人编号）。

其中：主键用下划线标出，外键用波浪线标出。

在教师表中，系编号不是主键，但院系表中系编号为主键，则教师表中的系编号为外键。对于教师表来说院系表为参照表。同理，在院系表中负责人编号（实际为负责人的职工号）不是主键，它是非主属性，而在教师表中教师号为主键，则院系表中的负责人编号为外键，教师表为院系表的参照表。

2.2.3 关系模型的完整性

关系模型的完整性规则是对关系的某种约束条件。前面已经提到，关系模型中有三类完整性约束：实体完整性、参照完整性和用户定义的完整性。

1. 关系模型的实体完整性

关系的实体完整性规则：若属性 A 是基本关系 R 的主属性，则属性 A 的值不能为空值。

实体完整性规则规定基本关系的所有主属性都不能取空值，而不仅是主键不能取空值。对于实体完整性规则，说明如下：

（1）实体完整性能够保证实体的唯一性。实体完整性是针对基本表而言的，由于一个基本表通常对应现实世界的一个实体集（或联系集），而现实世界中的一个实体（或一个联系）是可区分的，它在关系中以键作为实体（或联系）的标识，主属性不能取空值就能够保证实体（或联系）的唯一性。

（2）实体完整性能够保证实体的可区分性。空值不是空格值，它是跳过或不输的属性值，用“Null”表示空值来说明“不知道”或“无意义”。如果主属性取空值，就说明存在某个不可标识的实体，即存在不可区分的实体，这不符合现实世界的情况。

例如在学生表中，由于“学号”属性是码，则“学号”值不能为空值，学生的其他属性可以是空值，如“年龄”值或“性别”值如果为空，则表明不清楚该学生的这些特征值。

2. 关系模型的参照完整性

关系的参照完整性规则：若属性（或属性组）F 是基本关系 R 的外键，它与基本关系 S 的主键 Ks 相对应（基本关系 R 和 S 不一定是不同的关系），则对于 R 中每个元组在 F 上的值必须取空值（F 的每个属性值均为空值）或者等于 S 中某个元组的主键值。

例如，对于上述教师表中“院系号”属性只能取下面两类值：空值，表示尚未给该教师分配系别；非空值，该值必须是院系关系中某个元组的“系编号”值。一个教师不可能分配到一个不存在的系中，即被参照关系“院系”中一定存在一个元组，它的主键值等于该参照关系“教师”中的外键值。

3. 用户定义的完整性

任何关系数据库系统都应当具备实体完整性和参照完整性。另外，由于不同的关系数据库系统有不同的应用环境，所以它们要有不同的约束条件。用户定义的完整性就是针对某一具体关系数据库的约束条件，它反映某一具体应用所涉及的数据必须满足的语义要求。关系数据库管理系统应提供定义和检验这类完整性的机制，以便能用统一的方法处理它们，而不是由应用程序承担这一功能。

例如，学生考试的成绩必须在 0～100 之间，在职职工的年龄不能大于 60 岁等，都是针对具体关系提出的完整性条件。

2.3 关系数据库模式与关系数据库

2.3.1 关系模式和关系数据库模式

一个关系的属性名的集合 R（A_1，A_2，…，A_n）叫做关系模式，一般可简写为

$$R(U) \text{ 或 } R(A_1, A_2, \cdots, A_n)$$

其中 R 为关系名，A_1，A_2，…，A_n 为属性名（i=1，2，…，n）。

关系模式可形式化地表示为

$$R(U, D, dom, F)$$

其中 U 为组成关系的属性名的集合，D 为属性组 U 中属性所来自的域，dom 为属性和域之间的映像集合，F 为关系中属性间的依赖关系集合。在书写过程中，一般用下划线表示出关系中的主键。

由定义可以看出，关系模式是关系的框架（或者称为表框架），是对关系结构的描述。它指出了关系由哪些属性构成。关系模式是静态的、稳定的，而关系是动态的、随时间不断变化的，它是关系模式在某一时刻的状态或内容，这主要是由于关系的各种操作在不断更新数据库中的数据。

一组关系模式的集合叫做关系数据库模式。关系数据库模式是对关系数据库结构的描述，或者说是对关系数据库框架的描述，也就是前面所述的关系模式，可以看作是关系的型。与关系数据库模式对应的数据库中的当前值就是关系数据库的内容，称为关系数据库的实例，可以看作是关系的值。

例如，在教学数据库中，共有五个关系，其关系模式分别为：

学生（<u>学号</u>，姓名，性别，年龄，电话，系编号）

教师（教师号，姓名，性别，出生日期，职称，工资，电话，系编号）
课程（课程号，课程名，学分）
选修（学号，课程号，成绩）
院系（系编号，系名称，负责人）

在每个关系中，又有其相应的数据库的实例，例如，与学生关系模式对应的数据库中的实例有如下 6 个元组，见表 2.7。

表 2.7 与学生关系模式对应的实例

学 号	姓 名	性 别	年龄	电 话	系编号
0903330001	张山	男	18	45673434	D002
0903330002	李波涛	男	22	89457321	D003
0903330003	岳岚	女	17		D001
0903330004	王燕	女	17	18814325768	D001
0903330005	王劲松	男	24	13098765892	D003
0903330006	赵玉兰	女	16		D001

2.3.2 关系和关系数据库

在关系数据库中，实体及实体间的联系都是用关系来表示的。在给定的应用领域中，相应所有实体及实体之间联系所形成关系的集合就构成了一个关系数据库。关系数据库也有型和值的区别。关系数据库模式可以看作关系数据库的型，是对关系数据库的描述，它包括若干域的定义以及在这些域上定义的若干关系模式。关系数据库的值是这些关系模式在某一时刻对应关系的集合，也就是所说的关系数据库的数据。通常将关系数据库模式与关系数据库的值统称为关系数据库。

2.4 关 系 代 数

2.4.1 关系代数的分类及其运算符

关系代数是一种抽象的查询语言，是关系数据操作语言的一种传统表达方式，是用关系的运算来表达查询的。

关系代数基本理论的内容包括关系代数的运算、演算和优化，这些内容构成了关系型数据库的理论架构。关系代数的运算主要是指各种运算符和关系如何组成简单的或复杂的表达式，这些内容也称为关系算术。关系代数的演算主要是把数理逻辑的谓词演算运用到了关系运算中，包括以元组为变量的元组关系演算和以域为变量的域关系演算。如何提高关系代数的运算效率，以至最终提高关系数据库产品的查询效率，主要是依据关系代数的优化规则和策略。

关系代数的运算由运算对象、运算符和运算结果三大要素组成。运算对象为关系，运算结果也为关系，运算符包括四类：集合运算符、专门的关系运算符、比较运算符和逻辑运算符，见表 2.8。

表 2.8 关系代数运算符

运算符分类	运算符	含　义	运算符分类	运算符	含　义
集合运算符	∪ − ∩ ×	并运算 差运算 交运算 广义笛卡尔积	比较运算符	> ≥ < ≤ = ≠	大于 大于等于 小于 小于等于 等于 不等于
专门的关系运算符	σ π ⋈ ÷	选择 投影 连接 除	逻辑运算符	¬ ∧ ∨	非 与 或

比较运算符和逻辑运算符主要用来辅助专门的关系运算。关系代数一般可分为传统的集合运算和专门的集合运算两类操作。传统的集合运算将关系看成元组的结合，其运算是从关系的“水平”方向（即行的角度）来进行，而专门的关系运算不仅涉及行，而且还涉及列。

2.4.2 传统的集合运算

传统的集合运算是二目运算，它包括并、差、交、广义笛卡尔积四种运算。

设关系 R 和 S 具有相同的目 n（即两个关系都有 n 个属性），并且相应的属性取自同一个域，则定义并、差、交、广义笛卡尔积运算如下。

1. 并运算

关系 R 与关系 S 的并（Union）运算表示为

$$R \cup S=\{t \mid t \in R \vee t \in S\}$$

上式说明：R 和 S 并的结果仍为 n 目关系，其数据由属于 R 或属于 S 的元组组成。运算结果也可用图 2.1 所示的阴影部分表示。

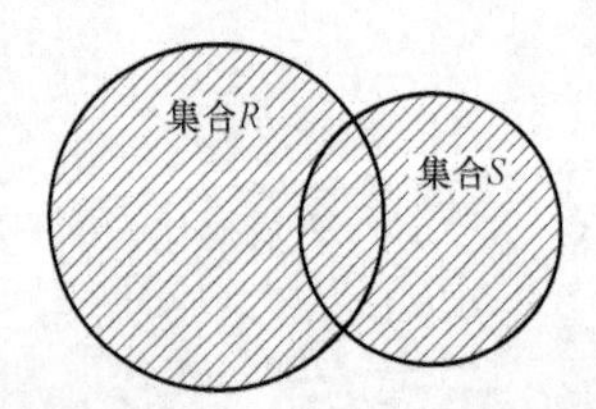

图 2.1　集合 R 和 S 并运算结果示意图

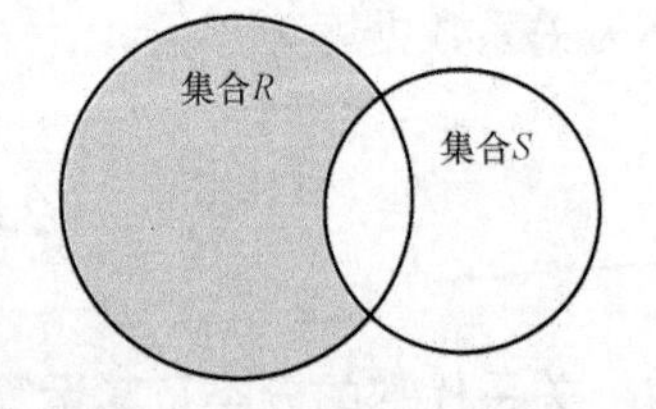

图 2.2　集合 R 和 S 差运算结果示意图

2. 差运算

关系 R 与关系 S 的差（Difference）运算表示为

$$R-S=\{t \mid t \in R \wedge \neg t \in S\}$$

上式说明：R 和 S 差运算的结果关系仍为 n 目关系，其数据由属于 R 而不属于 S 的所有元组组成。运算结果也可用图 2.2 所示的阴影部分表示。

3. 交运算

关系 R 与关系 S 的交（Intersection）运算表示为

$$R \cap S=\{t \mid t \in R \wedge t \in S\}$$

关系的交也可以用差来表示，即：

$$R \cap S=R-(R-S)$$

上式说明：R 和 S 交运算的结果关系仍为 n 目关系，其数据由既属于 R 同时又属于 S 的元组组成。运算结果也可用图 2.3 所示的阴影部分表示。

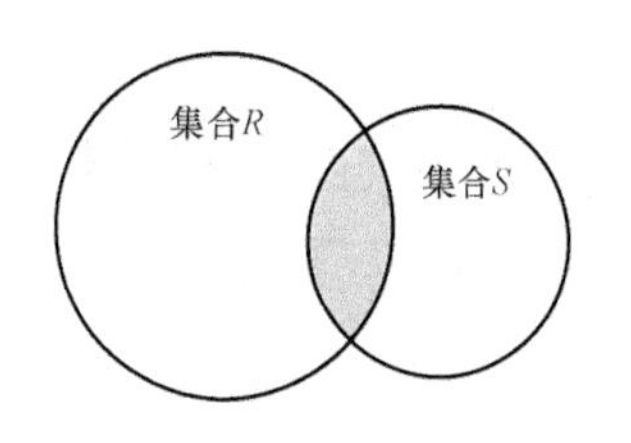

图 2.3 集合 R 和 S 的交运算结果示意图

4. 广义笛卡尔积运算

设两个分别为 n 目和 m 目的关系 R 和 S，它们的广义笛卡尔积是一个（$n+m$）目的元组集合。元组的前 n 列是关系 R 的一个元组，后 m 列是关系 S 的一个元组。若 R 有 K_1 个元组，S 有 K_2 个元组，则关系 R 和关系 S 的广义笛卡尔积应当有 $K_1 \times K_2$ 个元组。R 和 S 的广义笛卡尔积表示为

$$R \times S = \{t_1, t_2 | t_1 \in R \wedge t_2 \in S\}$$

设有关系 R，S 如图 2.4 所示。

A	B
a	d
b	e
c	c

关系R

A	B
d	b
b	e
d	c

关系S

B	C
a	a
b	e
e	c

关系T

A	B
a	d
b	e
c	c
d	b
d	c

$R \cup S$

A	B
a	d
c	c

$R-S$

A	B
b	e

$R \cap S$

R.A	R.B	S.A	S.B
a	d	d	b
b	e	d	b
c	c	d	b
a	d	b	e
b	e	b	e
c	c	b	e
a	d	d	c
b	e	d	c
c	c	d	c

$R \times S$

图 2.4 集合 R 和 S 的传统集合运算实例

2.4.3 专门的关系运算

专门的关系运算包括选择、投影、连接和除运算。

1. 选择运算

选择（Selection）又称为限制，它是在关系 R 中选择满足条件的元组，记作

$$\sigma_F(R)=\{t|t\in R\wedge F(t)='真'\}$$

其中 F 表示选择条件，它是一个逻辑表达式，取逻辑值为“真”或“假”。例如：对于图 2.4 所示的关系 S，做选择运算 $\sigma_{A=d}(S)$，其结果如图 2.5 所示。

其中，选择条件 $F(t)$ 为 $A=d$。

A	B
d	b
d	c

图 2.5 选择运算 $\sigma_{A=d}(S)$

2. 投影运算

关系 R 上的投影（Projection）是从 R 中选择出若干属性列组成新的关系，记作

$$\pi_A(R)=\{t[A]|\ t\in R\}$$

其中 A 为 R 中的属性列集。

例如，对于图 2.4 所示的关系 S，做投影运算 $\pi_A(S)$，其结果如图 2.6 所示。

A
d
b

图 2.6 投影运算 $\pi_A(S)$

3. 连接运算

我们可以用笛卡尔积建立两个关系的连接，但这并不是一种好的连接方法，因为这样建立的关系是一个较为庞大的关系，不符合实际操作的需要。在实际运用中，一般两个相互连接的关系往往必须满足一定的条件，所得到的结果也比较简单。因此我们对笛卡尔积加以适当的限制，以适应实际运用的需要。由此，引入连接运算与自然运算。

连接（Join）运算又称 θ 连接运算，连接是从两个关系的笛卡尔积中选取属性中满足一定条件的元组，即通过它可以将两个关系合并成一个大关系。表示为

$$R\underset{A\theta B}{\bowtie}S=\{t_1,t_2|t_1\in R\wedge t_2\in S\wedge t_1[A]\theta t_2[B]\}$$

其中，A 和 B 分别为 R 和 S 上度数相等且可比的属性组，θ 是比较运算符。上式表明，连接运算是从 R 和 S 的广义笛卡尔积 $R\times S$ 中选取符合 $A\theta B$ 条件的元组，即选择在 R 关系中 A 属性组上的值与在 S 关系中 B 属性组上的值满足比较操作 θ 的元组。

例如，对于图 2.4 所示的关系 R 和 S，做连接运算 $R\bowtie S$，其结果如图 2.7 所示。

R.B=S.B

R.A	R.B	S.A	S.B
b	e	b	e
c	c	d	c

图 2.7 连接运算 $R\underset{R.B=S.B}{\bowtie}S$

当 θ 为“＝”时，连接运算称为等值连接，否则为不等值连接。等值连接是从关系 R 和 S 的广义笛卡尔积中选取 A 和 B 属性值相等的那些元组，等值连接可表示为

$$R\underset{A=B}{\bowtie}S=\{t_1t_2|t_1\in R\wedge t_2\in S\wedge t_1[A]=t_2[B]\}$$

在实际运用中，最常用的连接是自然连接。自然连接是 θ 连接的一个特例。它需要两个关系中具有公共属性，通过公共属性的相等值进行连接，并且要在结果中去掉重复的属性。若 R 和 S 具有相同的属性组 B，则自然连接可表示为

$$R\bowtie S=\{t_1t_2|t_1\in R\wedge t_2\in S\wedge t_1[B]=t_2[B]\}$$

例如，对于图 2.4 所示的关系 S 和 T，做自然连接运算 $S\bowtie T$，其结果如图 2.8 所示。

A	B	C
d	b	e
b	e	c

图 2.8 自然连接运算 $S\bowtie T$

4. 除运算

给定关系 $R(X, Y)$ 和 $S(Y, Z)$，其中，X、Y、Z 为属性

组，R 中的 Y 与 S 中的 Y 可以有不相同的属性名，但必须出自相同的域集。R 与 S 的除（Division）运算，得到一个新的关系 P（X），P 是 R 中满足下列条件的元组在 X 属性上的投影：元组在 X 上分量值 x 的象集 Yx 包含 S 在 Y 上的投影的集合，表示为

$$R\div S=\{t_1[X]|t_1\in R\wedge\pi_Y(S)\subseteq Y_x\}$$

其中，Y_x 为 x 在 R 中的象集。

除运算是同时从行和列角度进行运算，在进行运算时，将被除关系 R 的属性分成两部分：与除关系相同的部分 Y 和不同的部分 X。在被除关系 R 中，按 X 的值分组，即相同 X 值的元组分为一组。除法的运算是求包括除关系中全部 Y 值的组，这些组中的 X 值将作为除结果的元组。

例如，对于图 2.9 中的表 P、Q，作选择除运算 $W=P\div Q$，其结果见图 2.9（c）。

A	B	C
a_1	b_1	c_2
a_3	b_4	c_6
a_1	b_2	c_1
a_2	b_2	c_1
a_1	b_2	c_3

（a）

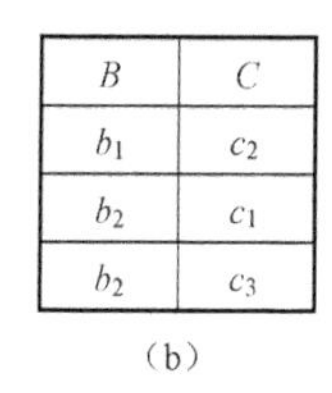

B	C
b_1	c_2
b_2	c_1
b_2	c_3

（b）

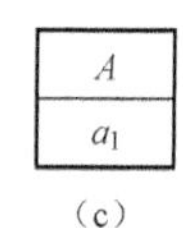

A
a_1

（c）

图 2.9　除运算实例
（a）P 表；（b）Q 表；（c）除运算结果

至此，介绍了八种关系代数运算，这些运算经有限次的复合后形成的式子称为关系代数表达式。在八种关系代数运算中，并、差、笛卡尔积、选择和投影五种运算为基本运算；其他三种运算，即交、连接和除，均可以用五种基本运算来表达，引进它们并不增加语言的功能，但可以简化表达。下面举例说明如何综合运用各关系代数运算。

设有表 2.9～表 2.13 所示的关系学生关系 S、教师关系 T、选修关系 SC、课程关系 C、院系关系 D，试用关系代数表达式表示给出的查询语句。

在学生关系 S 表中 Snum 代表“学号”，Sname 代表“姓名”，Sage 代表“年龄”，Dnum 代表“系编号”；

在教师关系 T 表中 Tnum 代表“教师号”，Tname 代表“姓名”，Tsex 代表“性别”，Tbirth 代表“出生日期”，Ttitle 代表“职称”，Tsalary 代表“工资”，Tphone 代表“电话”，Dnum 代表“系编号”；

在课程关系 C 表中 Cnum 代表“课程号”，Cname 代表“课程名称”，Cfreq 代表“学分”；

在选修关系 SC 表中 Score 代表：“成绩”；

在院系关系 D 表中 Dname 代表“系名称”，Director 代表“负责人”。

表 2.9　　学 生 关 系 *S*

Snum	Sname	Ssex	Sage	Sphone	Dnum
0903330001	张　山	男	18	45673434	D002
0903330002	李波涛	男	22	89457321	D003

续表

Snum	Sname	Ssex	Sage	Sphone	Dnum
0903330003	岳 岚	女	17		D001
0903330004	王 燕	女	17	18814325768	D001
0903330005	王劲松	男	24	13098765892	D003
0903330006	赵玉兰	女	16		D001

表 2.10 教 师 关 系 *T*

Tnum	Tname	Tsex	Tbirth	Ttitle	Tsalary	Tphone	Dnum
T001	梁文博	男	1970-04-09	副教授	2600.0	87659078	D001
T002	王芳	女	1967-08-05	教授	3200.0	15956789056	D003
T003	李刚	男	1979-05-23	讲师	2200.0	13809097865	D003
T004	王森林	男	1950-11-03	教授	3500.0	56784325	D001
T005	余雪梅	女	1979-03-23	助教	1880.0	13387650643	D001
T006	方维伟	男	1965-05-03	副教授	2680.0	13345678932	D002

表 2.11 选 修 关 系 *SC*

Snum	Cnum	Score
0903330001	C002	53
0903330001	C004	89
0903330001	C005	65
0903330002	C004	75
0903330004	C001	85
0903330005	C001	92
0903330005	C003	76

表 2.12 课 程 关 系 *C*

Cnum	Cname	Cfreq
C001	数据库系统原理	3.5
C002	C 语言程序设计	4
C003	计算机组成原理	3
C004	自动控制原理	2
C005	数据结构	4

表 2.13 院 系 关 系 *D*

Dnum	Dname	Director
D001	计算机	王森林
D002	通信	方维伟

续表

Dnum	Dname	Director
D003	自控	张小龙
D004	外语	叶文

【例 2.1】 查询所有男教师的信息。

解

$$\sigma_{Tsex='男'}(T) \text{ 或 } \sigma_{3='男'}(T)$$

执行结果见表 2.14。

表 2.14 [例 2.1] 的执行结果

Tnum	Tname	Tsex	Tbirth	Ttitle	Tsalary	Tphone	Dnum
T001	梁文博	男	1970-04-09	副教授	2600.0	87659078	D001
T003	李刚	男	1979-05-23	讲师	2200.0	13809097865	D003
T004	王森林	男	1950-11-03	教授	3500.0	56784325	D001
T006	方维伟	男	1965-05-03	副教授	2680.0	13345678932	D002

【例 2.2】 找出所有学生的学号，姓名，性别和电话。

解

$$\pi_{Snum,Sname,Ssex,Sphone}(S) \text{ 或 } \pi_{1,2,3,5}(S)$$

执行结果见表 2.15。

表 2.15 [例 2.2] 的执行结果

Snum	Sname	Ssex	Sphone
0903330001	张山	男	45673434
0903330002	李波涛	男	89457321
0903330003	岳岚	女	NULL
0903330004	王燕	女	18814325768
0903330005	王劲松	男	13098765892
0903330006	赵玉兰	女	NULL

【例 2.3】 找出年龄为 18 岁的男学生的学号和姓名。

解

$$\pi_{Snum,Sname}(\sigma_{Ssex='男' \wedge Sage=18}(S))$$

执行结果见表 2.16。

【例 2.4】 找出选修了“数据库系统原理”的学生的学号、姓名和联系电话。

解

$$\pi_{Snum,Sname,Sphone}(\sigma_{Cname='数据库系统原理'}(S \bowtie SC \bowtie C))$$

执行结果见表 2.17。

表 2.16 ［例 2.3］的执行结果

Snum	Sname
0903330001	张山

表 2.17 ［例 2.4］的执行结果

Snum	Sname	Sphone
0903330004	王燕	18814325768
0903330005	王劲松	13098765892

【例 2.5】 找出选修了“自动控制原理”课程并且分数在 80 分以上的学生的学号、姓名和成绩。

解

$$\pi_{Snum,\ Sname,\ Score}(\sigma_{Cname='\text{自动控制原理}' \wedge Score>80}(S \bowtie SC \bowtie C))$$

执行结果见表 2.18。

【例 2.6】 检索至少选修两门课程的学生学号。

解 由于关系 SC 中每个元组表示一个学生学了一门课的情况，所以要求至少选修两门课程的学生学号须进行自身的乘积，再选择，投影。

$$\pi_1[\sigma_{1=4 \wedge 2\neq 5}(SC \times SC)]$$

执行结果见表 2.19。

表 2.18 ［例 2.5］的执行结果

Snum	Sname	Score
0903330001	张山	89

表 2.19 ［例 2.6］的执行结果

Snum
0903330001
0903330005
0903330005

【例 2.7】 检索选修课程号为 C002 和 C004 的学生学号。

解

$$\pi_{Snum,\ Cnum}(SC) \div \pi_{Cnum}[\sigma_{Cnum='C002' \vee Cnum='C004'}(C)]$$

或 $$\pi_{Snum}[\sigma_{Cnum='C002'}(SC)] \cap \pi_{Snum}[\sigma_{Cnum='C004'}(SC)]$$

执行结果见表 2.20。

【例 2.8】 检索选修课程包含学号为 0903330002 的学生所修课程的学生学号。

解

$$\pi_{Snum,\ Cnum}(SC) \div \pi_{Cnum}(\sigma_{Snum='0903330002'}(SC))$$

执行结果见表 2.21。

表 2.20 ［例 2.7］的执行结果

Snum
0903330001

表 2.21 ［例 2.8］的执行结果

Snum
0903330001
0903330002

2.5 关 系 演 算

把谓词演算（Predicate Calculus）推广到关系运算中，就可得到关系演算（Relational

Calculus）。关系演算可分为元组关系演算和域关系演算两种，前者以元组为变量，简称元组演算；后者以域为变量，简称域演算。

2.5.1 元组关系演算

在元组关系演算（Tuple Relational Calculus）中，元组关系演算表达式的一般形式为

$$\{t|\varphi(t)\}$$

其中，t 为元组变量，φ（t）是由原子公式（Atom Formula）和运算符组成的公式。

元组演算中的原子有下列三种形式：

（1）R（t），其中 R 是关系名，t 是元组变量。原子 R（t）表示命题："t 是关系 R 的元组"。

（2）$t[j]\theta u[k]$，其中 t 和 u 是元组变量，θ 是比较运算符。该原子表示命题："元组 t 的第 j 个分量与元组 u 的第 k 个分量之间满足 θ 关系"。例如，$t[1]<u[2]$表示元组 t 的第 1 个分量必须小于元组 u 的第 2 个分量。

（3）$t[j]\theta C$ 或 $C\theta t[j]$，其中 t 是元组变量，C 是一个常量。前一个原子 $t[j]\theta C$ 表示命题："元组 t 的第 j 个分量与常量 C 之间满足 θ 关系"。例如，$t[1]=2$ 表示元组 t 的第 1 个分量值为 2，后一个原子 $C\theta t[j]$有类似的含义。

元组演算的公式如下：

（1）任何原子公式是公式。

（2）若φ是公式，则$\neg\varphi$也是公式。当φ为真时，$\neg\varphi$为假。

（3）若φ_1，φ_2 是公式，则$\varphi_1\wedge\varphi_2$，$\varphi_1\vee\varphi_2$ 也是公式。只有当φ_1，φ_2 同时为真时，$\varphi_1\wedge\varphi_2$ 为真，否则为假。当φ_1，φ_2 至少有一个为真时，$\varphi_1\vee\varphi_2$ 为真。

（4）若φ是公式，则（$\exists t$）（φ）也是公式。当存在一个 t 使φ为真时，（$\exists t$）（φ）为真，否则为假。

（5）若φ是公式，则（$\forall t$）（φ）也是公式。当所有 t 都使φ为真时，（$\forall t$）（φ）为真，否则为假。

（6）所有公式都是从以上 5 条规则对原子公式进行有限次复合运算求得。

（7）在公式中各种运算符的优先级从高到低依次为：θ、∃和∀、¬、∧和∨（算术比较运算符的优先级最高）。

【例 2.9】 存在关系 R 和关系 S，如图 2.10 所示。

A	B	C
1	2	3
4	5	6
7	8	9

关系R

A	B	C
1	2	3
3	4	6
5	6	9

关系S

图 2.10 关系 R 和关系 S

写出下列四个元组表达式的值：

（1）$R1=\{t|S(t)\wedge t[1]>2\}$；

（2）$R2=\{t|R(t)\wedge\neg S(t)\}$；

（3）$R3=\{t|(\exists u)(S(t)\wedge R(u)\wedge t[3]<u[2])\}$；

（4）$R4=\{t|(\forall u)(R(t)\wedge S(u)\wedge t[3]>u[1])\}$。

解 这四个表达式的结果分别如下：

A	B	C
3	4	6
5	6	9

*R*1

A	B	C
4	5	6
7	8	9

*R*2

A	B	C
1	2	3
3	4	6

*R*3

A	B	C
4	5	6
7	8	9

*R*4

关系代数运算和元组演算是等价的，关系代数表达式可用元组演算表达式表示，反之亦然。下面用关系演算表达式表示关系代数的五种基本运算。

（1）并。

$$R \cup S = \{t | R(t) \vee S(t)\}$$

（2）差。

$$R - S = \{t \mid R(t) \wedge \neg S(t)\}$$

（3）笛卡尔积。

$$R \times S = \{t^{(m+n)} \mid (\exists u^m)(\exists v^n)(R(u) \wedge S(v) \wedge t[1] = u[1] \wedge \cdots t[m] = u[m] \wedge t[m+1] = v[1] \wedge \cdots t[m+n] = v[n])\}$$

这里 $t^{(m+n)}$表示 t 的 $m+n$ 元组，u^m 表示 u 的 m 元组，v^n 表示 v 的 n 元组。

（4）选择。

$$\sigma_F(R) = \{t \mid R(t) \wedge F'\}$$

这里 F'是 F 的等价表示形式。

（5）投影。

$$\pi_{i_1, i_2, \cdots, i_m}(R) = \{t^{(m)} \mid (\exists u)(R(u) \wedge t[1] = u[i_1] \wedge \cdots t[m] = u[i_m])\}$$

2.5.2 域关系演算

域关系演算（Domain Relational Calculus）类似于元组关系演算，不同的是用域变量代替了元组变量的每一分量，域变量的变化范围是某个值而不是一个关系。域关系演算简称域演算。域演算表达式的一般形式为

$$\{t_1 t_2, \cdots, t_k \mid \varphi(t_1, t_2, \cdots, t_k)\}$$

其中，t_1，t_2，…，t_k 为域变量，φ是公式，公式由原子公式和运算符组成。

原子公式有两种形式：

（1）R（t_1，t_2，…，t_k），R 是一个 k 元关系，t_k 是域变量或常量。这样关系 R 可表示为

$$\{t_1 t_2, \cdots, t_k \mid R(t_1, t_2, \cdots, t_k)\}$$

（2）$x\theta y$，x，y 是域变量或常量，但至少有一个是域变量，θ 是算术比较运算符。

域演算公式中也可以使用¬，∧，∨等逻辑运算符及存在量词∃和全称量词∀。它们的优先级与元组演算公式中的一样。并且同样存在自由域变量和约束域变量，其概念与元组演算

公式相同。

这样我们也可以用域演算来表示关系代数表达式，如

$$R\cup S=\{t_1t_2,\cdots,t_k\mid R(t_1,t_2,\cdots,t_k)\vee S(t_1,t_2,\cdots,t_k)\}$$

$$\sigma_F(R)=\{t_1t_2,\cdots,t_k\mid R(t_1,t_2,\cdots,t_k)\wedge F\}$$

【例 2.10】 有关系 *R*，*S*，*W* 如图 2.11 所示。

A	*B*	*C*
1	2	3
3	4	6
5	6	9

关系*R*

A	*B*	*C*
1	2	3
4	5	6
7	8	9

关系*S*

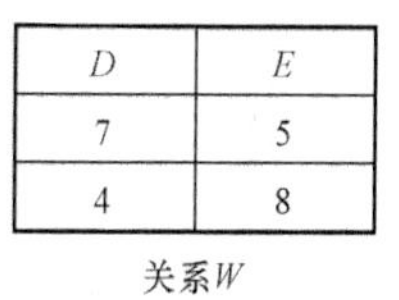

D	*E*
7	5
4	8

关系*W*

图 2.11　关系 *R*、*S*、*W*

写出下面三个域表达式的值：

（1）$R1=\{xyz\mid S(xyz)\wedge x<5\wedge y>3\}$；

（2）$R2=\{xyz\mid R(xyz)\vee S(xyz)\vee y=4\}$；

（3）$R3=\{xyz\mid(\exists u)(\exists v)[S(zxu)\wedge W(yv)\wedge u>v]\}$。

解　这三个表达式的结果分别如下。

A	*B*	*C*
4	5	6

*R*1

A	*B*	*C*
1	2	3
4	5	6
7	8	9
3	4	6
5	6	9

*R*2

B	*D*	*A*
5	7	4
8	7	7
8	4	7

*R*3

小　　结

关系数据库系统是目前使用最广泛的数据库系统，关系数据库是以关系模型为基础的数据库。本章首先介绍了关系模型的一些基本概念及常用术语，接着介绍了关系模型的三个要素：关系数据结构，关系操作集合和关系完整性约束；然后详细讨论了关系数据模型的完整性约束及其作用；最后结合实例详细介绍了关系代数和关系演算。

本章重点应掌握关系模型的特点和关系运算。关系运算包括传统的集合运算（并、差、交等）和专门的关系运算（选择、投影、连接等）。

习　　题

一、解释下列术语

属性、元组、候选键、主键、外键、全键、主属性、非主属性。

二、单项选择

1．在关系模型中，下列说法正确的为（　　）。

A．关系中存在可分解的属性值

B．关系中允许出现相同的元组

C．关系中考虑元组的顺序

D．元组中，属性在理论上是无序的，但使用时按习惯考虑列的顺序

2．当两个关系没有公共属性时，其自然连接表现为（　　）。

A．笛卡尔积　　B．等值连接

C．结果为空　　D．出错

3．当关系有多个候选键时，选定一个作为主键，但若主键为全键时应包含（　　）。

A．单个属性　　B．两个属性

C．多个属性　　D．全部属性

4．设关系 R，S，W 各有 10 个元组，那么这三个关系的自然连接的元组个数为（　　）。

A．10　　B．30

C．1000　　D．不确定（与计算结果有关）

5．有关系 R 和 S，$R \cap S$ 的运算等价于（　　）。

A．$S-(R-S)$　　B．$R-(R-S)$　　C．$(R-S) \cup S$　　D．$R \cup (R-S)$

三、填空

1．关系中属性的个数称为__________，元组个数称为__________。

2. 如果属性 K 是关系模式 $R1$ 的主键，K 也是关系模式 $R2$ 的外键，那么在 $R2$ 的关系中，K 的取值只允许两种可能，__________或者__________。

3．关系代数中，θ 连接是由__________操作和__________操作组合而成的。

4．在关系代数运算中，从关系中取出满足条件的元组的运算称为__________。

5．关系逻辑中的“安全条件”是指______________。

四、简答

1．试述笛卡尔积、等值连接、自然连接三者之间有哪些差异？

2．关系模型由哪几个部分组成？

3. 为什么关系中的元组没有先后顺序？属性顺序也无关紧要？为什么关系中不允许有重复元组？

4．外键何时允许空？何时不允许空？

5．已知关系 R 和关系 S，如下所示：

A	B	C
3	6	7
2	5	7
7	2	3
4	4	3

关系 R

A	B	C
3	4	5
7	2	3

关系 S

计算：$R\cup S$，$R-S$，$S-R$，$R\cap S$，$R\times S$，$\pi_{3,2}$（S），$\sigma_{B<'5'}$（R），$R\bowtie S$。

6．设教学数据库有下列五个关系模式：

学生关系 S（Sno, Sname, Ssex, Sage, Sdept, Sspecial）

课程关系 C（Cno, Cname, Ccredit, Cdept, Cprecno, Tno）

教师关系 T（Tno, Tname, Tsex,Tspecial）

学习关系 SC（Sno, Cno, Grade）

上述各属性和含义是：学号（Sno），姓名（Sname），性别（Ssex），年龄（Sage），所在系（Sdept），所在专业（Sspecial），课程号（Cno），课程名（Cname），学分（Ccredit），开课系（Cdept），先修课程号（Cprecno），教师号（Tno），教师名（Tname），教师性别（Tsex），从事专业（Tspecial），成绩（Grade）。

试用关系代数表达式表示下列查询语句：

（1）检索“自控”和“计算机”专业学生的情况。

（2）产生学生成绩表，包括学号、姓名、系、课程名、学分和成绩。

（3）检索不是其他任何课程的先行课程的课程号。

（4）检索所有参加了“数据库系统原理”课程考试的学生学号、成绩。

（5）检索选修了计算机系开设的全部课程的学生学号和姓名。

（6）检索选修了“王林”老师所上的全部课程的学生的学号。

（7）检索至少选修两门课程的学生学号和姓名。

第3章 关系数据库标准语言

SQL是一种通用的功能齐全的关系数据库标准语言。SQL语言具有结构简洁、功能强大、简单易学、使用方便等优点，从而得到了广泛的应用，并被确定为关系数据库系统的国际标准。如今流行的大多数关系数据库管理系统都支持SQL语言作为查询语言。

3.1 SQL语言简介

3.1.1 SQL发展历史与特点

IBM公司San Jose实验室的Boyce和Chamberlin在1974年首先提出了基于关系数据库理论的SQL。随后，SQL在IBM System R上的关系数据库SQL/DS得到了实现。1986年美国国家标准协会（ANSI）公布了第一个SQL标准，即SQL-86，并于1987年被国际标准化组织（ISO）采纳为国际标准。经过不断修改和完善，1989年ISO公布了SQL-89国际标准，1992年公布了SQL-92国际标准，也称为SQL2，被数据库管理系统（DBMS）生产厂商广泛接受。1999年ISO发布了标准化文件ISO/IEC9075：数据库语言SQL-99，人们习惯称这个标准为SQL3。2003年公布了SQL-2003，主要增加了XML相关内容，2006年公布了SQL-2006，定义了SQL与XML（包含XQuery）的关联应用。新的标准SQL-2006在基本结构和语法方面与以前版本相比变化不大。

本章内容除特别说明外，均为SQL-2006标准的内容。SQL语言是一种高度非过程化的关系数据库语言，采用的是集合的操作方式，操作的对象和结果都是元组的集合，用户只需知道“做什么”，无需知道“怎么做”，因此SQL语言接近英语自然语言、结构简洁、易学易用。同时SQL语言集数据查询、数据定义、数据操纵、数据控制为一体，功能强大，得到了越来越广泛的应用，几乎所有著名的关系数据库系统如DB2、Oracle、MySQL、Sybase、Informix、SQL Server、Dbase、Foxpro、Access等都支持SQL语言。SQL已经成为关系数据库的国际性标准语言。

1. 非过程化语言

SQL是一个非过程化的语言，因为它一次处理一个记录，对数据提供自动导航。SQL允许用户在高层的数据结构上工作，而不对单个记录进行操作，可操作记录集。所有SQL语句接受集合作为输入，返回集合作为输出。SQL的集合特性允许一条SQL语句的结果作为另一条SQL语句的输入。SQL不要求用户指定对数据的存放方法。这种特性使用户更易集中精力于所要得到的结果。所有SQL语句使用查询优化器，它是RDBMS的一部分，由它决定对指定数据存取的最快速度的手段。查询优化器知道存在什么索引，哪儿使用合适，而用户从不需要知道表是否有索引，表有什么类型的索引。

2. 统一的语法结构

SQL可用于所有用户的DB活动模型，包括系统管理员、数据库管理员、应用程序员、决策支持系统人员及许多其他类型的终端用户。基本的SQL命令只需很少时间就能学会，

【例 3.2】 删除“教务管理系统”数据库。

解

```
DROP  DATABASE 教务管理系统
```

3.2.2　基本表的定义

1. 创建基本表

SQL 语言创建基本表的一般格式为：

```
CREATE  TABLE <表名>(<列名><数据类型>[列级完整性约束],…
                  [<表级完整性约束>]);
```

这是 CREATE TABLE 语句的一般格式，由于是第一次出现了一些约定的符号，所以在这里对 SQL 语句格式中常见的约定符号解释如下：

尖括号“＜＞”：其中的内容需要用实际内容来替代，不可省略。比如上面格式中的“表名”就可以用具体表的名字，如学生表 S 来代替。

中括号“[ ]”：其中的内容为可选项，这部分内容是可以被省略的。

大括号“{ }”和分隔符“|”的一般形式为 { | | }，表示其中内容为必须要包括的项，即这里面的几项中至少要选择一项。

中括号“[ ]”和省略号“…”的形式为[…]，表示前面的项可以重复多次。

对于上面列举的 CREATE TABLE 语句：

（1）名称：＜表名＞为基本表的名称，＜列名＞为表中属性的名称，一般用有含义的英文或拼音。

（2）数据类型：每个属性都有数据类型，不同的关系数据库系统所支持的数据类型不完全相同，但一般都支持如表 3.2 中的一些主要数据类型。

表 3.2　SQL 的一些主要数据类型

数　据　类　型	说　　明
CHAR（n）	长度为 *n* 的定长字符串
VARCHAR（n）	最大长度为 *n* 的变长字符串
INT 或 INTEGER	长整数（全字长）
SMALLINT	短整数（半字长）
NUMERIC（x，y）	定点数，有 *x* 位数字，小数点后 *y* 位
FLOAT（n）	浮点数，精度至少为 *n* 位
DOUBLE PRECISION	双精度浮点数
BIT（n）	长度为 *n* 的二进制位串
DATE	日期型，格式为 YYYY-MM-DD
TIME	时间型，格式为 HH.MM.SS
TIMESTAMP	将 DATE 和 TIME 的值组合在一起

需要注意的是，Microsoft SQL Server 中，TIMESTAMP 用做其他用途，用 DATETIME 来代替 TIMESTAMP，DATE 和 TIME。

（3）完整性约束：列级完整性约束仅作用在该列上，表级完整性约束是作用在整个表的，这些完整性约束条件都保存在系统的数据字典中，并由关系数据库管理系统自动检查。

【例 3.3】 创建一个学生表 S，包括如下几个字段：Snum、Sname、Ssex、Sage、Sphone、Dnum，其中 Snum 是学号，Sname 是姓名，Ssex 是性别，Sage 是年龄，Sphone 是电话，Dnum 是学生所在的院系编号。Snum 是主码，不能为空值且是唯一。

解

```
CREATE TABLE S
(Snum CHAR(10)NOT NULL UNIQUE,
Sname VARCHAR(8),
Ssex CHAR(2),
Sage SMALLINT,
Sphone VARCHAR(20),
Dnum CHAR(4),
PRIMARY KEY (Snum),
FOREIGN KEY(Dnum)REFERENCES D(Dnum));
```

这里定义的学生表有六个属性，其中 NOT NULL 和 UNIQUE 是列级完整性约束，作用在 Snum 上，NOT NULL 要求 Snum 不能为空值，UNIQUE 要求 Snum 取值唯一，而 PRIMARY KEY（Snum）是表级完整性约束，FOREIGN KEY（Dnum）REFERENCES D（Dnum）则说明该学生表 S 的字段 Dnum 为外键，参照引用了院系表 D 的主键 Dnum。

定义该表的主码为 Snum，由于主码本身唯一且不能为空，因此 Snum 上的 NOT NULL 和 UNIQUE 是冗余的，可以省略。该表中 Snum、Ssex 和 Dnum 是定长的字符串，但长度不同，而 Sname 是最大长度为 8 的变长字符串。因为对于学号和性别，长度通常是固定的，而一个人姓名的长度可能是 2 个、3 个或者 4 个字，是不固定的，所以将 Sname 定义成可变字符串类型，方便操作，同时也能减少部分存储开销。电话号码可能是固定电话或者手机，因此 Sphone 也定义成可变字符串。Sage 是短整型数，长度为 2 个字节。

```
CREATE TABLE S
(Snum CHAR(10),
Sname VARCHAR(8),
Ssex CHAR(2),
Sage SMALLINT,
Sphone VARCHAR(20),
Dnum CHAR(4),
PRIMARY KEY (Snum),
CONSTRAINT Uni_Snum UNIQUE(Snum),
FOREIGN KEY(Dnum)REFERENCES D(Dnum));
```

该定义与上一个定义在作用上是一样的，这里只是把 Snum 上的 UNIQUE 列级完整性约束转移到了表级上，使用了 CONSTRAINT 子句表示约束，其中 Uni_Snum 是完整性约束名。

数据库系统在执行以上的 SQL 定义语句后，就在数据库中创建了一个新的学生表 S。而 S 表的定义及有关的完整性约束条件存放在数据字典中。

如果在创建学生表 S 之前没有创建过院系表 D，那么上述 SQL 语句的执行会失败，数据库将会无法完成对学生表 S 的创建。因此在创建数据库时必须检查引用的表是否存在。

院系表 D 包括如下字段：Dnum、Dname、Director，其中 Dnum 是系编号，Dname 是系名称，Director 是负责人，参考创建语句如下：

```
CREATE TABLE D
(Dnum CHAR(4),
Dname VARCHAR(10),
Director VARCHAR(8),
Primary KEY(Dnum));
```

【例 3.4】 定义一个课程表 C（Cnum，Cname，Cfreq）和一个选修表 SC（Snum，Cnum，Score），其中 Cnum 是课程号，Cname 是课程名称，Cfreq 是该门课程的学分，Snum 是学号，Score 是成绩。Cnum 是 C 表的主码，（Snum，Cnum）是 SC 表的主码。要求学分 Cfreq 可以是空值或者是 0～10 的定点数。而 SC 表中的 Cnum 和 Snum 分别是课程表 C 和学生表 S 的外键，分别参照引用了课程表 C 和学生表 S 的主键。

解

```
CREATE TABLE C
  (Cnum CHAR(4),
  Cname VARCHAR(20),
  Cfreq  NUMERIC(2,1),
  PRIMARY KEY (Cnum),
  CHECK((Cfreq IS NULL)OR (Cfreq BETWEEN 0 AND 10)));

CREATE TABLE SC
  (Snum CHAR(10),
  Cnum CHAR(4),
  Score SMALLINT,
  PRIMARY KEY (Snum,Cnum),
  FOREIGN KEY(Snum)REFERENCES S(Snum),
  FOREIGN KEY(Cnum)REFERENCES C(Cnum));
```

通常使用 CHECK 子句来保证属性值满足某些条件，CHECK 子句可以很复杂，甚至可以内嵌 SELECT 语句。

【例 3.5】 定义一个教师表 T（Tnum，Tname，Tsex，Tbirth，Ttitle，Tsalary，Tphone，Dnum）及一个授课关系表 TC（Tnum，Cnum），其中 Tnum 是教师号，Tname 是教师姓名，Tsex 是性别，Tbirth 是出生日期，Ttitle 是职称，Tsalary 是工资，Tphone 是联系电话，Dnum 是系编号。Tnum 是 T 表的主码，（Tnum，Cnum）是授课表的主码。

解

```
CREATE TABLE T
(Tnum CHAR(4),
Tname VARCHAR(8),
Tsex CHAR(2),
Tbirth DATETIME,
Ttitle VARCHAR(20),
Tsalary FLOAT,
Tphone VARCHAR(20),
Dnum CHAR(4),
PRIMARY KEY(Tnum),
FOREIGN KEY(Dnum)REFERENCES D(Dnum));
```

此处需要注意的是，SQL 标准中规定日期的类型为 DATE，为了能在 Microsoft SQL Server

2005 中运行，此处把 Tbirth 的数据类型定义为 DATETIME。

```
CREATE TABLE TC
 (Tnum CHAR(4),
  Cnum CHAR(4),
  PRIMARY KEY(Tnum,Cnum),
  FOREIGN KEY(Tnum)REFERENCES T(Tnum),
  FOREIGN KEY(Cnum)REFERENCES C(Cnum));
```

2. 修改基本表

在数据库的实际应用中，随着应用环境和需求的变化，经常需要修改基本表的结构，包括修改属性列的宽度和数据类型、增加新的属性列、增加新的约束条件、删除原有的列、删除原有的约束条件等。

（1）ALTER TABLE 语句的功能。它可以让数据库的设计者或设计人员在表创建以后修改它的结构，ALTER TABLE 语句可以实现如下三种功能：

1）加入一列到已经存在的表中；

2）修改已经存在的表中的某一列；

3）删除表中已经存在的一列。

（2）ALTER TABLE 语句的语法。

```
ALTER TABLE <表名>
    [ADD [COLUMN] <新列名><数据类型>[完整性约束]]
    [ADD <完整性约束> [,<完整性约束>]]
    [DROP [COLUMN] <列名>[,<列名>…]]
    [DROP <完整性约束名>[,<完整性约束名>…]]
    [ALTER [COLUMN] <列名><数据类型>];
```

这里：

1）<表名>是已存在的且要修改的基本表。

2）ADD 子句用于增加新列或者完整性约束。但新属性不能定义为 NOT NULL，因为表在新增加一列后，原来的元组在新增的列上的值都取为空值。

3）DROP 子句用于删除指定的列或者完整性约束条件。

4）ALTER 子句用于修改原有列名的数据类型。

（3）举例。

1）增加一列。

【例 3.6】 在已存在的学生表 S 中增加一个家庭地址 Saddress 的新的属性列。

解

```
ALTER TABLE S ADD Saddress VARCHAR(50);
```

要注意的是，新增加的属性列的值都是空值。

2）修改列的属性。

【例 3.7】 修改学生表 S 中的 Sname 的数据类型，变为 CHAR 类型。

解

```
ALTER TABLE S ALTER COLUMN Sname CHAR(15);
```

3）删除列。

【例 3.8】 删除学生表 S 中的 Sage 字段。

解

```
ALTER TABLE S DROP COLUMN Sage;
```

4）增加完整性约束。

【例 3.9】 在学生表 S 中限定年龄 Sage 小于 100 大于 0。

解

```
ALTER TABLE S
ADD CONSTRAINT Chk_Sage CHECK (Sage >0 and Sage<100);
```

5）删除完整性约束。

【例 3.10】 删除学生表 S 中的完整性约束 Uni_Snum 和 Chk_Sage。

解

```
ALTER TABLE S DROP Uni_Snum,Chk_Sage;
```

注意，此处完整性约束 Uni_Snum 是创建表的时候指定的。

3. 删除基本表

SQL 提供了一个可以从数据库中彻底地移去某个表的命令 DROP TABLE，它可以从数据库中删除一个指定的表以及与之相关联的索引和视图，需要注意的是，一旦这个命令发出以后就没有办法取消。SQL 语言删除基本表的一般格式为

```
DROP TABLE <表名>  [CASCADE | RESTRICT];
```

CASCADE 和 RESTRICT 是可选项，当其他对象（表）引用要删除的表时，如果使用 CASCADE，那么此表和数据都被删除，所有引用这个表的视图、约束、例程或触发器也将被级联删除。如果用 RESTRICT 或者此项省略时，那么只有不存在这样的关联时，此表才被删除。Microsoft SQL Server 不支持 CASCADE 和 RESTRICT。

【例 3.11】 删除学生表 S。

解

```
DROP TABLE S;
```

3.2.3　索引的定义

索引是基本表的目录。一个基本表可以根据需要建立多个索引，以提供多种存取路径，加快数据查询速度。基本表文件和索引文件一起构成了数据库系统的内模式。

1. 建立索引

SQL 语言建立索引的一般格式为

```
CREATE [UNIQUE][CLUSTER] INDEX <索引名>
       ON <表名>(<列名>[<次序>][,<列名>[<次序>]]…);
```

这里：

（1）对一个基本表可以建立若干个索引，以提供多条存取路径。

（2）索引可以建在一个或多个列上，＜次序＞可选项为 ASC（升序）或 DESC（降序），缺省值为 ASC。

（3）UNIQUE 可选项，使用户可指明索引是否为唯一性索引，唯一性索引的列不能有相

同的值。

（4）CLUSTER 可选项，表示该索引为聚簇索引。聚簇索引是指索引的顺序与基本表中的物理顺序一致的索引。一般在查询频率最高的列上建立聚簇索引，以提高查询效率。一个基本表上最多只能建立一个聚簇索引。但聚簇索引也有明显的缺点，经常要更新的属性列是不适合建立聚簇索引的，因为代价比较大。

（5）索引建立以后，使用和维护是由数据库系统自动进行的，不需要用户干预。

（6）索引也有副作用，在相应的基本表更新数据时会增加开销。

【例 3.12】 在学生表 S 的姓名列 Sname 上建索引。

解

```
CREATE INDEX idx_Sname ON S(Sname);
```

【例 3.13】 在选修表 SC 的课程号 Cnum 和成绩 Score 上建索引，要求课程号为主索引且为升序，课程号相同时成绩为降序。

解

```
CREATE INDEX idx_Cnum_Score ON SC(Cnum,Score DESC);
```

2. 删除索引

SQL 语言删除索引的一般格式为

```
DROP INDEX <索引名>;
```

【例 3.14】 删除在学生表 S 上的索引 idx_Sname。

解

```
DROP INDEX idx_Sname ON S;
```

3.3 SQL 数据查询

对数据库的核心操作就是进行数据查询。数据查询就是根据用户的需要，以一种可读的方式从数据库中提取所需数据，SQL 提供了 SELECT 语句实现这一功能。

SELECT 语句是 SQL 语言中功能最强大、用途最广泛的数据操纵语句，也是关系运算理论在 SQL 语言中的主要体现。在学习时应注意把 SELECT 语句和关系代数表达式联系起来考虑。

一个完整的 SELECT 语句包括 SELECT，FROM，WHERE，GROUP BY 和 ORDER BY 共五个子句，其中前面的两个子句是必不可少的，其他子句可以省略。SELECT 语句的完整格式如下：

```
SELECT [DISTINCT|ALL]<目标列组>
 FROM <基本表名或视图名序列>
 [WHERE <行条件表达式>]
 [GROUP BY <分组列名>[HAVING<组条件表达式>]]
 [ORDER BY <排序列名>[ASC|DESC]]
```

该 SELECT 语句格式的含义：根据 WHERE 子句的行条件表达式，从 FROM 子句指定的基本表或视图中找出满足条件的行，再按 SELECT 子句中的目标列表达式选出元组中的属性值形成结果表，如果目标列表达式用“*”来表示，那么列出所有的属性列。如果有 GROUP 子句，则将结果按＜分组列名＞的值进行分组，该属性列值相等的元组为一个组，每个组产生结果表中的一条记录。通常会在每组中进行聚合操作。如果 GROUP 子句带 HAVING 短语，则只有满足指定条件的组才予输出。如果有 ORDER 子句，则结果表还要按＜排序列名＞的值进行升序或降序排序。

SELECT 语句功能强大，组合条件较为复杂，读者在学习时不必急于一时全面掌握每个语句的知识，而是应该从简到繁、循序渐进地学习。学习 SQL 语句的一种较好方法就是通过例子来分析源程序，这样往往可以收到事半功倍的效果。有鉴于此，我们接下来列出本章所举的各个例子中要用到的教学数据库中各个基本表的结构，表中加下划线的字段为表的主码，其中表 S、T、D、C、SC 的示范数据请读者参看表 2.9～2.13。

学生 S（Snum，Sname，Ssex，Sage，Sphone，Dnum ）

教师 T（Tnum，Tname，Tsex，Tbirth，Ttitle，Tsalary，Tphone，Dnum）

院系 D（Dnum Dname，Ddirector）

课程 C（Cnum，Cname，Cfreq）

选课 SC（Snum，Cnum，Score）

授课 TC（Tnum，Cnum）

下面从最基本的查询开始，这种查询只用到 SELECT 语句完整格式中的前三条子句，而且只涉及一个基本表或视图，因而常常称为简单查询。

3.3.1　简单查询

我们先来看一个简单查询实例。

【例 3.15】 查询学生关系表 S 中所有年龄大于等于 18 岁的学生的姓名、性别和年龄。

解

```
SELECT Sname,Ssex,Sage FROM S
WHERE Sage>=18;
```

运行的结果见表 3.3。

表 3.3　　［例 3.15］的运行结果

Sname	Ssex	Sage
张山	男	18
李波涛	男	22
王劲松	男	24

可以看到，这条 SELECT 语句的执行结果完全满足要求。具体分析其可以看到，该语句由 SELECT、FROM 和 WHERE 子句组成，这三条子句是大多数 SELECT 语句所必需的，它们各司其职分工合作，以指明查询的要求。其中 FROM 子句“FROM S”指明了要在学生关系表 S 中进行查询，SELECT 子句“SELECT　Sname，Ssex，Sage”指明了查询结果中包括 S 表中的 Sname，Ssex 和 Sage 三个列，WHERE 子句“WHERE Sage＞＝18”指明查询条件是年龄大于等于 18 岁，所以该查询将把学生关系表 S 中满足条件 Sage＞＝18 的所有 Sname，Ssex 和 Sage 检索出来。可以发现，SELECT 语句和关系代数中的运算非常类似，FROM 子句指明参与运算的关系名，SELECT 子句实现投影运算，WHERE 子句实现选择运算。

当然，SELECT-FROM-WHERE 子句的功能并不仅仅如此，下面详细介绍它们的具体功能。

1. SELECT 子句

SELECT 子句的基本功能是选择表中的全部列或部分列，类似关系代数中的投影运算，其语法格式为

```
SELECT <目标列表达式>[,<目标列表达式>… ]
```

通过［例 3.14］可以看到，＜目标列表达式＞最常见的表示方式就是基本表中的列名，除此之外，还有以下一些表示方式。

（1）查询全部列。将基本表中的全部列都选择出来，可以有两种方法：一种方法是在 SELECT 关键字后列出所有的列名，显示顺序可以自己设定；另一种方法是将＜目标列表达式＞指定为“*”，则列的显示顺序与其在基本表中的顺序相同。

【例 3.16】 查询院系表 D 中的全部列。

解

```
SELECT  Dnum,Dname,Director  FROM  D;
```

也可以简单地写成

```
SELECT  *  FROM  D;
```

执行结果见表 3.4。

表 3.4 ［例 3.16］的运行结果

Dnum	Dname	Director
D001	计算机	王森林
D002	通信	方维伟
D003	自控	张小龙
D004	外语	叶文

这两条 SELECT 语句都没有 WHERE 子句，所以实际上 WHERE 子句是可以省略的，这时 SELECT 语句没有查询条件，也就是把院系表 D 中所有行都查询出来。

（2）常量。

＜目标列表达式＞也可以是常量，此时查询结果中对应列位置的值就都是该常量值。

【例 3.17】 SELECT 子句目标列为常量示例。

```
SELECT  Tname, '工资：', Tsalary  FROM  T;
```

执行结果见表 3.5。

表 3.5 ［例 3.17］的运行结果

Tname	（无列名）	Tsalary
梁文博	工资：	2600
王芳	工资：	3200
李刚	工资：	2200

续表

Tname	（无列名）	Tsalary
王森林	工资：	3500
余雪梅	工资：	1880
方维伟	工资：	2680

SELECT 子句中的第二项为“工资：”，这是一个字符串常量，在 SQL 中是用单引号来标志字符常量。所以查询结果中的第二列的值都是“工资：”。

（3）计算列。SELECT 子句中的<目标列表达式> 还可以是与属性列有关的表达式，即可以是查询出来的属性列经过一定的计算后列出结果。

【例 3.18】 查询所有老师的税后工资情况，为简单起见，我们假定对不同工资的个人所得税征收比率都为 6%。

解

```
SELECT Tname,Tsalary*(1-0.06)
FROM T;
```

执行结果见表 3.6。

表 3.6　［例 3.18］的运行结果

Tname	（无列名）
梁文博	2444
王芳	3008
李刚	2068
王森林	3290
余雪梅	1767.2
方维伟	2519.2

SELECT 子句中的第二项为 Tsalary*（1－0.06），这是一个表达式，即把查询结果中每一行的 Tsalary 列的值乘以（1－0.06），并将计算的结果值作为查询的结果。显然，查询结果中有多少行，该表达式就有多少个计算结果，所以这种计算有时也被称为“水平计算”或“按行计算”。对照［例 3.17］的执行结果，可以看到查询结果中的第二列正是每位老师的税后工资情况。

当然，也可以用语句

```
SELECT  Tname,Tsalary,Tsalary*(1-0.06) FROM T;
```

对计算前后的结果进行一番对比。

在［例 3.18］中使用了运算符“*”执行乘法运算。显然，要使用计算列，必须掌握 SQL 所支持的运算符的用法，Microsoft SQL Server 中的常用运算符如下：

1）算术运算符。算术操作符在 SQL 语句中表达数学运算操作，参与运算的值都是数值型的。SQL 的数学运算操作符只有四种，它们是＋（加）、－（减）、*（乘）和 /（除）。

2）字符运算符。字符运算符在 SQL 语句中表达字符运算操作，参与运算的值必须都是字符串类型的。在 Microsoft SQL Server 中，最常见的字符运算符是“＋”（字符串连接），该运算可以把两个字符串连接成一个字符串。

【例 3.19】 选出老师工资情况，但对每位老师都带上称呼：老师。

解

```
SELECT  Tname+'老师', Tsalary FROM T;
```

执行结果见表 3.7。

表 3.7 ［例 3.19］的运行结果

(无列名)	Tsalary
梁文博老师	2600
王芳老师	3200
李刚老师	2200
王森林老师	3500
余雪梅老师	1880
方维伟老师	2680

SELECT 子句的第二项 Tname＋'老师'就是一个字符表达式，其中的＋就是字符串的连接运算，将每一行的 Tname 列的值与字符串'老师'连接组成一个新的字符串。

3）日期运算符。日期运算符在 SQL 语句中表示日期运算操作。常用的日期运算符是＋，该运算允许一个日期值 d 和一个 n 相加，运算结果为一个日期 d 后第 n 天的日期值，也就是说，若 x 的值为日期值 2009-1-15，则 $x+10$ 的值为 2009-1-25，类似的，$x-10$ 的值为 2009-1-5。

除了运算符外，还可以在目标列表达式中使用函数以支持更多的功能，常见的函数包括数学函数、字符函数、日期函数等，这部分函数往往依赖于具体的关系数据库管理系统，读者可以依据自己所采用的系统，查询相关的技术手册来使用。

（4）列的别名。用户可以通过指定别名来改变查询结果中的列标题，这样我们往往可以将表中英文列名转换成相应的中文名称来显示，同时这对于含计算列、常量的目标列表达式尤为有用。

别名的定义格式为

```
<目标列表达式> [AS] <别名>
```

其中 AS 可以省略。

【例 3.20】 在前面的［例 3.18］，可以看到其查询结果中第二列［计算列 Tsalary *（1－0.06）］的列标题为“无列名”，现希望将其改为：税后工资，同时将 Tname 列改为：教师姓名。

解

```
SELECT  Tname AS 教师姓名,Tsalary*(1-0.06)AS 税后工资
FROM  T;
```

或

```
SELECT  Tname 教师姓名,Tsalary*(1-0.06)AS 税后工资
FROM  T;
```

执行结果见表 3.8。

表 3.8　　［例 3.20］的运行结果

教师姓名	税后工资
梁文博	2444
王芳	3008
李刚	2068
王森林	3290
余雪梅	1767.2
方维伟	2519.2

（5）取消重复行。按照关系的一般理论，重复的元组是不会出现在关系中的。但是，在实践中重复元组的删除是相当费时的，所以 SQL 允许在关系和查询结果中出现重复。在 SELECT 语句中缺省或“ALL”是保留重复元组的，因此一般 ALL 不写。如果想要强迫删除重复，则必须使用 DISTINCT 短语。重复元组的产生多数是在投影的情况下。

【例 3.21】 列出已经选课的同学的学号。

解　如果用语句

```
SELECT  Snum  FROM  SC;
```

则执行结果为：

Snum
0903330001
0903330001
0903330001
0903330002
0903330004
0903330005
0903330005

显然，这不是我们希望得到的结果，比如学号 0903330001 出现了 3 次，我们只是关心哪些同学已经选课，而不是关心其选了几次课，所以，不应该让它重复出现。于是代码改为

```
SELECT  DISTINCT Snum FROM SC;
```

这时执行结果为：

Snum
0903330001
0903330002
0903330004
0903330005

可见，DISTINCT 关键字的作用就是取消重复的行。其语法格式为

```
SELECT [DISTINCT|ALL]<目标列组>
```

与 DISTINCT 相对应的关键字是 ALL，表示在查询结果中保留重复的行，如果 SELECT 子句中没有指明是 DISTINCT 还是 ALL，则默认为 ALL。

2. FROM 选择表

FROM 子句的基本功能用于指明查询所涉及的表，其语法结构为

```
FROM <目标表名> [,<目标表名> … ]
```

如果 FROM 关键字后只有一个基本表名，这种查询称为单表查询，即仅涉及一个基本表的查询。如果 FROM 关键字后有多个基本表名，这种查询往往称为多表查询，查询结果中包括了多张基本表中的列，这几张基本表之间还要进行连接运算，而连接条件则要写在 WHERE 子句中。关于多表查询的内容将在下一节中详细介绍。

3. WHERE 选择行

WHERE 子句的基本功能用于指明查询的条件以选择行，只有满足查询条件的行才会出现在查询结果中。如前所述，WHERE 子句的功能类似于关系运算中的选择运算。

在下例中，使用的 SQL 语句为

```
SELECT Tname,Ttitle,Tsalary  FROM  T WHERE Tsalary>=2500;
```

这里的 WHERE 子句中就给出了选择运算的条件 Tsalary＞＝2500，只有满足该条件的行才会被加入查询结果中，而那些工资低于 2500 元的老师就不会被选择出来。所以 WHERE 子句的主要功能就是对行的选择。与此对应的是 SELECT 子句，它的主要功能是对列的选择。

行选择条件中常用的运算符见表 3.9。

表 3.9　行选择条件中常用运算符

作　用	运　算　符
比　较	=, >, <, >=, <=, <>, !=
范　围	BETWEEN AND，NOT BETWEEN AND
集　合	IN，NOT IN
模式匹配	LIKE，NOT LIKE
空　值	IS NULL，IS NOT NULL
逻辑运算	NOT，AND，OR

（1）比较运算。SQL 提供的比较运算符主要有：＝、＜ ＞、!＝、＜、＜＝、＞、＞＝，以及 BETWEEN …AND…，注意：＜ ＞和!＝都表示不等于。SQL 允许使用比较运算符比较算术表达式和字符串以及特殊类型，如日期等。

【例 3.22】 查询所有男同学的信息。

解

```
SELECT  *
FROM  S
WHERE Ssex='男';
```

执行结果见表 3.10。

表 3.10 ［例 3.22］的运行结果

Snum	Sname	Ssex	Sage	Sphone	Dnum
0903330001	张山	男	18	45673434	D002
0903330002	李波涛	男	22	89457321	D003
0903330005	王劲松	男	24	13098765892	D003

【例 3.23】 查询成绩大于 80 分的学生学号，课程号和成绩。

解

```
SELECT Snum,Cnum,Score
FROM SC
WHERE Score>80;
```

执行结果见表 3.11。

表 3.11 ［例 3.23］的运行结果

Snum	Cnum	Score
0903330001	C004	89
0903330004	C001	85
0903330005	C001	92

【例 3.24】 列出工资在 2000～2600 元的老师姓名和工资情况。

解

```
SELECT  Tname,Tsalary
FROM T
WHERE  Tsalary  BETWEEN  2000  AND  2600;
```

执行结果见表 3.12。

表 3.12 ［例 3.24］的运行结果

Tname	Tsalary
梁文博	2600
李刚	2200

从执行结果可以看出，BETWEEN AND 包含了 2600。

（2）逻辑运算。SQL 中的逻辑运算符有：

NOT 非（取反）

AND 与（并且）

OR 或（或者）

如果两个逻辑运算符同时出现在同一个 WHERE 子句中，则 NOT 的优先级最高，AND 的优先级高于 OR，当然也可以通过括号改变优先级。

【例 3.25】 查出年龄不大于等于 18 岁的同学的学号、姓名、年龄。

解

```
SELECT  Snum,Sname,Sage
FROM S
WHERE NOT Sage>=18;
```

执行结果见表 3.13。

表 3.13 ［例 3.25］的运行结果

Snum	Sname	Sage
0903330003	岳岚	17
0903330004	王燕	17
0903330006	赵玉兰	16

实际上，本例中的 WHERE 子句等价于 WHERE Sage＜18。

【例 3.26】 查询在 1960 年 1 月 1 日以前和 1970 年 12 月 31 日以后出生的教师信息。

解

```
SELECT  *
FROM T
WHERE Tbirth<'1960-01-01' OR Tbirth>'1970-12-31';
```

执行结果见表 3.14。

表 3.14 ［例 3.26］的运行结果

Tnum	Tname	Tsex	Tbirth	Ttitle	Tsalary	Tphone	Dnum
T003	李刚	男	1979-05-23	讲师	2200	13809097865	D003
T004	王森林	男	1950-11-03	教授	3500	56784325	D001
T005	余雪梅	女	1979-03-23	助教	1880	13387650643	D001

（3）空值条件。空值 NULL 是一个特殊的数据，在基本表中，如果某个列中没有输入数据，则它的值就为空。如果要判断某一列的值是否为空，不能使用比较运算符＝和＜ ＞，而应该使用 IS NULL 或 IS NOT NULL 运算符。

再次说明，空值 NULL 是一个特殊值，它看起来和任何其他值一样，但它与一般意义上的值又不同：

1）NULL 的值是未知的，应该有某个值属于它，但不知道。

2）NULL 的值是无意义的，只是表示一种空缺。

3）NULL 不是常量。尽管 NULL 值可以出现在元组中，但不能显式地将 NULL 作为操作数使用。

4）NULL 值与其他任何值（包括另一个 NULL 值）进行算术运算，其结果仍为 NULL。

5）NULL 值与其他任何值（包括另一个 NULL 值）进行比较运算，其结果为 FALSE。

6）即使两个同名分量的值都是 NULL 值，也不能认为它们相等。例如，当连接两个关系时，并不认为两个 NULL 分量彼此相等。

【例 3.27】 列出所有没有登记联系电话的同学的姓名和学号。

解

```
SELECT Snum,Sname
FROM  S
WHERE  Sphone  IS  NULL;
```

执行结果见表 3.15。

表 3.15　［例 3.27］的运行结果

Snum	Sname
0903330003	岳岚
0903330006	赵玉兰

（4）集合运算。运算符 IN 和 NOT IN 可以用来表示数据是否属于指定集合，其语法格式为

```
<表达式> [NOT] IN <集合>
```

其中＜集合＞的格式为（元素值[，元素值…]），即在 SQL 中，集合的表示法是用圆括号括起来的一组元素值，元素值之间使用逗号隔开。与 IN 相对的运算符是 NOT IN，用于表示数据不属于指定集合。

【例 3.28】 查询“张山”和“李波涛”两位学生的年龄情况。

解

```
SELECT Sname,Sage
FROM S
WHERE Sname IN('张山','李波涛');
```

等价于

```
SELECT  Sname,Sage
FROM  S
WHERE Sname= '张山'  OR  Sname= '李波涛';
```

执行结果见表 3.16。

表 3.16　［例 3.28］的运行结果

Sname	Sage
张山	18
李波涛	22

IN 和 NOT IN 还可以用在子查询中，在后面章节中进行介绍。

（5）字符串的模式匹配。运算符 LIKE 可以用来进行字符串的模式匹配，其语法格式为

```
[NOT] LIKE <匹配字符串>
```

其含义是查找指定的属性列值与＜匹配字符串＞相匹配的行，＜匹配字符串＞可以是一个普通的字符串，此时的 LIKE 运算等同于“＝”运算，也可以含有通配符“%”和“_”。含义分别为：

%（百分号）：代表任意长度的字符串；

_（下划线）：代表任意的单个字符。

注：1 个“字符”可以用 1 个或多个“字节”表示。1 个字母是 1 个“字节”，或者是 1 个“字符”。1 个汉字是 2 个“字节”，但也是 1 个“字符”。

【例 3.29】 列出所有姓王并且姓名为两个字的学生的学号、姓名和年龄。

解

```
SELECT  Snum,Sname,Sage
FROM  S
WHERE  Sname  LIKE  '王_';
```

执行结果见表 3.17。

表 3.17 ［例 3.29］的运行结果

Snum	Sname	Sage
0903330004	王燕	17

【例 3.30】 查询联系电话不是“133”开头的教师的姓名和电话。

解

```
SELECT  Tname,Tphone
FROM   T
WHERE  Tphone  NOT  LIKE  '133%';
```

执行结果见表 3.18。

表 3.18 ［例 3.30］的运行结果

Tname	Tphone
梁文博	8765078
王芳	15956789056
李刚	13809097865
王森林	56784325

（6）ORDER BY 排序。从前面的例子可以看到，在执行 SELECT 语句时 RDBMS 按照数据行在基本表中的顺序输出查询结果，用户也可以使用 ORDER BY 子句来指定按照一个或多个属性列的升序（ASC）或降序 （DESC）重新排列查询结果中的行，其中升序（ASC）为默认值。格式如下

```
ORDER BY 列名 1[ASC|DESC],列名 2[ASC|DESC],…
```

首先排列按列名 1 的值，若列名 1 的值相等则按列名 2 的值排列，依次类推。

【例 3.31】 按照年龄从小到大列出所有学生的学号、姓名、年龄。

解

```
SELECT Snum,Sname,Sage
FROM  S
ORDER  BY  Sage;
```

执行结果见表 3.19。

表 3.19 ［例 3.31］的运行结果

Snum	Sname	Sage
0903330006	赵玉兰	16
0903330003	岳岚	17
0903330004	王燕	17

执行结果见表 3.25。

表 3.25　［例 3.37］的运行结果

Sname	Sname	Sage
岳岚	王燕	17

同一查询语句中，当一个表有两个作用时，需要对表起别名，然后在应用中则使用表的别名。[例 3.37]中 FROM 子句内的 S1 和 S2 分别作为表 S 的别名，表 S1 和 S2 作为独立的表使用，而且由于语句中涉及了两个 S 表，为避免混淆，每个列都必须使用＜表别名＞.＜列名＞的格式给出。

WHERE 子句中的第二个条件 S1.Snum＜S2.Snum 也很重要，要求第一位学生的学号按字母顺序应在第二位学生的学号之前，否则 S1 和 S2 就会指向同一行，在结果中会出现 S1 和 S2 的姓名是一样的情况，即同一学生，这显然不是我们希望看到的结果。

3. 外连接

在前面的连接示例中，结果集中只保留了符合连接条件的元组，而排除了两个表中没有对应的或匹配的元组情况，这种连接称为外连接。如果要求查询结果集中保留非匹配的元组，就要执行外连接操作。

SQL 的外连接分左外连接、右外连接和全外连接三种：左外连接操作是在结果集中保留连接表达式左表中的非匹配记录，右外连接操作是在结果集中保留连接表达式右表中的非匹配记录。外部连接中不匹配的列用 NULL 表示。

SQL-2006 标准所定义的 FROM 子句的连接语法格式为

```
FROM join_table1 join_type join_table2 [ON (join_condition)]
```

其中 join_table1 和 join_table2 指出参与连接操作的表名，连接可以对同一个表操作，也可以对多表操作，对同一个表操作的连接就是自身连接。join_type 指出连接类型是内连接还是外连接。内连接用 INNER JOIN 或者 JOIN。

外连接分为左外连接（LEFT OUTER JOIN 或 LEFT JOIN）、右外连接（RIGHT OUTER JOIN 或 RIGHT JOIN）和全外连接（FULL OUTER JOIN 或 FULL JOIN）三种。

连接操作中的 ON（join_condition）子句指出连接条件，它由被连接表中的列和比较运算符、逻辑运算符等构成。

【例 3.38】 查询各个系中所有老师的系名、系编号、姓名、教师号和职称，用左连接完成。

解

```
SELECT D.Dname,T.Tnum,T.Tname,T.Ttitle
FROM  D
LEFT OUTER JOIN T
on D.Dnum=T.Dnum;
```

执行结果见表 3.26。

表 3.26　［例 3.38］的运行结果

Dname	Tnum	Tname	Ttitle
计算机	T001	梁文博	副教授
计算机	T004	王森林	教授
计算机	T005	余雪梅	助教

续表

Dname	Tnum	Tname	Ttitle
通信	T006	方维伟	副教授
自控	T002	王芳	教授
自控	T003	李刚	讲师
外语	NULL	NULL	NULL

3.3.3 聚合和分组

1. 聚合函数

聚合（Aggregation）是指把关系中的某一列的一系列的值形成单一值的运算。它是对关系整体的一种运算。SQL 提供了五个聚合函数，可以用于列信息的统计或汇总。

（1）COUNT（[DISTINCT|ALL] *）统计一列中的值的个数

（2）AVG（[DISTINCT |ALL]<列名>）求某一列值的平均值（此列必须是数值型）

（3）SUM（[DISTINCT |ALL]<列名>）求某一列值的总和（此列必须是数值型）

（4）MIN（[DISTINCT |ALL]<列名>）求某一列值的最小值

（5）MAX（[DISTINCT |ALL]<列名>）求某一列值的最大值

如果指定 DISTINCT，则表示在计算时忽略指定列的重复值。如果不指定 DISTINCT 或指定了 ALL（ALL 为默认值），则不忽略重复值。

【例 3.39】 查询学生总数。

解

```
SELECT  COUNT(*)
FROM S;
```

执行结果如下：

（无列名）
6

这里的星号（*）表示整个元组，是 COUNT（）函数特有的，表示统计元组的个数，其他聚合函数的作用超过一列则是没有意义的。注意星号（*）和 DISTINCT|ALL 不能同时出现。

由于在学生表 S 中，学号是唯一的，所以上面的语句等价于

```
SELECT  COUNT(Snum)
FROM  S;
```

【例 3.40】 对教师的工资差异进行比较，找到最高工资和最低工资。

解

```
SELECT  MAX(Tsalary)AS 最高工资, MIN(Tsalary)AS 最低工资
FROM T;
```

执行结果如下：

最高工资	最低工资
3500	1880

2. 分组统计

前面的几个例子完成的是对表中所有选择出的元组进行统计运算，其计算结果中只有一行，但在实际应用中，经常需要将查询结果进行分组，然后再对每个分组进行统计，如：按系统计学生人数，按工厂统计工人平均工资等。这些查询的结果中一般都会有多行。SQL 语言提供了 GROUP BY 子句和 HAVING 子句来实现分组统计。具体用法请见下面的例题。

【例 3.41】 计算不同职称的老师的工资情况。

解

```
SELECT  COUNT(Ttitle)AS 人数,Ttitle AS 职称,AVG(Tsalary) AS 平均工资
FROM  T
GROUP  BY  Ttitle;
```

执行结果见表 3.27。

表 3.27 ［例 3.41］的运行结果

人数	职称	平均工资
2	副教授	2640
1	讲师	2200
2	教授	3350
1	助教	1880

【例 3.42】 按照性别统计学生人数。

解

```
SELECT  Ssex,COUNT(*)AS 人数
FROM S
GROUP  BY  Ssex;
```

执行结果见表 3. 28。

表 3.28 ［例 3.42］的运行结果

Ssex	人数
男	3
女	3

在分组查询中也可以使用多表连接，以从多张表的数据中进行统计。

【例 3.43】 每个学生可能选了多门课程，查询每个学生的学号、姓名和相应的课程平均成绩。

解

```
SELECT  S.Snum,Sname,AVG(score)  AS 平均成绩
FROM  SC,S
WHERE S.Snum=SC.Snum
GROUP  BY  S.Snum,Sname;
```

执行结果见表 3.29。

表 3.29 ［例 3.43］的运行结果

Snum	Sname	平均成绩
0903330001	张　山	69
0903330002	李波涛	75
0903330004	王　燕	85
0903330005	王劲松	84

【例 3.44】 统计各系的学生人数，显示各系的名称和学生人数。

解 只要按系统计学生表 S 中的行数就可以得到各个系的学生人数，但本例中要求结果集中显示系的名称，而系的情况是存放在院系表 D 中的，所以本例需要使用多表查询，SQL 语句为：

```
SELECT D.Dname AS 系,COUNT(*)AS 学生人数
FROM D,S
WHERE D.Dnum=S.Dnum
GROUP BY D.Dname;
```

执行结果见表 3.30。

表 3.30 ［例 3.44］的运行结果

系	学生人数
计算机	3
通信	1
自控	2

3. HAVING 子句

有时要对所分的组按某一条件进行选择，可以用 HAVING 子句实现。

【例 3.45】 查询平均成绩低于 80 分的学生学号。

解

```
SELECT  Snum
FROM  SC
GROUP  BY  Snum
HAVING  AVG(score)<80;
```

执行结果如下：

Snum
0903330001
0903330002

若分组查询中出现 WHERE 条件，则查询执行时是先选择后分组统计，而如果出现 HAVING 条件，则先分组统计后选择。

【例 3.46】 按职称统计所有男教师的最高工资。

解

```
SELECT  Ttitle,MAX(Tsalary)AS 男教师的最高工资
```

```
FROM  T
WHERE  Tsex= '男'
GROUP  BY  Ttitle
```

执行结果见表 3.31。

表 3.31　　[例 3.46] 的运行结果

Ttitle	男教师的最高工资
副教授	2680
讲师	2200
教授	3500

3.3.4　子查询

子查询是指嵌入在另一个 SQL 语句内部的查询。在 SQL 语言中，一个 SELECT FROM WHERE 语句称为一个查询块，将一个查询块嵌套在另一个查询块的 WHERE 子句或 HAVING 短语的条件中的查询称为子查询。

【例 3.47】 查出计算机系和自动控制系的教师的收入情况。

解

```
SELECT Tnum,Tname,Tsalary
FROM T
WHERE Dnum IN
(SELECT Dnum
 FROM D
WHERE Dname='计算机' OR Dname='自控');
```

执行结果见表 3.32。

表 3.32　　[例 3.47] 的运行结果

Tnum	Tname	Tsalary
T001	梁文博	2600
T002	王芳	3200
T003	李刚	2200
T004	王森林	3500
T005	余雪梅	1880

在上例中，内层查询块 SELECT Dnum FROM D WHERE Dname= '计算机' OR Dname= '自控' 是嵌套在外层查询块 SELECT Tnum，Tname，Tsalary FROM T WHERE Dnum IN 的 WHERE 条件中的。外层的查询块又称为父查询或主查询，内层查询块又称为子查询。

在书写嵌套查询语句时，总是从外层查询块向内层查询块书写，而在求解时则是由内层向外层处理，即每个子查询在父查询处理之前求解，子查询的结果集用于建立父查询的查找条件。

1. 使用 IN 运算符的子查询

使用 IN 运算符的子查询用于判断某个属性列的值是否在子查询的结果中。由于子查询的执行结果往往是一个集合，所以 IN 运算符是嵌套查询中最常见的，如上面的 [例 3.47]。

【例 3.48】 查询与“王燕”同一个系的其他学生的情况。

解

```
SELECT Snum,Sname,Ssex,Sage,Sphone
FROM S
WHERE Dnum IN
(SELECT Dnum
 FROM S
 WHERE Sname= '王燕');
```

执行结果见表 3.33。

表 3.33 ［例 3.48］的运行结果

Snum	Sname	Ssex	Sage	Sphone
0903330003	岳岚	女	17	NULL
0903330004	王燕	女	17	18814325768
0903330006	赵玉兰	女	16	NULL

［例 3.49］是一个多层嵌套的 IN 查询例子。

【例 3.49】 查询选修了“数据库系统原理”的学生学号、姓名和联系电话。

解

```
SELECT Snum,Sname,Sphone
FROM S
WHERE Snum IN
(SELECT Snum
FROM SC
WHERE Cnum IN
   (SELECT Cnum
   FROM C
  WHERE Cname='数据库系统原理'));
```

执行结果见表 3.34。

表 3.34 ［例 3.49］的运行结果

Snum	Sname	Sphone
0903330004	王燕	18814325768
0903330005	王劲松	13098765892

2. 使用比较运算符的子查询

使用比较运算符的子查询是指父查询与子查询之间用比较运算符连接，此时要求子查询的结果必须是单值。可以使用的比较运算符有>、<、=、>=、<=、< >等。

【例 3.50】 列出工资低于教师平均工资的老师的编号、姓名、工资情况。

解

```
 SELECT Tnum,Tname,Tsalary
 FROM T
 WHERE Tsalary<
(SELECT AVG(Tsalary)
FROM T)
```

执行结果见表 3.35。

表 3.35　［例 3.50］的运行结果

Tnum	Tname	Tsalary
T001	梁文博	2600
T003	李刚	2200
T005	余雪梅	1880

3. 使用 ANY 或 ALL 运算符的嵌套查询

ANY 运算符表示至少一或某一。若 s 比 R 中至少一个值大，则 s>ANY R 为真，否则为假；若 s 比 R 中至少一个值小，则 s<ANY R 为真，否则为假。同理其他比较运算符可与 ANY 搭配。如 s=ANY R 和 s IN R 是相同的，可以互相替换，但一般多采用 IN。

ALL 运算符表示所有或每个。若 s 比 R 中每个值大，则 s>ALL R 为真，否则为假；若 s 比 R 中每个值小，则 s<ALL R 为真，否则为假。同理其他比较运算符可与 ALL 搭配。如 s<>ALL R 和 s NOT IN R 是相同的，可以互相替换，但一般多采用 NOT IN，因为容易理解。

在使用 ANY 和 ALL 时必须同时使用比较运算符，其含义见表 3.36。

表 3.36　ANY 和 ALL 运算含义表

运算符	含　义
>ANY	大于子查询结果中的某个值，即表示大于查询结果中最小值
>ALL	大于子查询结果中的所有值，即表示大于查询结果中最大值
<ANY	小于子查询结果中的某个值，即表示小于查询结果中最大值
<ALL	小于子查询结果中的所有值，即表示小于查询结果中最小值
>=ANY	大于等于子查询结果中的某个值，即表示大于等于结果集中最小值
>=ALL	大于等于子查询结果中的所有值，即表示大于等于结果集中最大值
<=ANY	小于等于子查询结果中的某个值，即表示小于等于结果集中最大值
<=ALL	小于等于子查询结果中的所有值，即表示小于等于结果集中最小值
=ANY	等于子查询结果中的某个值，即相当于 IN
=ALL	等于子查询结果中的所有值（通常没有实际意义）
<>ANY	不等于子查询结果中的某个值
<>ALL	不等于子查询结果中的任何一个值，即相当于 NOT IN

【例 3.51】 查询教师中工资低于自控系任一教师的教师编号、姓名和工资。

解

```
SELECT Tnum,Tname,Tsalary
FROM T
WHERE Tsalary < ANY
          (SELECT Tsalary
          FROM T
          WHERE Dnum IN
```

```
        (SELECT  Dnum
        FROM D
        WHERE Dname= '自控'));
```

执行结果见表 3.37。

表 3.37 ［例 3.51］的运行结果

Tnum	Tname	Tsalary
T001	梁文博	2600
T003	李刚	2200
T005	余雪梅	1880
T006	方维伟	2680

从［例 3.51］可以看出，<ANY 等价于<MAX，因此该查询也可用聚合函数 MAX 来做，这个工作请读者自行练习完成。

【例 3.52】 查询年龄最低的学生的学号、姓名和年龄。

解

```
SELECT  Snum,Sname,Sage
FROM  S
WHERE  Sage <= ALL
           (SELECT  Sage
           FROM  S);
```

执行结果如下：

Snum	Sname	Sage
0903330006	赵玉兰	16

4. 使用 EXISTS 运算符的嵌套查询

前面介绍的子查询都是不相关子查询，不相关子查询比较简单，在整个过程中只求值一次，并把结果用于父查询，即子查询不依赖于父查询。而更复杂情况是子查询要多次求值，子查询的查询条件依赖于父查询，每次要对子查询中的外部元组变量的某一项赋值，这类子查询称为相关子查询。

在相关子查询中经常使用运算符 EXISTS 和 NOT EXISTS。EXISTS 表示是否存在。当且仅当 R 为非空，EXISTS R 为真。当且仅当 R 为空，NOT EXISTS R 为真。EXISTS 代表了谓词逻辑中存在量词 ∃。带有 EXISTS 的子查询不返回任何数据，只生成逻辑值真或假。因此尽管相关子查询要反复求值，但其效率并不一定低于不相关子查询。

如果 EXISTS 操作后子查询的结果集不为空，则条件成立，否则条件不成立。与 EXISTS 相对应的运算符是 NOT EXISTS。使用 NOT EXISTS 后，此时若子查询的查询结果为空，条件才成立。

【例 3.53】 查询选修了所有课程的学生学号和姓名。

解 SQL 语言没有提供与谓词逻辑中的全称量词∀相对应的运算符，因此必须把全称量词转化成用存在量词表示，即

$$(\forall x)\ P \equiv \neg\ (\exists x\ (\neg P))$$

也就是说，查询这样的学生，不存在他没有选修的课程。

```
SELECT Snum,Sname
FROM S
WHERE NOT EXISTS
      (SELECT  *
      FROM C
      WHERE  NOT EXISTS
           (SELECT  *
           FROM SC
           WHERE SC.Snum=S.Snum
                AND SC.Cnum=C.Cnum));
```

执行结果如下：（没有记录）

Snum	Sname

5. 组合查询

由前面的例子可知，每一个查询块的执行结果都是一个行的集合，所以如果两个查询块结果的结构完全相同，则可以对这两个结果集进行集合运算，这种查询就称为组合查询。SQL 提供了关系代数中的集合运算：并（UNION）、交（INTERSECT）、差（EXCEPT），用于把几个查询结果组合在一起，但要求这些查询必须是生成具有相同属性集的关系。

SQL-2006 标准支持并（UNION）、交（INTERSECT）、差（EXCEPT），但并不是所有的 DBMS 都支持，微软的 SQL Server 2000 支持 UNION，不支持 INTERSECT 和 EXCEPT，SQL Server 2005 支持 UNION、UNION ALL、INTERSECT 和 EXCEPT，但不支持 INTERSECT ALL，Oracle 和 MySQL 支持 UNION、INTERSECT，但使用 MINUS 运算符来代替 EXCEPT。

（1）并操作。并操作（UNION）是把多个 SELECT 语句的查询结果组合成一个结果集，并且去掉重复元组，如果要保留所有重复，必须用 UNION ALL 代替 UNION。

【例 3.54】 查询有电话号码的学生以及年龄大于 19 岁的学生的学号和姓名。

解

```
(SELECT  Snum,Sname
FROM  S
WHERE  Sphone IS NOT NULL)
UNION
(SELECT Snum,Sname
FROM  S
WHERE  Sage>19);
```

执行结果见表 3.38。

表 3.38 ［**例 3.54**］的运行结果

Snum	Sname
0903330001	张山
0903330002	李波涛
0903330004	王燕
0903330005	王劲松

从［例 3.54］可以看出，UNION 将查询块 1 和查询块 2 的结果集合并为一个结果集，要求这两个结果集的结构相同。所谓结构相同就是指集合中列的个数、类型和顺序必须一样。

可以改为：

```
(SELECT  Snum,Sname
  FROM  S
WHERE  Sphone IS NOT NULL  OR Sage >19);
```

（2）交操作。交操作（INTERSECT）是把同时出现在这些查询结果中的元组取出。INTERSECT 操作也会自动去掉重复元组，如果要保留所有重复，必须用 INTERSECT ALL 代替 INTERSECT。因为交操作可以在 WHERE 子句中加一逻辑运算符 AND 简单实现，所以实际上很少直接用到交操作，但有些语句不一定很容易改成用 AND 运算符来实现，故交操作是不可少的。

【例 3.55】 查询有电话号码并且年龄大于 19 岁的学生的学号和姓名。

解

```
(SELECT  Snum,Sname
FROM  S
WHERE  Sphone IS NOT NULL)
INTERSECT
(SELECT Snum,Sname
FROM  S
WHERE  Sage>19);
```

执行结果如下：

Snum	Sname
0903330002	李波涛
0903330005	王劲松

可以改为：

```
SELECT  Snum,Sname
FROM  S
WHERE  Sphone  IS NOT NULL  AND  Sage >19;
```

（3）差操作。差操作（EXCEPT）是把出现在第一个查询结果中但不出现在第二个查询结果中的元组取出。因为差也可以在 WHERE 子句中加一逻辑运算符 AND 简单实现，只是将某个逻辑条件取反即可，所以实际上也很少直接用到差操作。

【例 3.56】 查询有电话号码且年龄大于 19 岁的学生的学号和姓名。

解

```
(SELECT  Snum,Sname
FROM  S
WHERE  Sphone IS NOT NULL)
EXCEPT
(SELECT Snum,Sname
FROM  S
WHERE  Sage<=19);
```

执行结果如下：

Snum	Sname
0903330002	李波涛
0903330005	王劲松

可以改为：

```
SELECT  Snum,Sname
FROM  S
WHERE  Sphone IS NOT NULL  AND Sage >19;
```

3.3.5　递归查询

递归查询的概念是在标准 SQL3 中引入的，SQL3 实现递归查询的方法是以关系逻辑为基础。在 SQL3 中，可以通过关键字 WITH 引导的语句来实现关系的定义。然后可以在 WITH 语句内部使用这些定义。WITH 语句的句法如下

```
WITH R AS <R的定义> <涉及R的查询>
```

也就是说，先定义一个名称为 R 的临时关系，然后在某个查询中使用 R。

在 WITH 语句中定义的关系只能用在语句内部，在其他地方不能使用。如果希望得到一个持久的关系，则应该在 WITH 语句之外，在数据库的模式中定义关系。

【例 3.57】 如果要考虑课程之间的先修与后继的联系，写出其关系模式。

解　其关系模式如下：

```
Course(Cnum,Cname,PreCnum)
```

其属性表示课程号、课程名、直接先修课的课程号。图 3.2 是课程之间先修与后继的联系。这里允许一门课程有多门直接先修课。

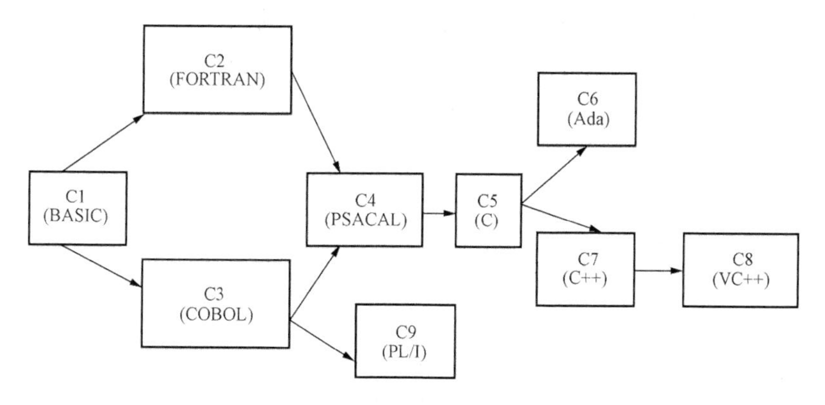

图 3.2　课程之间的先修与后继的联系

注：箭尾指向的课程是箭头指向课程的直接先修课程。

设临时关系 W(Cnum,PreCnum)的属性表示课程号、直接或间接先修课的课程号，求 W，可以利用这样两个规则：

（1）W（x，y）←Course（x，u，y）基本规则，得到课程的直接先修课程。

（2）W（x，y）←W（x，z）∧W（z，y）归纳规则，通过传递得到课程的间接先修课程。

从这两个规则中，可以开发出同样意义的 SQL 的 W 定义，该 SQL 查询成为 WITH 语句中的 W 定义，而用所需要的查询来结束该 WITH 语句。下面的 SQL 递归查询语句表示了计

算 W 的查询形式：

```
  WITH  RECURSIVE  W(Cnum,PreCnum) AS                 ①
         (SELECT Cnum,PreCnum  FROM  Cource)          ②
  UNION                                               ③
      (SELECT  W1.Cnum,W2.PreCnum                     ④
      FROM  W  AS  W1,W  AS  W2                       ⑤
       WHERE W1.PreCnum=W2.Cnum)                      ⑥
SELECT  *  FROM  W;                                   ⑦
```

第①行引入了临时关系 W 的定义，该关系实际的定义在第②～⑥行给出。该定义由两个查询的并集组成，对应于定义 W 的两个规则。第②行是并集的第一项，对应于第一个规则，也就是基本规则。它表明关系 Course 中每个元组的第一和第三个分量（Cnum, PreCnum）构成 W 的一个元组。

第④～⑥行对应于 W 定义的第二个规则，也就是归纳规则。FROM 子句中 W 的两个元组变量 W1 和 W2 代表规则中的两个子目标。W1 的第一个分量对应于规则 2 中的 x，W2 的第二个分量对应于 y。W1 的第二个分量和 W2 的第一个分量共同代表变量 z，也就是第⑥行这两个分量应相等。

第⑦行描述了由整个查询生成的关系，它是关系 W 的一个副本。如果需要，也可以用更复杂的查询代替第⑦行。例如：

```
SELECT  PreCnum  FROM  W  WHERE Cnum='C2';
```

将产生 C2 号 课程的所有先修课的课程号。

递归查询已经应用于一些商业数据库系统中。本书只是介绍了一个简单的概念。

3.4 SQL 数据操纵

SQL 语言是完整的数据处理语言，它不仅能用于数据表的查询，而且还能操纵数据表中的数据。与支持 SQL 查询的 SELECT 命令的复杂性相比，SQL 修改数据表内容的命令极其简单。用于修改数据表内容的 SQL 命令有三条：

INSERT：向表中添加记录。

UPDATE：更新表中存在的记录。

DELETE：从表中删除记录。

需要说明的是，这些命令操作是基于集合的，而不是限制在单行数据上。也就是说，符合命令 WHERE 条件的行都会被修改。另外，这些命令一次只能修改一个表，而不像 SELECT 命令那样可以同时作用在多个表上。

3.4.1 插入数据

在 SQL 中插入数据到基本表中使用 INSERT 语句，它有两种常用形式：一种是一次插入一行数据，此时插入的数据直接以常量的形式给出；另一种是一次插入多行数据，此时插入的数据是一个子查询的结果。

1. 插入单行

SQL 插入单行的基本格式为

```
INSERT  INTO  <表名>[(A1,A2,…,Ai)]
  VALUES (v1,v2,…,vi)
```

这里 INSERT INTO 和 VALUES 是关键词，通过把值 v_i 赋给对应的属性 A_i，在指定表中插入一个新的元组。若属性表没有包含表中的所有属性，那么 INTO 子句中没有出现的属性列将采用默认值，最常见的默认值是空值 NULL，当然也可以是定义表时所设定的。但是若属性列有 NOT NULL 约束，则属性值不能取空。多个属性 A_i 之间用逗号隔开，多个值 v_i 之间也用逗号隔开。

【例 3.58】 新加入一个学生信息。

解

```
INSERT  INTO  S(Snum,Sname,Ssex,Sage,Sphone,Dnum)
VALUES('0903330009', '朱成', '男', 20, '86548976', 'D002');
```

执行结果可以用 SELECT * FROM S 来进行查看。如果是给表中所有的列都要赋值，这时可以不必要写出每个列名，于是本例也可写成：

```
INSERT INTO S
VALUES('0903330009', '朱成', '男', 20, '86548976', 'D002');
```

特别注意，当省略了所有属性列时，VALUES 子句中值的顺序一定要和创建表 S 时的属性排列顺序一致，否则会导致值和属性对应不上，甚至因为数据类型不匹配语句执行出错，因此一般的做法是要求列出所有的属性。

2. 插入多行

SQL 允许将查询语句嵌到数据插入语句中，以便将查询得到的结果集作为批量数据输入到表中，此时就可以依次向表中插入多行。含有子查询的 INSERT 语句的格式为

```
INSERT INTO <表名>[(<属性列 1>[<属性列 2> …  ])]
<子查询>
```

【例 3.59】 假如现在需要按照院系来管理学生信息，我们新建了一张计算机系学生表 JS，表的结构和学生表 S 一样，请将原先学生表 S 中的计算机系学生信息导入到新表 JS 中。

解

```
INSERT  INTO  JS
SELECT  *  FROM  S
 WHERE  Dnum  IN
(SELECT  Dnum
   FROM  D
   WHERE  Dname='计算机');
```

注意，INSERT INTO 子句（INSERT INTO JS）并没有列出 JS 表的属性列，而 SELECT 子句包含“*”，此时 S 中的全部属性的值都导入到 JS 表中。如果只导入学号、姓名和电话号码，那么用如下语句：

```
INSERT  INTO  JS(Snum,Sname,Sphone)
SELECT  Snum,Sname,Sphone  FROM  S
 WHERE  Dnum  IN
(SELECT  Dnum
   FROM  D
   WHERE  Dname='计算机');
```

上面语句执行后，除了 Snum，Sname，Sphone 外，其他属性值都是 NULL。

3.4.2 更新数据

有时根据实际情况需要修改基本表或视图中的数据，可利用 SQL 的 UPDATE 语句完成该操作，视图的更新在后面章节进行介绍，基本表更新的一般格式为：

```
UPDATE <表名>
SET <列名>=<表达式>[,<列名>=<表达式> … ]
[WHERE <条件>]
```

UPDATE 子句和 SET 子句是必需子句，不可省略，WHERE 子句是可选子句，UPDATE 语句功能是将<表名>中那些符合 WHERE 子句条件的行的某些列，用 SET 子句中给出的表达式的值替代，如果指定多个表达式，那么之间需要用逗号隔开。如果 UPDATE 语句中无 WHERE 子句，则表示要更新指定表中的全部行。UPDATE 的 WHERE 子句中也可以是子查询语句。

【例 3.60】 将所有老师的工资提高 300 元。

解

```
UPDATE T
SET Tsalary=Tsalary +300;
```

【例 3.61】 将出生年龄在 1965-1-1 日之前的教师的工资再提高 20%。

解

```
UPDATE T
SET Tsalary=Tsalary *(1+0.2)
WHERE Tbirth < '1965-1-1';
```

【例 3.62】 将学号为 0903330005 的学生的电话改为 13356785432，年龄改为 23 岁。

解

```
UPDATE S
SET Sphone='13356785432',Sage=23
WHERE Snum='0903330005';
```

【例 3.63】 将计算机系的老师的工资扣除 100 元的实验器材建设费。

解

```
UPDATE T
SET Tsalary=Tsalary-100
WHERE Dnum IN
(SELECT Dnum
FROM D
WHERE Dname='计算机');
```

3.4.3 删除数据

SQL 删除语句的基本格式为

```
DELETE FROM <表名>
[WHERE <条件>]
```

DELETE 语句的功能是从指定表中删除满足 WHERE 子句条件的所有行。语句中的 DELETE 子句不可省略，如果在数据删除语句中省略 WHERE 子句，表示删除表中全部行。

DELETE 语句删除的是表中的数据，而不是表的定义，即使表中的数据全部被删除，表的定义仍在数据库中。如果要删除表定义，需要用 DROP TABLE 语句。

【例 3.64】 删除选修关系表 SC 中的所有数据行。

解

```
DELETE  FROM  SC;
```

【例 3.65】 删除所有没有联系方式的学生信息。

解

```
DELETE FROM S
WHERE Sphone IS NULL;
```

【例 3.66】 删除选课表 SC 中学生“赵玉兰”的所有选课记录。

解

```
DELETE FROM SC
WHERE Snum IN
(SELECT Snum
 FROM  S
   WHERE  Sname='赵玉兰');
```

3.5　SQL 数据控制

数据控制是系统通过对数据库用户的使用权限加以限制而保证数据安全的重要措施。SQL 的数据控制语句包括授权（Grant）、收权（Revoke），其权限的设置对象可以是数据库用户或角色。

SQL 标准支持三种授权标识符：

（1）用户标识符（或用户）。它是一个单独的安全账户，可以表示人、应用程序或系统服务。SQL 标准没有规定 SQL 实现创建用户标识符的方法，一般在 RDBMS 环境中显式地创建用户。

（2）角色标识符（或角色）。它是经过定义的权限集合，可以分配给用户或其他角色，如果准许一个角色访问某个模式对象，那么已经分配给该角色的所有用户和角色都可以对这个对象进行同样的访问。通常把角色作为一种机制，用来把相同权限集合授予应当具有相同权限的授权标识符，如在同一个部门工作的人员。

（3）SQL 还支持一种叫做 PUBLIC 的特殊的内置标识符，PUBLIC 包括所有使用数据库的用户。

3.5.1　数据控制的方法

数据库系统通过以下三步来实现数据控制。

1. 授权定义

具有授权资格的用户，如数据库管理员 DBA 或建表户 DBO，通过数据控制语言 DCL 将授权决定告知数据库管理系统。

2. 存权处理

数据库管理系统 DBMS 把授权的结果编译后存入数据字典中。数据字典是由系统自动生成、维护的一组表，数据字典中记录着用户标识、基本表、视图和各表的属性描述及系统授权情况。

3. 查权操作

当用户提出操作请求时，系统要在数据字典中查找该用户的数据操作权限，当用户拥有该操作权时才能执行其操作，否则系统将拒绝其操作。

3.5.2 权限的授予与收回

1. 权限的种类

一个用户能够连接到某个数据库上，但并不意味其能够访问该数据库中的数据，用户对数据库数据的访问要受到其权限的限制。一般的数据库管理系统针对数据库操作权限可分为系统特权、对象特权和隐含特权三种。

隐含特权是系统内置权限，是用户不需要进行授权就可拥有的数据操作权。用户拥有的隐含特权与自己的身份有关，例如，数据库管理员 DBA 可进行数据库内的任何操作，数据库的拥有者 DBO 可对自己的数据进行任何操作。

系统特权又称为语句特权，它相当于数据定义语句 DDL 的语句权限。系统特权是允许用户在数据库内部实施管理行为的特权，它主要包括创建或删除数据库、创建或删除用户、删除或修改数据库对象等。不同的数据库管理系统规定的系统权限有所不同，表 3.39 列出的是 SQL Server 的系统特权。

表 3.39　　SQL Server 中的系统特权

系统权限	含　义	系统权限	含　义
CREATE DATABASE	定义数据库	CREATE TABLE	定义基本表
CREATE DEFAULT	定义默认值	CREATE VIEW	定义视图
CREATE PROCEDURE	定义存储过程（程序）	BACKUP DATABASE	备份数据库
CREATE RULE	定义规则	BACKUP LOG	备份日志文件

对象特权类似于数据库操作语言 DML 的语句权限，它指用户对数据库中的表、视图、存储过程等对象的操作权限。不同的数据库管理系统规定的对象权限也有所不同，SQL Server 中的对象特权见表 3.40。

表 3.40　　SQL Server 中的对象特权

对　象	对 象 特 权	语　义
表、视图	SELECT、INSERT、UPDATE、DELETE	对表或视图的查询、插入、修改和删除操作
表和视图的字段	SELECT（<字段名>）、UPDATE（<字段名>）	允许对指定的字段查看或修改
存储过程（程序）	EXECUTE	运行存储过程

2. 权限的授予

系统特权的授权语句格式为

```
GRANT <系统特权组>TO <用户组>|PUBLIC
[WITH GRANT OPTION]
```

解

```
UPDATE view_S
SET Sphone='86854213'
WHERE Sname='张山';
```

3.7　嵌入式SQL语句

3.7.1　嵌入式 SQL 的运行环境

1. 嵌入式 SQL 概述

SQL 语言有两种使用方式：一种是在终端交互方式下使用，即使用客户端应用程序与 SQL 数据库进行交互，称为交互式 SQL（又称直接调用方法），例如使用 SQL Server Management Studio（在 Microsoft SQL Server 2000 中是查询分析器）访问 SQL Server 数据库，使用 SQL*Plus、iSQL*Plus 或 PL/SQL 访问 Oracle 数据库，使用 MySQL Command Line Client 访问 MySQL 数据库；另一种是嵌入在高级语言的程序中使用，称为嵌入式 SQL。SQL-2006 标准也提供了嵌入式 SQL，根据 SQL-2006 标准，可以在下列编程语言中嵌入 SQL 语句：Ada、C、COBOL、Fortran、MUMPS、PASCAL、PL/I，这些语言称为宿主语言（Host Language）。需要说明的是，虽然 SQL-2006 标准支持这些语言中使用嵌入式 SQL 语句，但是具体 SQL 实现却很少都支持，有的只能在一、两种编程语言中嵌入语句，另外，有些支持使用嵌入式 SQL 语句的语言在 SQL 标准中并没有定义，例如 Oracle 提供的 SQLJ 支持在 Java 程序中使用嵌入式 SQL 语句。本节介绍嵌入式 SQL 使用规定和使用技术。

由于 SQL 是基于关系数据模型的语言，而高级语言是基于数据类型（整型、字符串型、记录、数组等）的语言，因此两者尚有很大差别。譬如，SQL 语句不能直接使用指针、数组等数据结构，而高级语言一般不能直接进行集合的操作。为了能在宿主语言的程序中嵌入 SQL 语句，我们必须作某些规定。

嵌入式 SQL 的实现有两种处理方式：一种是扩充宿主语言的编译程序，使之能处理 SQL 语句；另一种是采用预处理方式。目前多数系统采用后一种方式。

预处理方式是先用预处理程序对源程序进行扫描，识别出 SQL 语句并从宿主语言代码中剥离出来，通常先把这些语句转换成描述原始语句的注释，然后调用访问 SQL 语句的提供商例程（函数库），取代这些语句，因此将创建两个文件：一个用于宿主语言，另一个用于 SQL 语句，宿主语言文件按照正常方式编译成目标代码，再链接 SQL 语句的提供商例程（函数库），生成可执行程序。

2. SQL 和宿主语言的接口

存储设备上的数据库是用 SQL 语句存取的，数据库和宿主语言程序间信息的传递是通过共享变量实现的。这些共享变量先由宿主语言程序定义，再用 SQL 的 DECLARE 语句说明，随后 SQL 语句就可引用这些变量。共享变量也就成了 SQL 和宿主语言的接口，这些共享变量通常也称为 SQL 通信区（SQL Communication Area），简称为 SQLCA。

SQLCA 是一个全局的数据结构，SQLCA 中包含事件信息、警告标识、错误代码等，例如 SQLCA 数据结构中存放了一个重要的变量 SQLCODE，SQLCODE 包含每一个嵌入式 SQL 语句执行后的结果码（值为 0 时表示 SQL 运行成功，值为负时表示 SQL 运行出错），一般应用程序每执行完一条 SQL 语句之后就应该测试 SQLCODE，以便了解该 SQL 语句的执行情况并做相应的处理。

一般应用程序（如 C 语言程序）中可用 EXEC SQL INCLUDE SQLCA 语句来定义 SQLCA。

3.7.2 嵌入式 SQL 的规定

在宿主语言的程序中使用 SQL 语句有几点规定。

1. 在程序中要区分 SQL 语句与宿主语言语句

嵌入式 SQL 语句需要遵守下列原则：

（1）每个 SQL 语句的开头都必须有一个限定前缀标识。

（2）每个 SQL 语句是否需要使用限定结束标志取决于宿主语言。

（3）必须按照宿主语言的风格处理 SQL 语句中的换行和注释。

大部分嵌入式 SQL 语句都要求使用限定前缀标识和结束标志，表 3.42 列出各种语言情况。

表 3.42 各种语言的前缀标识和结束标志

语 言	前缀标识	结束标志	语 言	前缀标识	结束标志
Ada	EXEC SQL	；	MUMPS	&SQL（	）
C	EXEC SQL	；	PASCAL	EXEC SQL	；
COBOL	EXEC SQL	END-EXEC	PL/I	EXEC SQL	；
Fortran	EXEC SQL	（无结束标志）			

嵌入的 SQL 语句的格式如下

<前缀标识> <SQL 语句 > <结束标志>

2. 允许嵌入的 SQL 语句引用宿主语言的程序变量

在嵌入式 SQL 中可以使用宿主语言的变量，这种变量称为主变量。嵌入式 SQL 引用宿主语言的主变量时，必须在主变量前面加上冒号“：”，以区别数据对象名（表名、视图名、列名等），因此不必担心主变量是否和数据库对象同名问题。

所有主变量，除系统定义之外，都必须说明，主变量的说明放在两个嵌入式 SQL 语句之间：

```
EXEC SQL BEGIN DECLARE SECTION;
…
EXEC SQL END DECLARE SECTION;
```

中间的内容称为说明（DECLARE）段，说明段中的变量必须是属于嵌入式 SQL 和宿主语言都能处理的数据类型，如整数、实数、字符数组等，同时其说明的格式必须按宿主语言的要求。在说明之后，主变量可以在 SQL 语句中的任何一个能够使用表达式的地方出现。

【例 3.78】 下列语句可以出现在 C 语言中，使嵌入式 SQL 可以使用主变量 Snum 等。

解

```
EXEC SQL BEGIN DECLARE SECTION;
    char Snum[10]
```

```
    char Sname[20]
    float Grade;
EXEC SQL END DECLARE SECTION
    …
EXEC SQL INSERT INTO S(Snum,Sname)
    VALUES(:Snum,:Sname);
```

这里 Snum，Sname，grade 是作为主变量说明的，虽然与学生表 S 中的列名同名也无妨。

3. 游标

查询语句是使用得最多的嵌入式 SQL 语句。如果查询的结果只有一个元组，即所谓的单行查询语句，则查询结果可用 INTO 子句对有关的主变量直接赋值得到。

【例 3.79】 查询学号为 0903330003 的学生的姓名。

解

```
EXEC SQL SELECT Snum,Sname
     INTO :Snum,:Sname
     FROM S
     WHERE Snum=:Snum
```

但是，如果查询结果超出一个元组，就不可能一次性地给主变量赋值，需要在程序中开辟一个内存空间，存放查询的结果。为此嵌入式 SQL 引入了游标（CURSOR）的概念。游标是系统为用户开设的一个数据缓冲区，存放 SQL 语句的执行结果，用户可以通过游标逐一取出每个元组给主变量，由宿主语言进行进一步处理。

游标的使用可分为四个步骤：

（1）说明游标。用 DECLARE 语句为一个 SELECT 查询语句定义游标，一般格式为

```
EXEC SQL DECLARE <游标名> CURSOR
 FOR <SELECT 语句>
```

要注意的是，用 DECLARE 语句定义一个游标，只是一条说明性语句，并没有执行其中的 SELECT 语句。

（2）打开游标。用 OPEN 语句打开一个已定义了的游标，一般格式为

```
EXEC SQL OPEN <游标名>
```

该语句使得数据库系统是执行游标中的 SELECT 语句，对查询进行求值，并把执行结果存于一个临时关系（缓冲区）中，同时将游标初始化到某个位置，从该位置可以检索到游标所覆盖的关系的第一个元组。如果 SQL 查询出错，数据库系统将在 SQLCA 中存储一个错误诊断信息。

（3）取数并推进游标指针。用 FETCH 语句从游标的临时关系中取出当前元组送到主变量中供宿主语言进一步处理，同时把游标指针移向下一个元组。一般格式为

```
EXEC SQL FETCH <游标名> INTO <变量表>
```

该语句要求对应结果关系中的每一个属性有一个主变量。一条 FETCH 语句只能得到一个元组，如果想要得到所有的结果元组，FETCH 语句必须用在一个循环结构中，通常可在 WHILE 循环语句中执行 FETCH 语句，取出每个元组进行相应处理，同时通过判断 SQLCA 中的变量 SQLCODE 的值，确定游标指针是否已到结果关系的末尾。

（4）关闭游标。关闭游标，使它不再和查询结果相联系。关闭了的游标，可以再次打开，与新的查询结果相联系。该语句句法的一般格式为

```
EXEC SQL CLOSE <游标名>
```

利用游标，可以解决 SQL 和宿主语言之间一种适配，即 SQL 按照集合形式返回数据，而大部分编程语言不能处理集合，利用编程语言中的某种循环结构和 SQL FETCH 语句，就可以遍历结果集中的每个数据行，检索需要的数据。

3.7.3 嵌入式 SQL 的使用

SQL 数据定义语句，只要加上前缀标识“EXEC SQL”和结束标志“END-EXEC”，就能嵌入在宿主语言程序中使用。SQL 数据操纵语句在嵌入使用时，要注意是否使用了游标机制，下面就是否使用游标分别介绍这两种嵌入式 SQL 语句。

1. 不涉及游标的嵌入式 SQL 语句

如果是 INSERT、DELETE 和 UPDATE 语句，那么加上前缀标识“EXEC SQL”和结束标识“END_EXEC”，就能嵌入在宿主语言程序中使用。对于 SELECT 语句，如果已知查询结果肯定是单元组时，在加上前缀和结束标志后，也可直接嵌入在主程序中使用，此时应在 SELECT 语句增加一个 INTO 子句，指出找到的值应送到相应的共享变量中去。

【例 3.80】 写出 C 语言中相应的嵌入式 SQL 语句：在教师表 T 中，根据共享变量 param 的值检索教师的姓名、职称和联系电话。

解

```
EXEC SQL SELECT Tname,Ttitle,Tphone
INTO :tn,:tt,:pn
FROM T
WHERE Tnum=:param
```

此处 tn、tt、pn、param 都是共享变量，已在主程序中定义，并用 SQL 的 DECLARE 语句说明过，在使用时加上“：”作为前缀标识，以示与数据库中变量有区别。程序已预先给 param 赋值，而 SELECT 查询结果（单元组）将送到变量 tn、tt、pn 中。

2. 涉及游标的嵌入式 SQL 语句

当 SELECT 语句查询结果是多个元组时，宿主语言程序无法使用，一定要用游标机制把多个元组一次一个地传送给宿主语言程序处理。

具体过程如下：

（1）先用游标定义语句定义一个游标与某个 SELECT 语句对应。

（2）游标用 OPEN 语句打开后，处于活动状态，此时游标指向查询结果的第一个元组之前。

（3）每执行一次 FETCH 语句，游标指向下一个元组，并把其值送到共享变量，供程序处理。如此重复，直至所有查询结果处理完毕。

（4）最后用 CLOSE 语句关闭游标。关闭的游标可以被重新打开，与新的查询结果相联系，但在没有被打开前，不能使用。

【例 3.81】 用游标查询年龄小于 20 岁的所有学生的姓名、学号和性别，并做相应的处理。

解

```
…
//定义 SQL 通信区
```

```
    EXEC SQL INCLUDE SQLCA
//定义主变量
    EXEC SQL BEGIN DECLARE SECTION;
        Char Sname[20];
        Char Snum[10];
        Char Ssex[2];
    EXEC SQL END DECLARE SECTION;
//说明游标 S
    EXEC SQL DECLARE S CURSOR FOR
        select Sname,Snum,Ssex
        from S
        where Sage<20;
//打开游标
    EXEC SQL OPEN S;
//取元组进行处理,并向下移动游标指针。
    EXEC SQL FETCH S INTO :Sname,:Snum,:Ssex;
    While(SQLCA.SQLCODE==0){
      …
      …   //处理
      EXEC SQL FETCH S INTO :Sname,:Snum,:Ssex;
    }
//关闭游标
    EXEC SQL CLOSE S;
…
```

3.7.4　动态 SQL 语句

前面提到的嵌入式 SQL 语句都必须在源程序中完全确定，然后再由预处理程序预处理和宿主语言编译程序编译。在实际问题中，源程序往往还不能确定用户的所有操作。用户对数据库的操作有时在系统运行时才能提出来，这时要用到嵌入式 SQL 的动态技术才能实现。

动态 SQL 技术主要有两个 SQL 语句：

（1）动态 SQL 准备语句。

```
EXEC SQL
PREPARE <动态 SQL 语句名称>
FROM <主变量或字符串>
```

（2）动态 SQL 执行语句

```
EXEC SQL
EXECUTE <动态 SQL 语句名称>
USING <主变量>
```

在无参数的情况，可用下列语句直接执行，而不需要准备语句。

```
EXEC SQL
EXECUTE IMMEDIATE <主变量或字符串>
```

【例 3.82】 下面这个 C 语言的程序段说明了动态 SQL 语句的使用技术。

解

```
EXEC SQL
BEGIN DECLARE SECTION;
char *query;
EXEC SQL END DECLARE SECTION ;
```

```
scanf("%s"query);                    /*从键盘输入一个 SQL 语句*/
EXEC SQL PREPARE que FROM :query;
EXEC SQL EXECUTE que;
```

这个程序段表示从键盘输入一个 SQL 语句到字符数组中；字符指针 query 指向字符串的第 1 个字符；然后再执行这个输入的 SQL 语句。

3.8 Transact-SQL 程序设计

Transact-SQL 是使用 SQL Server 的核心。与 SQL Server 实例通信的所有应用程序都是通过将 Transact-SQL 语句发送到服务器（不考虑应用程序的用户界面）来实现。Transact-SQL 也有类似于 SQL 语言的分类，不过做了许多扩充，包括 DDL 数据定义语言（Data Definition Language）、DML 数据操纵语言（Data Manipularion Language）、DCL 数据控制语言（Data Control Language）、系统存储过程（System Stored Procedure）和一些附加的语言元素等。

DDL 数据定义语言是指用来定义和管理数据库以及数据库中的各种对象的语句，这些语句包括 CREATE、ALTER 和 DROP 等语句。

DML 数据操纵语言是指用来查询、添加、修改和删除数据库中数据的语句，这些语句包括 SELECT、INSERT、UPDATE、DELETE 等。

DCL 数据控制语言是指用来设置或者更改数据库用户或角色权限的语句，这些语句包括 GRANT、DENY、REVOKE 等语句。

系统存储过程是 SQL Server 系统创建的存储过程，它的目的在于能够方便地从系统表中查询信息，或者完成与更新数据库表相关的管理任务或其他的系统管理任务。从物理意义上讲，系统存储过程存放于系统数据库 Resource 中，并且命名以 sp_或以 xp_开头。从逻辑意义上讲，系统存储过程出现在每个系统定义数据库和用户定义数据库的 sys 构架中。在 SQL Server 2005 中，可将 GRANT、DENY 和 REVOKE 权限应用于系统存储过程。系统存储过程可以在任意一个数据库中执行。系统存储过程可分为表 3.43 所示的几类。

表 3.43 系统存储过程类别

类　别	说　明
Active Directory 存储过程	用于在 Microsoft Windows 2000 Active Directory 中注册 SQL Server 实例和 SQL Server 数据库
目录存储过程	用于实现 ODBC 数据字典功能，并隔离 ODBC 应用程序，使之不受基础系统表更改的影响
游标存储过程	用于实现游标变量功能
数据库引擎存储过程	用于 SQL Server 数据库引擎的常规维护
数据库邮件和 SQL Mail 存储过程	用于从 SQL Server 实例内执行电子邮件操作
数据库维护计划存储过程	用于设置管理数据库性能所需的核心维护任务
分布式查询存储过程	用于实现和管理分布式查询
全文搜索存储过程	用于实现和查询全文索引
日志传送存储过程	用于配置、修改和监视日志传送配置
自动化存储过程	使标准自动化对象能够在标准 Transact-SQL 批次中使用

续表

类　别	说　明
Notification Services 存储过程	用于管理 SQL Server 2005 Notification Services
复制存储过程	用于管理复制
安全性存储过程	用于管理安全性
SQL Server Profiler 存储过程	SQL Server Profiler 用于监视性能和活动
SQL Server 代理存储过程	由 SQL Server 代理用于管理计划的活动和事件驱动活动
Web 任务存储过程	用于创建网页
XML 存储过程	用于 XML 文本管理
常规扩展存储过程	提供从 SQL Server 实例到外部程序的接口，以便进行各种维护活动

一些附加的语言元素，包括注释、变量、运算符、函数和流程控制语句。

由于本章前面几节介绍了标准 SQL 语言的语法及其基本使用方法，在此只介绍 Transact-SQL 语言中的其他部分。

3.8.1　批处理

在 SQL Server 2005 中，可以一次执行多个 Transact-SQL 语句，这些 Transact-SQL 语句称为“批”。SQL Server 2005 会将一批 Transact-SQL 语句当成一个执行单元，将其编译后一次执行，而不是将一个个 Transact-SQL 语句编译后再一个个执行。

在 SQL Server 2005 中同样允许一次使用多个批，不同的批之间用“GO”来分割。SQL Server 的 sqlcmd 和 osql 等实用工具和 SQL Server Management Studio 代码编辑器将 GO 解释为应该向 SQL Server 实例发送当前批 Transact-SQL 语句的信号。

GO 不是 Transact-SQL 语句，GO 命令和 Transact-SQL 语句不能在同一行中。但在 GO 命令行中可包含注释。

3.8.2　注释符与运算符

注释是程序代码中不执行的文本字符串（也称为备注）。注释可用于对代码进行说明或暂时禁用正在进行诊断的部分 Transact-SQL 语句。使用注释对代码进行说明，便于将来对程序代码进行维护。注释通常用于记录程序名、作者姓名和主要代码更改的日期。注释可用于描述复杂的计算或解释编程方法。在 SQL Server 中，可以使用两种类型的注释字符：

（1）ANSI 标准的注释符“--”（双连字符）。用于单行注释。

（2）与 C 语言相同的程序注释符号，即“/*……*/”，“/*”用于注释文字的开头，“*/”用于注释文字的结尾，可在程序中标识多行文字为注释。

例如：

```
--下面申明变量 -单行注释
/* 多行注释
   @Snum VARCHAR(10):  存放学号
   @Sname VARCHAR(8):  存放姓名
*/
```

运算符是在关系的属性或变量之间进行各种运算的符号，包括加（+）、减（−）、乘（*）、除（/）和取模（%）等算术运算符；包括等号（=）这个唯一的 Transact-SQL 赋值运算符；

包括按位与（&）、按位或（|）、按位异或（^）和按位取反（～）等按位运算符；也包括等于（=）、大于（>）、小于（<）、大于或等于（>=）、小于或等于（<=）、不等于（<>或!=）、不大于（!>）和不小于（!<）等比较运算符；还包括逻辑与（AND）、逻辑或（OR）、逻辑非（NOT）、ALL、ANY、BETWEEN、EXISTS、IN、LIKE 和 SOME 等逻辑运算符；另外，SQL Server 使用算术运算符的加（+）作字符串的连接运算；正（+）、负（-）运算符和位非（～）等一元运算符。可以参见 3.3 节中的一些例子。

3.8.3　局部变量

变量是一种语言中必不可少的组成部分。Transact-SQL 变量是 Transact-SQL 批处理和脚本中可以保存数据值的对象，是用户可自定义的变量，它的作用范围仅限制在程序内部。局部变量可以作为计数器来计算循环执行的次数或是控制循环执行的次数。另外，利用局部变量还可以保存数据值，以供流程控制语句测试、保存由存储过程返回的数据值或函数返回值。

局部变量被引用时要在其名称前加上标志“@”，而且必须先用 DECLARE 命令定义后才可以使用。其说明形式如下：

```
DECLARE @变量名 变量类型[,@变量名 变量类型…]
```

在 Transact-SQL 中不能像在一般的程序语言中一样使用“变量=变量值”来给变量赋值，必须使用 SELECT 或 SET 命令来设定变量的值。其语法如下

```
SELECT @局部变量1= 变量值1 [,…,@局部变量n =变量值n]
SET @局部变量= 变量值
```

建议使用 SET @local_variable，而不使用 SELECT @local_variable。

【例 3.83】 声明一个长度为 10 个字符的变量 Snum，并赋值'0903330003'。

解

```
declare @Snum CHAR(10)          --存放学号
select  @Snum='0903330003'      --赋值
```

3.8.4　流程控制语句

流程控制语句是指那些用来控制程序执行和流程分支的命令，在 SQL Server 2005 中，流程控制语句主要用来控制 SQL 语句、语句块或者存储过程的执行流程。

Transact-SQL 语言使用的流程控制命令与常见的程序设计语言类似，主要有以下几种控制命令。

1. BEGIN…END

BEGIN…END 语句能够将多个 Transact-SQL 语句组合成一个语句块，并将 BEGIN…END 内的所有程序视为一个单元处理。在条件语句（如 IF…ELSE）和循环等控制流程语句中，当符合特定条件便要执行两个或者多个语句时，就需要使用 BEGIN…END 语句，其语法形式为

```
BEGIN
  <命令行或程序块>
END
```

在 BEGIN…END 中可嵌套另外的 BEGIN…END 来定义另一程序块。

2. IF … ELSE

IF…ELSE 语句是条件判断语句。IF…ELSE 语句用来判断当某一条件成立时执行某段程

序，条件不成立时执行另一段程序。其语法如下

```
IF <条件表达式>
   <命令行或程序块>
[ELSE [条件表达式]
   <命令行或程序块>]
```

其中，＜条件表达式＞可以是各种表达式的组合，但表达式的值必须是逻辑值“真”或“假”，如果布尔表达式中含有 SELECT 语句，则必须用括号将 SELECT 语句括起来；ELSE 子句是可选的，最简单的 IF 语句没有 ELSE 子句部分。

如果不使用程序块，IF 或 ELSE 只能执行一条命令。

IF… ELSE 可以进行嵌套，嵌套级数的限制取决于可用内存。

【例 3.84】 从 SC（选修表）中求出学号为“0903330003”的同学的平均成绩，如果此平均成绩大于或等于 90 分，则输出“优秀”字样。

解

```
IF (select avg(Score)from SC where Snum='0903330003' group by Snum)>= 90
  BEGIN
      print '优秀'
  END
```

3. CASE

CASE 命令有两种语句格式：

```
(1) CASE <运算式>
        WHEN <运算式> THEN <运算式>
        …
        WHEN <运算式> THEN <运算式>
        [ELSE <运算式>]
    END
```

该语句的执行过程：将 CASE 后面表达式的值与各 WHEN 子句中的表达式的值进行比较，如果二者相等，则返回 THEN 后的表达式的值，然后跳出 CASE 语句，否则返回 ELSE 子句中的表达式的值。

ELSE 子句是可选项。当 CASE 语句中不包含 ELSE 子句时，如果所有比较失败时，CASE 语句将返回 NULL。

【例 3.85】 从学生表 S 中，选取 Snum、Ssex，如果 Ssex 为“男”则显示“M”，如果为“女”显示“F”。

解

```
SELECT Snum,
    CASE Ssex
    WHEN '男' THEN 'M'
    WHEN '女' THEN 'F'
    END AS "性别"
FROM S
```

```
(2) CASE
        WHEN <条件表达式> THEN <运算式>
        …
```

```
    WHEN <条件表达式> THEN <运算式>
    [ELSE <运算式>]
  END
```

该语句的执行过程：首先测试 WHEN 后的表达式的值。如果其值为真，则返回 THEN 后面的表达式的值，否则测试下一个 WHEN 子句中的表达式的值。如果所有 WHEN 子句后的表达式的值都为假，则返回 ELSE 后的表达式的值。如果在 CASE 语句中没有 ELSE 子句，则 CASE 表达式返回 NULL。

SQL Server 仅允许在 CASE 表达式中嵌套 10 个级别。

【例 3.86】 从 SC 表中查询所有同学选课成绩情况，将百分制转换为五分制：凡成绩为空者显示“未考”、小于 60 分显示“不及格”、60 分至 70 分显示“及格”、70 分至 80 分显示“中等”、80 分至 90 分显示“良好”、大于或等于 90 分时显示“优秀”。

解

```
SELECT Snum,Cnum,
CASE
  WHEN Score IS NULL THEN '未考'
  WHEN Score <60 THEN '不及格'
  WHEN Score >=60 AND SCORE<70 THEN '及格'
  WHEN Score >=70 AND SCORE<80 THEN '中等'
  WHEN Score >=80 AND SCORE<90 THEN '良好'
  WHEN Score >=90 THEN '优秀'
END AS "等级"
FROM SC
```

4. WHILE…CONTINUE…BREAK

WHILE…CONTINUE…BREAK 语句用于设置重复执行 SQL 语句或语句块的条件。WHILE 命令在设定的条件成立时，会重复执行命令行或程序块。CONTINUE 命令可以让程序跳过 CONTINUE 命令之后的语句，回到 WHILE 循环的第一行，继续进行下一次循环。BREAK 语句则退出最内层的 WHILE 循环。WHILE 语句也可以嵌套。其语法如下

```
WHILE <条件表达式>
BEGIN
  <命令行或程序块>
  [BREAK]
  [CONTINUE]
  [命令行或程序块]
END
```

【例 3.87】 打印学生表 S 中姓“岳”的学生学号、姓名。

解

```
DECLARE
  @Snum VARCHAR(10),          --存放学号
  @Sname VARCHAR(8)           --存放姓名
--声明游标
DECLARE Cur S CURSOR
FOR SELECT Snum,Sname FROM S WHERE Sname like '岳%' ORDER BY Snum
--打开游标
OPEN Cur S
```

```
--返回第一条记录并将各个字段存入变量
FETCH Cur_S
  INTO @Snum,
       @Sname
WHILE  @@FETCH_STATUS=0      --有记录时循环处理
  BEGIN
    PRINT @Snum
    PRINT @Sname
    --返回下条记录
    FETCH Cur_S
    INTO @Snum,
         @Sname
  END
--关闭游标
CLOSE Cur_S
DEALLOCATE Cur_S
```

5. WAITFOR

其语法如下

```
WAITFOR {DELAY <'时间'> | TIME <'时间'> }
```

WAITFOR 命令用来暂时停止程序执行，直到所设定的等待时间已过或所设定的时间已到才继续往下执行。其中“时间”必须为 DATETIME 类型的数据，但不能包括日期。

各关键字含义如下：

（1）DELAY：用来设定等待的时间，最多可达 24 小时。

（2）TIME：用来设定等待结束的时间点。

6. GOTO

GOTO 命令用来改变程序执行的流程，使程序跳到有标识符的指定的程序行再继续往下执行，而位于 GOTO 语句和标识符之间的程序将不会被执行。GOTO 语句和标识符可以用在语句块、批处理和存储过程中。作为跳转目标的标识符可为数字与字符的组合。但必须以“：”结尾。在 GOTO 命令行，标识符后不必跟“：”。

语法如下：

```
GOTO 标识符
```

7. RETURN

RETURN 命令用于无条件地结束当前程序的执行，此时位于该语句后的程序将不会被执行，返回到上一个调用它的程序或其他程序。语法如下：

RETURN [整数值]

如果用于存储过程，RETURN 不能返回空值。

3.8.5 常用命令语句

1. BACKUP

BACKUP 语句用于将数据库内容或其事务处理日志备份到存储介质上（软盘、硬盘、磁带等）。

2. CHECKPOINT

CHECKPOINT 命令用于将当前工作的数据库中被更改过的数据页或日志页从数据缓冲

器中强制写入硬盘。

3. DBCC

DBCC（DataBase Consistency Checker；数据库一致性检查程序）语句用于验证数据库完整性、查找错误、分析系统使用情况等。DBCC 命令后必须加上子命令，系统才知道要做什么。

如：DBCC CHECKALLOC 命令检查目前数据库内所有数据页的分配和使用情况。

4. USE

USE 语句用于改变当前使用的数据库为指定的数据库。语法如下：

```
USE {[databasename]}
```

用户必须是目标数据库的用户成员或目标数据库建有 GUEST 用户账号时，使用 USE 命令才能成功切换到目标数据库。

5. EXECUTE

EXECUTE 语句用来执行 Transact-SQL 批中的命令字符串、字符串或存储过程。

6. KILL

KILL 语句用于终止某一过程的执行。

7. PRINT

PRINT 语句向客户端返回一个用户自定义的信息，即显示一个字符串、局部变量或全局变量。如果变量值不是字符串，则必须能够隐式转换为字符串。

8. RAISERROR

RAISERROR 语句生成错误消息并启动会话的错误处理。

9. SHUTDOWN

SHUTDOWN 语句用于停止 SQL Server 的执行。语法如下：

```
SHUTDOWN [WITH NOWAIT]
```

当使用 WITH NOWAIT 选项时，SHUTDOWN 命令立即停止 SQL Server，在终止所有的用户过程后，退出 SQL Server。服务器重新启动时，将针对未完成事务执行回滚操作。

当没有用 NOWAIT 参数时，SHUTDOWN 命令将按以下步骤执行：

（1）禁用登录 SQL Server（sysadmin 和 serveradmin 固定服务器角色成员除外）；

（2）等待尚未完成的 Transact-SQL 命令或存储过程执行完毕；

（3）在每个数据库中执行 CHECKPOINT 命令；

（4）停止 SQL Server 的执行。

10. RESTORE

RESTORE 语句用来还原使用 BACKUP 命令所做的备份。

3.8.6 函数

在 Transact-SQL 语言中，函数被用来执行一些特殊的运算以支持 SQL Server 的标准命令。表 3.44 列出了 SQL Server 函数的类别。

表 3.44　函数类别

函数类别	解　　释
聚合函数	执行的操作是将多个值合并为一个值。例如 COUNT、SUM、MIN 等
配置函数	返回当前配置信息
游标函数	返回游标信息
日期和时间函数	对日期和时间输入值执行操作，返回一个字符串、数字或日期和时间值
数学函数	对作为函数参数提供的输入值执行计算，返回一个数字值
元数据函数	返回有关数据库和数据库对象的信息
行集函数	返回可在 Transact-SQL 语句中表引用所在位置使用的行集
安全函数	返回有关用户和角色的信息
字符串函数	对字符串输入值执行操作，返回一个字符串或数字值
系统函数	执行操作并返回有关 Microsoft SQL Server 中的值、对象和设置的信息
系统统计函数	返回系统的统计信息
文本和图像函数	对文本或图像输入值或列执行操作，返回有关这些值的信息

小　　结

本章的内容是全书的重点内容之一。SQL 语言是关系数据库的标准语言，它充分体现了关系数据库语言的优越性，是一种功能强大、通用性好且简单易学的语言。

本章在介绍 SQL 的发展、组成和特点的基础上，从 SQL 的数据定义功能开始，通过大量的例子介绍了 SQL 的主要功能和基本用法。主要包括数据定义部分，即数据库以及基本表、索引、视图的创建、修改和删除；数据更新部分，包括数据的插入、修改、删除；数据的查询部分，即简单查询、多表连接查询、子查询以及 SQL3 中的递归查询等。接着介绍了数据控制以及嵌入式 SQL 语言。最后介绍了应用于 SQL Server 的 Transact-SQL 语言，它是对原有标准 SQL 的扩充，可以帮助我们完成更为强大的数据库操作功能，尤其是其在存储过程的设计、触发器的设计方面应用更为广泛。

对于 SQL 语言的学习，重要的是需要进行大量的练习和实验，以达到熟练掌握的目的。

习　　题

一、解释下列术语

基本表、聚合函数、分组查询、视图。

二、单项选择

1．SQL 属于（　　）数据库语言。

A．关系型　　B．网状型　　C．层次型　　D．面向对象型

2．当两个子查询的结果（　　）时，可以执行并、交、差操作。

A．结构完全不一致　　B．结构完全一致

C．结构部分一致　　D．主键一致

3．SQL 中创建基本表应使用（　　）语句。

A．CEARTE SCHEMA　　B．CEARTE TABLE

C．CEARTE VIEW　　D．CEARTE DATEBASE

4．SQL Server 2005 数据库实例名的第一个字符必须是（　　）。

A．字母　　B．下划线　　C．字母或下划线　　D．无限制

5．关于 UNIQUE 约束，下列正确的描述是（　　）。

A．UNIQUE 指出该列是唯一的索引

B．UNIQUE 指出列的值是唯一的主键值

C．UNIQUE 指出列的值不能不相同

D．UNIQUE 指出列的值不能相同

6．在 SQL 语言中，短语（　　）用于实现实体的完整性约束。

A．PRIMARY KEY　　B．FOREIGN KEY

C．UNIQUE　　D．NOT NULL

7．不属于 SQL 语言的数据更新语句的是（　　）。

A．INSERT　　B．ALTER　　C．UPDATE　　D．DELETE

8．视图创建完毕后，数据字典中存放的是（　　）。

A．查询语句　　B．查询结果

C．视图定义　　D．所引用的基本表的定义

9．在 SQL 中，用户可以直接进行查询操作的是（　　）。

A．实表和虚表　　B．基本表和实表　　C．视图和虚表　　D．基本表

10．嵌套查询的含义是（　　）。

A．WHERE 子句中嵌入了复杂条件

B．SELECT 语句的 WHERE 子句中嵌入了另一个 SELECT 语句

C．WHERE 子句中嵌入了聚合函数

D．WHERE 子句中涉及表的更名查询

三、填空

1．在 SQL 中，关系模式称为________，子模式称为________，元组称为________，属性称为________。

2．SQL 中，表有两种：________和________，也称为________和________。

3．SQL 中，外模式一级数据结构的基本单位是________。

4．用于存储用户数据的________构成了关系数据库的内模式。

5．基本表中，“主键”概念应该体现其值的________和________两个特征。

6．表达式中的通配符“%”表示________，“_”（下划线）表示________。

7．在 SQL 语句中，WHERE 子句用来指定____________；HAVING 子句用来指定____________。

8．在 SQL 的聚合函数中，COUNT（列名）的含义是____________；COUNT DISTINCT（列名）的含义是____________。

四、简答

1．用 SQL 语句建立本章 3.3 节教学数据库的几个表：学生表 S，教师表 T，课程表 C，

院系表 D 和选课表 SC，授课表 TC。

2．在 SQL Server 2005 中，使用视图的好处是什么？

3．已知有学生关系 S（SNO，SNAME，AGE，DNO），各属性含义依次为学号，姓名、年龄和所在系号；学生选课关系 SC（SNO，CNO，SCORE），各属性含义依次为学号、课程号和成绩。分析以下 SQL 语句：

```
SELECT SNO
FROM SC
WHERE SCORE=
(SELECT MAX(SCORE)
FROM SC
WHERE CNO='002')
```

请问上述语句完成了什么查询操作？

4．现有关系数据库如下：

学生（学号，姓名，性别，年龄，专业，奖学金）

课程（课程号，课程名，学分）

学习（学号，课程号，分数）

用 SQL 语言实现下列小题：

（1）检索年龄为 19 岁的男同学的学号、姓名、专业；

（2）检索没有获得奖学金，同时至少有一门课程成绩在 85 分以上的学生信息，包括学号、姓名和专业；

（3）检索没有任何一门课程成绩在 80 分以下的学生的信息，包括学号、姓名和专业；

（4）对成绩得过满分（100 分）的学生，如果没有获得奖学金，将其奖学金设为 2000 元。

5．针对书中建立的数据库，用 SQL 语言完成如下操作：

（1）把创建数据库表的权限授予用户“王燕”；

（2）授权用户“李波涛”可以对学生表 S 进行查询和插入新的数据；

（3）收回“李波涛”对学生表 S 的插入权限。

第 4 章　关系数据库的查询优化处理

为了提高效率、减少运行时间，可以在查询语言处理程序执行查询操作之前，先由系统对用户的查询语句进行转换，将其转变为一串所需执行时间较少的关系运算，并为这些运算选择较优的存取路径，以便大大地减少执行时间，这就是关系数据库的查询优化。查询优化一般可分为代数优化和物理优化。代数优化是指关系代数表达式的优化，物理优化则是指存取路径和底层操作算法的选择。

4.1　查询处理与查询优化

4.1.1　查询处理的内容和步骤

查询处理是指从数据库中提取数据时涉及的一系列活动。这些活动包括：将用高层数据库语言表示的查询语句翻译为能在文件系统的物理层上使用的表达式，为优化查询而进行各种转换以及查询的实际执行。

查询处理过程主要分为下面四个步骤：①查询分析；②查询检查；③查询优化；④查询执行，如图 4.1 所示。

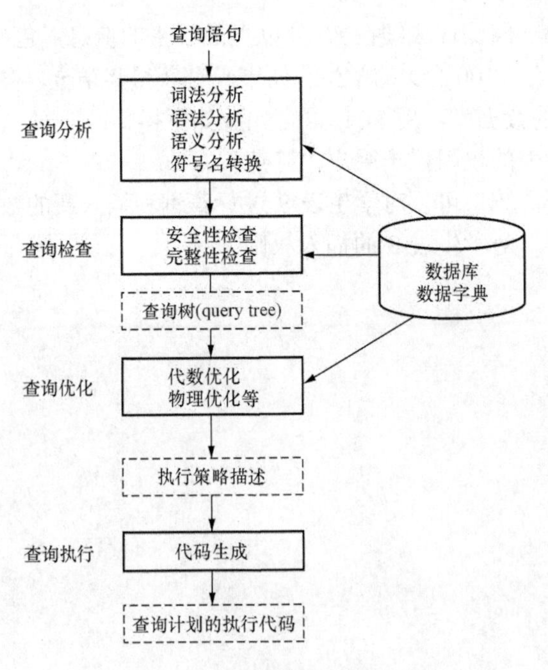

图 4.1　查询处理的四个步骤

（1）查询分析。首先，对查询语句进行扫描、词法分析和语法分析。从查询语句中识别出语言符号，如 SQL 关键字、属性名和关系符号名等，进行语法检查和语法分析，即判断查询语句是否符合 SQL 语法规则。

（2）查询检查。根据数据字典对合法的查询语句进行语义检查，即检查语句中的数据库对象。还要根据数据字典中的用户权限和完整性约束定义对用户的存取权限进行检查。如果该用户没有相应的访问权限或违反了完整性约束，就拒绝执行该查询。检查通过后便把 SQL 查询语句转换成等价的关系代数表达式。RDBMS 一般都用查询树，也称语法分析树，用来表示扩展的关系代数表达式。这个过程中要把数据库对象的外部名称转换为内部表示。

（3）查询优化。对于关系数据库系统，查询优化是为关系代数表达式的计算选择最有效的查询计划的过程。查询优化的方法有多种。按照优化的层次一般可分为代数优化和物理优化。代数优化是力图找出与给定关系代数表达式等价的但执行效率更高的一个表达式。物理优化是查询语句处理的详细策略的选择，例如选择执行运算所采用的具体算法，选择将使用的特定索引等。选择的依据可以是基于规则的，也可以基于代价的，还可以是基于语义的。

（4）查询执行。依据优化器得到的执行策略生成查询计划，由代码生成器（code generator）生成执行这个查询计划的代码。

4.1.2　实现查询操作的算法示例

1. 选择操作的实现

选择操作的实现一般有两种方法：一是简单的全表扫描方法；二是索引（或散列）扫描方法。下面以一个简单的选择操作为例介绍这两种方法。

【例 4.1】 假设在学生表 S 中进行查询，条件表达式分为 C1、C2、C3 和 C4 这四种情况，其中：

```
C1：无条件;
C2：Snum='0903330001';
C3：Sage > 20 ;
C4：Dnum ='D001' AND Sage > 20 ;
Select  * from  S  where <条件表达式>
```

解　（1）简单的全表扫描方法。对查询的基本表顺序扫描，逐一检查每个元组是否满足选择条件，把满足条件的元组作为结果输出。对于小表，这种方法最有效（如图 4.2 所示）。对于大表顺序扫描十分费时，效率很低。

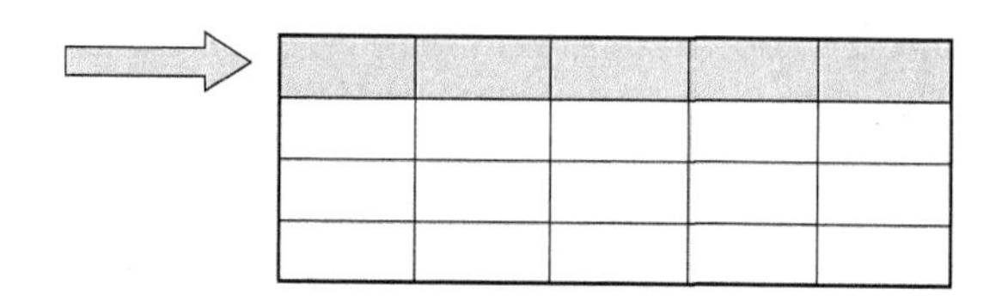

图 4.2　一张 3 行 5 列的小表

（2）使用索引（或散列）扫描方法。如果选择条件中的属性上有索引（例如 B^+树索引或哈希索引），可以用索引扫描方法。通过索引先找到满足的条件元组主码或元组的指针，再通过元组指针直接在查询的基本表中找到元组。

以［例 4.1］的 C2 为例，Snum='0903330001'，并且 Snum 上有索引（或 Snum 是散列码），则可以使用索引（或散列）得到 Snum 为'0903330001'元组的指针，然后通过元组指针在 S 表中检索到该学生。

以［例 4.1］的 C3 为例，Sage＞20，并且 Sage 上有 B^+树索引，则可以使用 B^+树索引找到 Sage＞20 的索引项，以此为入口点在 B^+树的顺序集上得到 Sage＞20 的所有元组指针，然后通过这些元组指针到 S 表中检索到所有年龄大于 20 的学生。

以［例 4.1］的 C4 为例，Dname＝'计算机' AND Sage＞20，如果 Dname 和 Sage 上都有索引，一种算法是分别用上面两种方法分别找到 Dname＝'计算机'的一组元组指针和 Sage＞20 的另一种元组指针，求这 2 组指针的交集，再到 S 表中检索，就得到计算机系年龄大于 20 的学生。

另一种算法是找到 Dname＝'计算机'的一组元组指针，通过这些元组指针到 S 表中检索，并对得到的元组检查另一些选择条件（如 Sage＞20）是否满足，把满足条件的元组作为结果输出。

2. 连接操作的实现

连接操作是查询处理中最耗时的操作之一，它一般有四种常用的实现算法：嵌套循环方法、排序—合并方法、索引连接方法和 Hash Join 方法。下面以一个简单的连接操作为例介绍这四种方法。

【例 4.2】 select * from S，SC where S.Snum＝SC.Snum

解 （1）嵌套循环方法（Nested Loop）。这是最简单可行的算法。对外层循环（S）的每一个元组（s），检索内层循环（SC）中的每一个元组（sc），并检查这两个元组在连接属性（Snum）上是否相等。如果满足连接条件，则串接后作为结果输出，直到外层循环表中的元组处理完为止。

（2）排序-合并方法（Sort-Merge Join）。这也是常用的算法，尤其适合连接的诸表已经排好序的情况。

用排序-合并连接方法的步骤是：

1）如果连接的表没有排好序，首先对 S 表和 SC 表按连接属性 Snum 排序；

2）取 S 表中第一个 Snum，依次扫描 SC 表中具有相同 Snum 的元组，把它们连接起来；

3）当扫描到 Snum 不相同的第一个 SC 元组时，返回 S 表扫描它的下一个元组，再扫描 SC 表中具有相同的 Snum 的元组，把他们连接起来。

重复上述步骤直到 S 表扫描完。

这样 S 表和 SC 表都只要扫描一遍。当然，如果 2 个表原来无序，执行时间要加上对两个表的排序时间。即使这样，对于 2 个大表，先排序后使用排序-合并方法执行连接，总的时间一般仍会大大减少。

（3）索引连接（Index Join）方法。用索引连接方法的步骤：

1）如果原来没有建立，则在 SC 表上建立属性 Snum 的索引；

2）对 S 中每一个元组，由 Snum 值通过 SC 的索引查找相应的 SC 元组；

3）把这些 SC 元组和 S 元组连接起来。

循环执行 2）、3），直到 S 表中的元组处理完为止。

（4）Hash Join 方法。把连接属性作为 Hash 码，用同一个 Hash 函数把 R 和 S 中的元组散列到同一个 Hash 文件中。第一步，划分阶段，对包含较少元组的表进行一遍处理，把它的元组按 Hash 函数分散到 Hash 表的桶中；第二步，试探阶段，也称为连接阶段，对另一个表进行一遍处理，把 S 的元组散列到适当的 Hash 桶中，并把元组与桶中所有来自 R 并与之相匹配的元组连接起来。

上面 Hash join 算法假设两个表中较小的表在第一阶段后可以完全放入内存的 Hash 桶中。以上的算法思想可以推广到一般的多个表的连接算法上。

4.1.3　查询优化的开销

目前 RDBMS 通过某种代价模型计算出各种查询执行策略的执行代价，然后选取代价最小的执行方案。

其中集中式数据库查询开销：

$$总代价＝I/O＋CPU＋内存$$

分布式数据库查询开销：

$$总代价＝I/O＋CPU＋内存＋通信代价$$

查询优化的总目标是选择有效策略，求得给定关系表达式的值，使得查询代价较小。

4.1.4　查询优化的必要性

查询优化的必要性是查询优化极大地影响 RDBMS 的性能。查询优化的可能性是关系数据语言的级别很高，使 DBMS 可以从关系表达式中分析查询语义。下面以一个简单的例子说明为什么要进行查询优化。

【例 4.3】 求选修了课程 C001 的学生姓名。

解

```
SELECT  S.Sname
FROM    S,SC
WHERE   S.Snum=SC.Sum AND  SC.Cnum='C001';
```

假设：

（1）S 表中有 1000 条学生记录；

（2）SC 表中有 10000 条选课记录；

（3）其中选修 C001 号课程的选课记录为 50 条；

系统可以用多种等价的关系代数表达式来完成这一查询：

$$Q_1=\pi_{S\,name}(\sigma_{S.Snum=SC.Snum \wedge SC.Cnum='C001'}(S\times SC))$$

$$Q_2=\pi_{S\,name}(\sigma_{SC.Cnum='C001'}(S\bowtie SC))$$

$$Q_3=\pi_{S\,name}(S\bowtie \sigma_{SC.Cnum='C001'}(SC))$$

首先设一个块可以装 10 个 S 元组或 100 个 SC 元组：

S 表占用的块为：1000/10＝100；

SC 表占用的块为：10000/100＝100；

一个块可以装 10 个 S 和 SC 连接后的元组。

缓冲：内存中一次可以存放 5 个 S 元组、1 个 SC 元组和若干块连接结果元组。

读写速度：20 块/s。

不同的执行策略，查询时间相差很大。主要考虑 I/O 时间。

（1）$Q_1=\pi_{S\,name}(\sigma_{S.Snum=SC.Snum \wedge SC.Cnum='C001'}(S\times SC))$。

1）计算广义笛卡尔积 S×SC。块读取总块数：1000/10＋（1000/（10×5））×（10000/100）＝100＋20×100＝2100；

其中，读 S 表 100 块，读 SC 表 20 遍，每遍 100 块；若读写速度为每秒 20 块，读数据时间为：2100/20＝105s；连接后的元组为：$10^3\times10^4=10^7$（1 千万条元组）；每块能装 10 个元组，则写出这些块需要的时间为：$10^7/10/20=5\times10^4$s。

2）执行选择操作“σ”。元组连接后，按照条件执行选择操作，忽略内存处理时间，这一步读取文件记录花费的时间同写入文件一样，所以读数据时间为：5×10^4s。

3）执行投影操作“π”。把第 2）步的结果在 Sname 上作投影输出，时间可忽略不计。所以，第 1 种情况所花费的总时间为：$105+5\times10^4+5\times10^4\approx10^5$s。

（2）$Q_2=\pi_{Sname}[\sigma_{SC.Cnum='C001'}(S\bowtie SC)]$。

1）计算自然连接 $S\bowtie SC$。自然连接读取表的策略不变，所以读取总块数仍然为：2100 块；读数据时间仍为 2100/20＝105s；但自然连接所得的结果比笛卡尔积所得的结果减少 1000 倍，为 10^4（1 万条元组）；所以写出这些结果花费的时间为：$10^4/10/20=50$s。

2）执行选择操作“σ”。执行选择运算所读取中间文件块的时间同样不变，所以读数据时间仍为：50s。

3）执行投影操作“π”。把第 2）步的结果在 Sname 上作投影输出，时间同样可忽略不计。所以，第 2 种情况所花费的总时间为：105＋50＋50＝205s。

（3）$Q_3=\pi_{Sname}[S\bowtie\sigma_{SC.Cnum='C001'}(SC)]$。

1）对 SC 表执行选择操作“σ”。全表扫描，读 SC 表总块数为 100 块，读 100 块数据的时间为：100/20＝5s，因为选修 C001 号课程的选课记录仅为 50 条，所以不必写入外存。

2）读取 S 表并执行自然连接运算“⋈”。读 S 表总块数＝1000/10＝100 块，读数据并作自然连接的时间为：100/20＝5s。

3）执行投影操作“π”。投影输出时间可忽略不计。

所以，第 3 种情况所花费的总时间为：5＋5＝10s。

（4）假设 SC 表在 Cnum 上有索引，S 表在 Snum 上有索引，再看看第 3 种情况的查询时间。

索引扫描，利用主索引，等值比较：

EA4＝HTi＋SC（A，r）/fr；读 SC 表总块数为：2＋50/100＝2 块，所以读数据时间仅为：2/20＝0.1s，读取结果仅为 50 条，所以不必写入外存；同样，读 S 表总块数为：2＋50/10＝7 块，读数据时间仅为：7/20＝0.35s。

可以看出，花费的总时间只有不到 1s。

4.2　查询优化技术

4.2.1　手动优化与自动优化

查询优化的基本方式可分为用户手动优化和系统自动优化两类。

手动还是自动优化，在技术实现上取决于相应表达式语义层面的高低与否。在基于格式化数据模型的层次和网络数据库系统中，由于用户通常使用较低层面上的语义表达查询要求，系统就难以自动完成查询策略的选择，只能由用户自己完成，由此可能导致的结果就是：其一，当用户做出了明显的错误决策，系统对此无能为力；其二，用户必须相当熟悉有关编程问题，这样就加重了用户的负担，妨碍了数据库的广泛使用。关系数据库的查询语言是高级语言，具有更高层面上的语义特征，有可能完成查询计划的自动选择。

与手动优化比较，系统的自动优化有如下的明显特征。

（1）能够从数据字典中获取统计信息，根据这些信号选择有效地执行计划。用户手工优化时的程序则难以得到这些信息。

（2）当数据库物理统计信息改变时，系统可以自动进行重新优化以选择相适应的执行计划，而手工优化必须重新编写程序。

（3）从多种（如数百种）不同的执行计划中进行选择，而手工优化时，程序员一般只能考虑数种可能性。

（4）优化过程可能包含相当复杂的各种优化技术，这需要受过良好训练的专业人员才能掌握，而系统的自动优化使每个数据库使用人员（包括不具有专业训练的普通用户）都能拥有相应的优化技术。一个“好”的数据库系统，其中的查询优化应当是自动的，即由系统的 DBMS 自动完成查询优化过程。

4.2.2　查询优化器

数据库查询优化器是 RDBMS 服务器的一个组成部分。

1. 查询优化器和三类优化技术

自动进行查询优化是 DBMS 的关键技术。由 DBMS 自动生成若干候选查询计划并且从中选取较“优”的查询计划的软件程序称为查询优化器。

查询优化器所使用的技术可以分为三类。

（1）规则优化技术。如果查询仅仅涉及查询语句本身，根据某些启发式规则，例如“先选择、投影和后连接”等就可完成优化，称之为规则优化。这类优化的特点是对查询的关系代数表达式进行等价变换，以减少执行开销，所以也称为代数优化。

（2）物理优化技术。如果优化与数据的物理组织和访问路径有关，例如，在已经组织了基于查询的专门索引或者排序文件的情况下，就需要对如何选择实现策略进行必要的考虑，诸如此类的问题就是物理优化。

（3）代价估算优化技术。对于多个候选策略逐个进行执行代价估算，从中选择代价最小的作为执行策略，就称为代价估算优化。

物理优化涉及数据文件的组织方法，代价估算优化由于其开销较大，它们都只适用于一定的场合。本章仅就关系数据库查询的代数优化进行讨论。

2. 关系查询优化的可行性

我们已经知道，查询表达式具有的语义层面的高低决定查询优化的自动与否。关系数据模型本质上基于集合论，从而使得关系数据的自动查询优化具有必要的理论基础。

相应的关系查询语言是一种高级语言，具有很高层面上的语义表现，从而又使由机器处理查询优化具有可实现的技术基础。因此，关系数据库系统中的自动查询优化是可行的。

当关系查询语言表示的查询操作基于集合运算时，可称其为关系代数语言；而基于关系演算时，又可称其为关系演算语言。这两种语言本身是有过程性的，但由于所依据理论本身不同又各有差异。

关系代数具有五种基本运算，这些运算自身和相互间满足一定的运算定律，例如，结合律、交换律、分配律和串接律等，这就意味着不同的关系代数表达式可以得到同一结果，因此用关系代数语言进行的查询就有进行必要优化的可能。

关系演算中需要使用“存在”和“任意”两个量词，这两个量词也有自身的演算规则，例如，两个量词之间的先后顺序，只不过这里涉及面较窄，运算规则较为整齐，在“等价”的关系演算表达式中进行选择的回旋余地相对较小。

由此看来，关系查询处理中的“优化选择”主要集中于关系代数表达式方面。正是从这方面考虑，关系查询优化技术中最重要、最有用的研究成果集中于以下3点。

（1）关系代数中的等价表达式。

（2）等价的不同表达形式与相应查询效率间的必然联系。

（3）获取较高查询效率表达式的有效算法。

当然，上述分析仅是从表现形式上考虑，由于关系代数和关系演算的等价性，从逻辑上讲，它们的“过程性”应当相同。但不管怎样，关系查询语言与其他程序设计语言相比，由于其特有的坚实理论支撑，人们能够找到有效的算法，使查询优化的过程内含于DBMS，由DBMS 自动完成，从而将实际上的“过程性”向用户“屏蔽”，用户在编程时只需表示出所要结果，不必给出获得结果的操作步骤，在这种意义下，关系查询语言是一种比Pascal和C语言等更为高级的语言。

由关系模型的基础特征决定了在关系数据库中查询优化技术的两个基本要点。

（1）设置一个查询优化器，从该优化器上输入关系语言，例如，SQL的查询语句，经优化器处理后产生优化的查询表达式。

（2）使用优化的查询代数表达式进行查询操作，从而提高查询的效率。需要说明的是，人们已经证明不存在所谓的最优查询表达式。因此，人们通常说“好的”查询优化，而不说“最优的”查询优化。

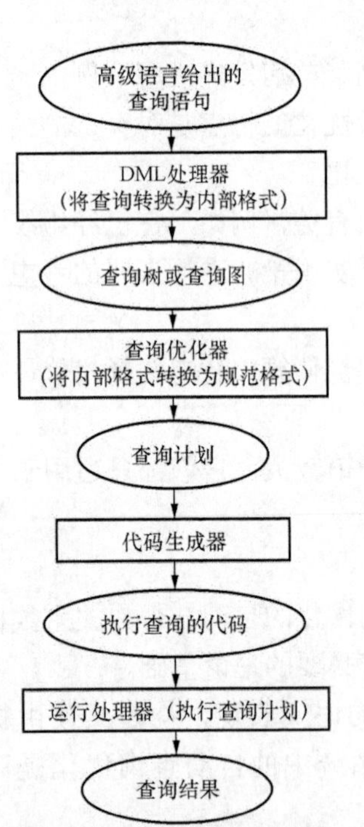

图4.3 关系处理优化过程图

3. 关系查询优化过程

查询优化是数据查询处理中的关键性课题。在关系数据库当中，对于用户而言，关系数据查询具有非过程性的显著特征。这种具有非过程特点的关系数据查询在关系数据库中的实现过程通常分为4个阶段，如图4.3所示。

（1）由DML处理器将查询转换为内部格式。当系统接到用户用某种高级语言（如SQL）给出的查询要求后，DBMS就会运行系统的DML处理器对该查询进行词法分析和语法分析，并同时确认语义正确与否，由此产生查询的内部表示，这种内部表示通常被称为查询图或者语法树。

（2）由查询优化器将内部格式转换为规范格式。对于查询图或者语法树，DBMS会调用系统优化处理器制定一个执行策略，由此产生一个查询计划，其中包括如何访问数据库文件和如何存储中间结果等。

（3）由代码生成器生成查询代码。按照查询计划，系统的代码生成器会产生执行代码。

（4）由运行处理器执行查询代码。在运行处理器执行查询代码之后，输出最终的查询结果。

4.3 代 数 优 化

代数优化是基于关系代数表达式等价变换规则的优化方法。

关系代数表达式的转换是通过等价规则进行的。等价规则就是指两个不同的关系代数表达式可以互相转换，而又保持等价。所谓保持等价是指两个表达式所产生的结果关系具有相同的属性集和相同的元组集，但属性出现的次序可以不同。

两个关系表达式 $E1$ 和 $E2$ 是等价的，可记作 $E1 \equiv E2$。

常用的等价变换规则有：

（1）连接、笛卡尔积交换律。设 $E1$ 和 $E2$ 是关系代数表达式，F 是连接运算的条件，则有：

$$E1 \times E2 \equiv E2 \times E1$$
$$E1 \bowtie E2 \equiv E2 \bowtie E1$$
$$E1 \underset{F}{\bowtie} E2 \equiv E2 \underset{F}{\bowtie} E1$$

（2）连接、笛卡尔积的结合律。设 $E1$、$E2$、$E3$ 是关系代数表达式，$F1$ 和 $F2$ 是连接运算的条件，则有：

$$(E1 \times E2) \times E3 \equiv E1 \times (E2 \times E3)$$
$$(E1 \bowtie E2) \bowtie E3 \equiv E1 \bowtie (E2 \bowtie E3)$$
$$(E1 \underset{F1}{\bowtie} E2) \underset{F2}{\bowtie} E3 \equiv E1 \underset{F1}{\bowtie} (E2 \underset{F2}{\bowtie} E3)$$

（3）投影的串接定律。

$$\pi_{A1,A2,\cdots,An}(\pi_{B1,B2,\cdots,Bm}(E)) \equiv \pi_{A1,A2,\cdots,An}(E)$$

其中，E 是关系代数表达式，Ai（$i=1, 2, \cdots, n$），Bj（$j=1, 2, \cdots, m$）是属性名，$\{A1, A2, \cdots, An\}$构成$\{B1, B2, \cdots, Bm\}$的子集。

（4）选择的串接定律。

$$\sigma_{F1}(\sigma_{F2}(E)) \equiv \sigma_{F1 \wedge F2}(E)$$

其中，E 是关系代数表达式，$F1$、$F2$ 是选择条件。选择的串接定律说明选择条件可以合并。

（5）选择与投影的交换律。

$$\sigma_F(\pi_{A1,A2,\cdots,An}(E)) \equiv \pi_{A1,A2,\cdots,An}(\sigma_F(E))$$

这里，选择条件 F 只涉及属性 $A1, A2, \cdots, An$。若 F 中有不属于 $A1, A2, \cdots, An$ 属性 $B1, B2, \cdots, Bm$ 则有更一般的规则：

$$\pi_{A1,A2,\cdots,An}(\sigma_F(E)) \equiv \pi_{A1,A2,\cdots,An}(\sigma_F(\pi_{A1,A2,\cdots,An,B1,B2,\cdots,Bm}(E)))$$

（6）选择和笛卡尔积的交换律。如果 F 中涉及的属性都是 $E1$ 中的属性，则：

$$\sigma_F(E1 \times E2) \equiv \sigma_F(E1) \times E2$$

如果 $F = F1 \wedge F2$，并且 $F1$ 只涉及 $E1$ 中的属性，$F2$ 只涉及 $E2$ 中的属性，则可推出：

$$\sigma_F(E1 \times E2) \equiv \sigma_{F1}(E1) \times \sigma_{F2}(E2)$$

若 $F1$ 只涉及 $E1$ 中的属性，$F2$ 涉及 $E1$ 和 $E2$ 中的属性，则仍有：

$$\sigma_{F1}(E1 \times E2) \equiv \sigma_{F2}(\sigma_{F1}(E1) \times E2)$$

该定律可使部分选择在笛卡尔积前先处理。

（7）选择与并的交换。设 $E=E1\cup E2$，$E1$ 和 $E2$ 为可比属性，则：

$$\sigma_F(E1\cup E2)\equiv\sigma_F(E1)\cup\sigma_F(E2)$$

（8）选择与差的交换。若 $E1$ 和 $E2$ 为可比属性，则：

$$\sigma_F(E1-E2)\equiv\sigma_F(E1)-\sigma_F(E2)$$

（9）投影与笛卡尔积的交换。设 $E1$ 和 $E2$ 是关系代数表达式，$A1$，$A2$，…，An 是 $E1$ 的属性，$B1$，$B2$，…，Bm 是 $E2$ 的属性，则：

$$\pi_{A1,A2,\cdots,An,B1,B2,\cdots,Bm}(E1\times E2)\equiv\pi_{A1,A2,\cdots,An}(E1)\times\pi_{B1,B2,\cdots,Bm}(E2)$$

（10）投影与并的交换。若 $E1$ 和 $E2$ 为可比属性，则：

$$\pi_{A1,A2,\cdots,An}(E1\cup E2)\equiv\pi_{A1,A2,\cdots,An}(E1)\cup\pi_{A1,A2,\cdots,An}(E2)$$

4.4 关系代数表达式的优化策略和算法

4.4.1 关系代数表达式的优化策略

下面给出的关系代数表达式的优化策略，主要是针对如何安排操作顺序的，不一定是最优的策略。提高效率还可以从多方面考虑，这些优化策略也是关系查询的一般优化规则。

（1）可能先做选择运算。在优化策略中这是最重要、最基本的一条。因为选择运算一般使计算结果由大变小，执行时间降低几个数量级。

（2）把投影运算和选择运算同时进行。如有若干投影和选择运算，并且它们都对同一个关系进行操作，则可以在扫描此关系的同时完成所有的这些运算，以避免重复扫描，从而节省查询时间。

（3）对关系适当的预处理。在执行连接前对关系进行预处理，适当地增加索引、排序等，使两个关系之间尽快地建立连接关系。

（4）把投影同其前或其后的双目运算结合起来。没有必要为了去掉某些字段而重复扫描一遍关系。

（5）把某些选择同在它前面要执行的笛卡尔积结合起来成为一个连接运算。连接运算，特别是等值连接运算，要比同样的笛卡尔积省很多的时间。

（6）找出公共子表达式。如果在一个表达式中多次出现某一个子表达式，一般应该把该子表达式的结果预先计算并保存起来，以便以后调用，减少重复计算的次数。

4.4.2 优化算法

利用优化策略再结合等价变换规则我们可以得到一个优化算法。

算法：关系代数表达式的优化。

输入：一个关系代数表达式的查询树。

输出：一个优化后的查询树。

步骤：

（1）利用规则（4），将查询树中的每个选择运算变成选择串。

（2）利用规则（4）～（8）把查询树中的每一个选择运算尽可能地移近树的叶节点。

（3）利用规则（3）、（5）、（9）、（10），把查询树中的投影运算均尽可能地移近树的叶节点。若某一投影是针对某一表达式中的全部属性，则可消去这一投影运算。

（4）利用规则（3）～（5），把选择和投影运算合并成单个选择、单个投影、选择后跟随投影等三种情况。这种变换尽管可能违背“提前执行投影运算”的策略，但在遍历关系的同时做所有的选择然后做所有的投影，比通过几遍完成选择和投影效率更高。

（5）对经上述步骤后得到的查询树中的内部节点分组。每个二目运算结点与其直接祖先的（不超过别的二目运算结点的）一目运算结点分在同一组；如果它的子孙结点一直连通到叶子都是一目运算（σ、π），则将它们也归入该组中。但当二目运算是乘积且后面不是与它能结合成连接运算的选择时，其一直到叶子的一目运算结点须作单独一组。

（6）查找出查询树中的公共子树 Ti，并用该公共子树的结果关系 Ri 代替查询树中的每一个公共子树 Ti。

（7）查找出经优化后的查询树。

【例 4.4】 对于如下关系模型：

```
S(Snum,Sname,Ssex,Sage,Sphone,Dnum)
SC(Snum,Cnum,Score)
C(Cnum,Cname,Cfreq)
```

现有一个查询语句：检索选修了学分是 4 学分的女学生的学号和姓名。该查询语句的关系代数表达式为：

$$\pi_{Snum,Sname}(\sigma_{Cfreq=4\wedge Ssex='女'}(C\bowtie SC\bowtie S))$$

上式中，⋈符号用σ、π、×操作表示，可得：

$$\pi_{Snum,Sname}(\sigma_{Cfreq=4\wedge Ssex='女'}(\pi_L(\sigma_{C.Cnum=SC.Cnum\wedge SC.Snum=S.Snum}(C\times SC\times S))))$$

其中 L 是（Cfreq，S.Snum，Sname，Ssex）。该表达式构成的查询树如图 4.4 所示。

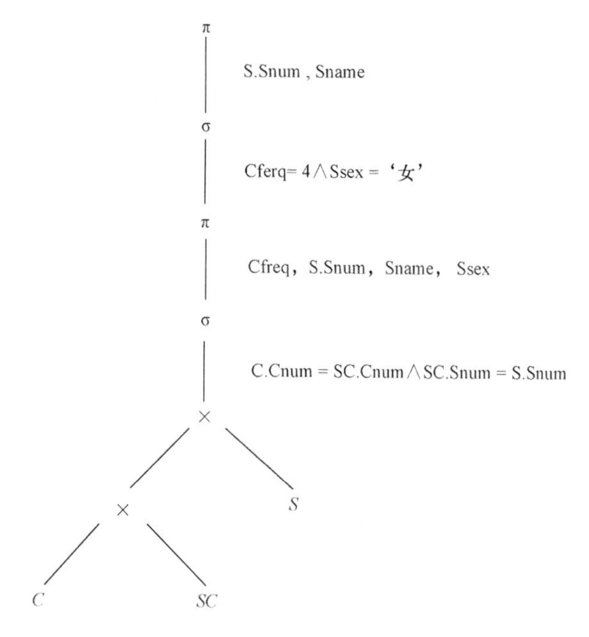

图 4.4　关系代数表达式的查询树

解　下面使用优化算法对查询树进行优化。

（1）每个选择操作分成两个选择运算，共得到四个选择操作：

$$\sigma_{Cfreq=4}$$

$$\sigma_{Ssex='女'}$$

$$\sigma_{C.Cnum=SC.Cnum}$$

$$\sigma_{SC.Snum=S.Snum}$$

（2）使用等价变换规则（4）～（8），把四个选择操作尽可能向树的叶节点移动。根据规则（4）和（5）可以把 $\sigma_{Cfreq=4}$ 和 $\sigma_{Ssex='女'}$移到投影和另外两个选择操作下面，直接放在笛卡尔积外面得到子表达式：

$$\sigma_{Cfreq=4}（\sigma_{Ssex='女'}（C\times SC）\times S））$$

其中，外层选择仅涉及关系 C，内层选择仅涉及关系 S，所以上式又可变换成：

$$（\sigma_{Cfreq=4}（C）\times SC）\times\sigma_{Ssex='女'}（S）$$

$\sigma_{SC.Snum=S.Snum}$ 不能再往叶节点移动了，因为它的属性涉及两个关系 SC 和 S，但 $\sigma_{C.Cnum=SC.Cnum}$ 还可以向下移动，与笛卡尔积交换位置。

然后根据规则（3），再把两个投影合并成一个投影 $\pi_{Snum,Sname}$。这样，原来的查询树（图 4.4）变成了图 4.5 的形式。

（3）根据规则（5），把投影和选择进行交换，在σ前增加一个投影操作。用

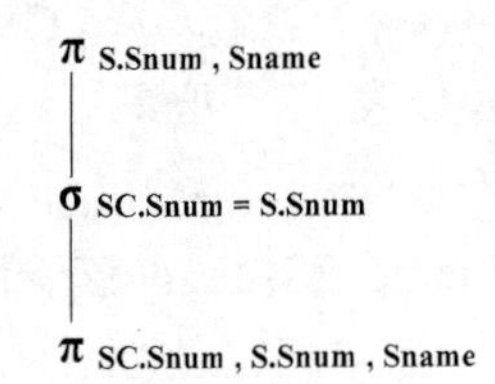

代替 $\pi_{Snum,Sname}$ 和 $\sigma_{SC.Snum=S.Snum}$。

再把 $\pi_{SC.Snum,S.Snum,Sname}$ 分成 $\pi_{SC.Snum}$ 和 $\pi_{S.Snum,Sname}$，使它们分别对 $\sigma_{C.Cnum=SC.Cnum}$（…）和 $\sigma_{Ssex='女'}$（…）做投影操作。

再根据规则（5），将投影 $\pi_{SC.Snum}$ 和 $\pi_{S.Snum,Sname}$ 分别与前面的选择操作形成两个级联运算：

再把 $\pi_{C.Cnum,SC.Snum,SC.Cnum}$ 往叶结点移动，形成图 4.6 所示的查询树。4.6 中用虚线划分了两个运算组。

（4）执行时从叶结点依次向上进行，每组运算只对关系一次扫描。

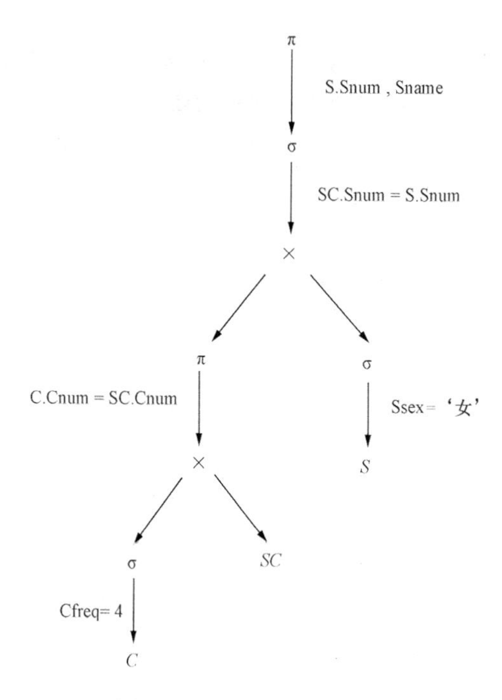

图 4.5　优化过程中的查询树

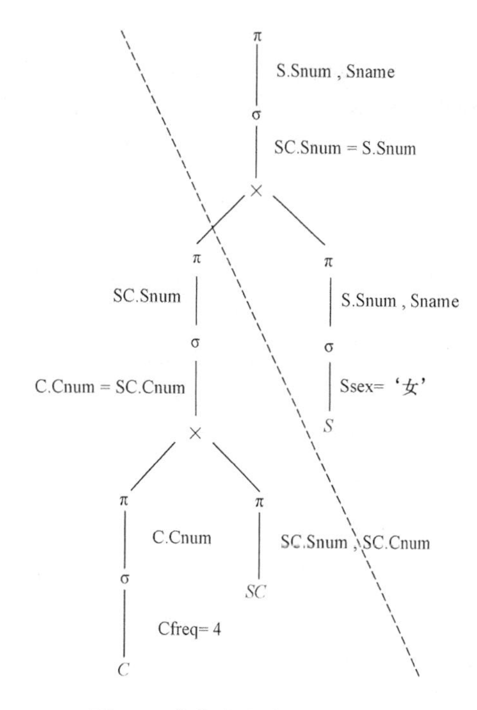

图 4.6　优化的查询树及其分组

4.5 物 理 优 化

代数优化改变查询语句中操作的次序和组合，不涉及底层的存取路径。

对于每一种查询操作有许多存取方案，它们的执行效率不同， 仅仅进行代数优化是不够的，物理优化就是要选择高效合理的操作算法或存取路径，求得优化的查询计划。

选择的方法有以下三种。

（1）基于规则的启发式优化。启发式规则是指那些在大多数情况下都适用，但不是在每种情况下都适用的规则。

（2）基于代价估算的优化。优化器估算不同执行策略的代价，并选出具有最小代价的执行计划。

（3）两者结合的优化方法。查询优化器通常会把这两种技术结合在一起使用。因为可能执行的策略很多，要穷尽所有的策略进行代价估算往往是不可能的，会造成查询优化本身付出的代价大于获得的益处。因此，常常先使用启发式规则，选取若干较优秀的候选方案，减少代价估算的工作量；然后分别计算这些候选方案的执行代价，较快地选出最终的优化方案。

4.5.1　基于启发式规则的存取路径选择优化

1．选择操作的启发式规则

选择操作的启发式规则分对于大关系和小关系两种情况，以下规则（1）是对于小关系而言的，其他的是对于大关系而言的。

（1）对于小关系，使用全表顺序扫描，即使选择列上有索引。

（2）对于选择条件是主码＝值的查询，查询结果最多是一个元组，可以选择主码索引。

一般的 RDBMS 会自动建立主码索引。

（3）对于选择条件是非主属性＝值的查询，并且选择列上有索引，要估算查询结果的元组数目，如果比例较小（＜10%）可以使用索引扫描方法，否则还是使用全表顺序扫描。

（4）对于选择条件是属性上的非等值查询或者范围查询，并且选择列上有索引，要估算查询结果的元组数目，如果比例较小（＜10%）可以使用索引扫描方法，否则还是使用全表顺序扫描。

（5）对于用 AND 连接的合取选择条件，如果有涉及这些属性的组合索引，优先采用组合索引扫描方法，如果某些属性上有一般的索引，则可以用［例 4.1］的 C4 中介绍的索引扫描方法，否则使用全表顺序扫描。

（6）对于用 OR 连接的析取选择条件，一般使用全表顺序扫描。

2. 连接操作的启发式规则

（1）如果两个表都已经按照连接属性排序，选用排序-合并方法。

（2）如果一个表在连接属性上有索引，选用索引连接方法。

（3）如果上面两个规则都不适用，其中一个表较小，可以选用 Hash join 方法。

（4）可以选用嵌套循环方法，并选择其中较小的表，确切地讲是占用的块数（B）较少的表，作为外表（外循环的表）。理由如下：

设连接表 R 与 S 分别占用的块数为 Br 与 Bs，连接操作使用的内存缓冲区块数为 K，分配 $K-1$ 块给外表，如果 R 为外表，则嵌套循环法存取的块数为 $Br+(Br/K-1)Bs$，显然应该选块数小的表作为外表。

上述仅仅给出了一些主要的启发式规则，在实际的 RDBMS 中，启发式规则要多得多。

4.5.2 基于代价的优化

启发式规则优化是定性的选择，比较粗糙，适合解释执行的系统，因为解释执行的系统，优化开销包含在查询总开销之中。编译执行的系统中，一次编译优化，多次查询，查询优化和查询执行是分开的，因此可以采用精细复杂一些的基于代价的优化方法。

1. 统计信息

基于代价的优化方法要计算各种操作算法的执行代价，与数据库的状态密切相关。因此数据字典中存储了优化器需要的统计信息，具体如下：

（1）对每个基本表，该表的元组总数（N）、元组长度（l）、占用的块数（B）、占用的溢出块数（Bo）。

（2）对基表的每个列，该列不同值的个数（m）、选择率（f）（如果不同值的分布是均匀的，$f=1/m$；如果不同值的分布不均匀，则每个值的选择率＝具有该值的元组数/N）、该列最大值、该列最小值、该列上是否已经建立了索引、索引类型（B^+树索引、Hash 索引、聚集索引）。

（3）对索引（如 B^+树索引），索引的层数（L）、不同索引值的个数、索引的选择基数 S（有 S 个元组具有某个索引值）、索引的叶结点数（Y）。

2. 代价估算

（1）全表扫描算法的代价估算公式。如果基本表大小为 B 块，全表扫描算法的代价 cost＝B；如果选择条件是码＝值，那么平均搜索代价 cost＝$B/2$。

（2）索引扫描算法的代价估算公式。如果选择条件是码＝值，如［例 4.1］中的 C2，则采用该表的主索引；若为 B^+树，层数为 L，需要存取 B^+树中从根结点到叶结点 L 块，再加上基本表中该元组所在的那一块，所以 $\text{cost}=L+1$。

如果选择条件涉及非码属性，如［例 4.1］中的 C3，若为 B^+树索引，选择条件是相等比较，S 是索引的选择基数（有 S 个元组满足条件）。最坏的情况下，满足条件的元组可能会保存在不同的块上，此时，$\text{cost}=L+S$。

如果比较条件是＞，＞＝，＜，＜＝操作，假设有一半的元组满足条件，就要存取一半的叶结点，并通过索引访问一半的表存储块，所以 $\text{cost}=L+Y/2+B/2$。如果可以获得更准确的选择基数，可以进一步修正 $Y/2$ 与 $B/2$。

（3）嵌套循环连接算法的代价估算公式。在 4.5.1 节中已经介绍过了嵌套循环连接算法的代价：

$$\text{cost}=Br+Bs/(K-1)Br$$

如果需要把连接结果写回磁盘，则：

$$\text{cost}=Br+Bs/(K-1)Br+(Frs\times Nr\times Ns)/Mrs$$

其中 Frs 为连接选择性（join selectivity），表示连接结果元组数的比例，Mrs 是存放连接结果的块因子，表示每块中可以存放的结果元组数目。

（4）排序-合并连接算法的代价估算公式。如果连接表已经按照连接属性排好序，则：

$$\text{cost}=Br+Bs+(Frs\times Nr\times Ns)/Mrs$$

如果必须对文件排序，需要在代价函数中加上排序的代价，对于包含 B 个块的文件排序的代价大约是（2*B）+（2*B*log2B）。

上述仅仅给出了少数操作算法的代价估算示例，在实际的 RDBMS 中，代价估算公式很多，也很复杂。

小　　结

本章通过实例讲解关系数据库查询优化的重要性和可能性，并重点介绍了代数优化和物理优化。代数优化是指关系代数表达式的优化，物理优化则是指存取路径和底层操作算法的选择。本章先讲解实现查询操作的主要算法，主要是选择操作和连接操作的算法思想，然后讲解关系代数表达式等价变换规则，关系代数表达式的优化，物理优化方法（基于启发式规则的存取路径选择优化，基于代价的优化方法）。

本章的学习目的是使读者初步了解 RDBMS 的查询处理的基本步骤，即查询分析、查询检查、查询优化和查询执行；查询优化的基本概念、基本方法和技术，为数据库应用设计开发中的利用查询优化技术提高查询效率和提高系统性能打下基础。

习　　题

一、解释下列术语

查询优化、查询处理、代数优化、物理优化、启发式规则。

二、单项选择

1．同一个关系模型的任何两个元组值（　　）。

A．不能完全相同　　B．可全同　　C．必须全同　　D．以上都不是

2．关系运算中花费时间可能最长的运算是（ ）。

A．投影 B．选择 C．笛卡尔积 D．除

3．在查询优化时，应尽可能先做（ ）。

A．Select B．Join C．Project D．A 和 C

三、填空

1．查询优化一般可分为________和________。

2．查询处理的代价通常取决于查询过程对________的访问。

3．查询优化的基本途径可以分为________和________两种。

四、简答

1．试述查询优化在关系数据库系统中的重要性和可能性。

2．试述查询优化的一般准则。

3．试述查询优化的一般步骤。

4．设有学生选课数据库如下：

学生关系：S（SNUM，Sname，Age，Sex，Dept）

课程关系：C（CNUM，Cname，Teacher）

学生选课关系：SC（SNUM，CNUM，Score）

要求查询：学生“李大勇”所选修的成绩在 80 分以上的全部课程名称。

（1）给出以笛卡尔积为基础的表达上述查询要求的关系代数表达式；

（2）画出关系代数语法树；

（3）画出优化后的标准语法树；

（4）用元组关系演算表达查询要求。

第 5 章　关系数据库设计理论

第 2 章介绍了关系数据库的关系模型、关系模式和关系数据库模式等基本概念。一个关系数据库模式由多个关系模式构成，一个关系模式由多个属性构成。我们希望该数据库既不必存储冗余的重复信息，又可以方便地获取信息。但迄今为止，设计一个关系模式是凭数据库设计者的经验来确定，或者将一个 E-R 模型或其他类似的概念数据模型映射成一个关系模式。我们需要一些形式化的衡量标准来判断设计的好坏，并用一些算法来改进通过概念建模得到的设计。

本章要讨论评价关系数据库设计质量好坏的理论问题，通过这些理论试图选择一个较"好"的关系模式。关系数据库设计的目标是建立数据、数据间联系和数据间约束的正确表示方式。关系数据库设计理论是设计关系数据库的指南，是关系数据库的理论基础。

5.1　关系模式的非形式化设计规则

一个关系数据库模式包括一组关系模式，各关系之间既存在一定的独立性（分别反映事物某一方面的特性），又存在必然的关联，从而构成一个关系数据库模式整体。

下面将详细讨论关系模式的设计质量方面的相互关联的四个非形式化的衡量标准。

5.1.1　关系属性的语义

在关系模式中，属性与一定的现实世界含义相联系。这个含义或者说语义（Semantics），涉及对存储在该关系的元组属性值如何解释，即一个元组中的属性值是如何相互关联的。

规则 5.1　设计一个关系模式要能够容易地解释它的语义。不要将多个实体类型和联系类型的属性组合成一个单一的关系。如果一个关系模式对应于一个实体类型或一个联系类型，那么它的语义就很清晰。否则，就会变得语义不清，也就不容易对该关系进行解释。

下面我们来考虑一个实际的问题：学生关系模式：

```
S(Snum,Sname,Ssex,Dnum,Director,Cnum,Cname,Score)
```

其属性分别表示学号、姓名、性别、所在的系编号、系主任、课程号、课程名、成绩。表 5.1 是这个学生关系模式的一个具体关系。

表 5.1　　一个学生关系模式的实例

Snum	Sname	Ssex	Dnum	Director	Cnum	Cname	Score
0903330002	李波涛	男	D003	张小龙	C004	自动控制原理	75
0903330001	张山	男	D002	方维伟	C002	C 语言程序设计	53
0903330001	张山	男	D002	方维伟	C004	自动控制原理	89
0903330001	张山	男	D002	方维伟	C005	数据结构	65
…							

以上的关系是个粗劣的设计，因为违反了规则 5.1，混合了一些截然不同于真实世界的实体的属性或联系的属性，把学生、系、课程等实体及选修联系的属性混合在一起。它们可以用作视图，但把它们用作基本表时就会导致一些下面将讨论的问题。

5.1.2 元组中的冗余信息和更新异常

在表 5.1 所示的学生关系模式的实例中，可以清楚地看到学号 Snum 和课程号 Cnum 构成了该关系模式的主键。我们会发现其存在冗余信息和更新异常，更新异常包括插入异常、删除异常和修改异常。

（1）存储冗余。一个学生肯定要学几十门课，那么该学生的姓名、系编号、系主任等信息就要重复存储，其存储冗余问题是相当严重的。

（2）插入异常。对于刚成立的系，如果还没有学生，由于 Snum 是主属性，不能为空值，因此该系主任等信息就无法加入到该关系中，这是极不合理的。即存在插入异常问题。

（3）删除异常。若某学生因病下学期未选课程，则需删除该学生所对应所有元组，结果该学生的学号、姓名、性别等信息也同时删去了，即删去了一些不该删除的信息。这样在该关系中就找不到该学生的姓名、性别等信息。这也是极不合理的。

（4）修改异常。如果更换了某个系的主任，那么该系学生所有对应的元组的系主任等信息都要修改，修改量很大，潜在地存在了严重的数据不一致问题，有可能会出现同一个系有不同主任的情况。这种不一致性是由于数据的存储冗余产生的。

针对上面这些问题，得出一个设计规则。

规则 5.2 设计的关系模式不要出现插入异常、删除异常和修改异常。如果有任何异常出现，要明确注释，确保数据库进行插入、删除和修改时能正确操作。

规则 5.2 和规则 5.1 是一致的，某种程度上是对规则 5.1 的重新陈述。所以我们需要一种更形式化的方法来评估一个设计是否满足这些规则。

5.1.3 元组中的空值

在表 5.1 所示的学生关系模式的实例中，将一些实体的属性或联系的属性混合在一起很乱，如果有些属性不适用于关系中的所有元组，那么在那些元组中会有很多空值。这样在物理存储上会浪费存储空间，在逻辑层次上会导致属性的语义理解问题和连接（join）操作的问题。在进行 COUNT 或 SUM 之类的聚集操作计算时，空值也会带来一些问题。另外，空值可以代表属性不适用于该元组，也可以表示属性值对于该元组是未知的，也可能属性值已知但没有被记录。同样的空值掩盖了这些不同的情况。所以需要有新规则。

规则 5.3 设计一个关系模式要尽可能避免在其中放置经常为空值的属性。如果空值不可避免，则应确保空值在特殊情况下出现而不是在大部分元组中出现。

例如，如果只有 20%的学生在学生组织内担任职务，那么在学生表中包含一个 post 职位属性是不合理的。可以创建一个新关系 SP（Snum，SPost）来存放那些在学生组织有职位的学生元组。

5.1.4 伪元组的生成

现在设计两个新的关系模式，如表 5.2、表 5.3 所示。这两个新关系模式由表 5.1 所示的关系模式分解而来，用来代替表 5.1 所示的关系模式。表 5.2 中的一个元组表示姓名为 Sname 的学生选修了 Cnum 的课程；表 5.3 中的一个元组表示学号为 Snum 的学生的性别、系、系主任及选修的课程号、课程名、成绩等。

表 5.2　　分解表 5.1 的关系模式

Sname	Cnum	Sname	Cnum
李波涛	C004	张山	C004
张山	C002	张山	C005

表 5.3　　分解表 5.1 的关系模式

Snum	Ssex	Dnum	Director	Cnum	Cname	Score
0903330002	男	D003	张小龙	C004	自动控制原理	75
0903330001	男	D002	方维伟	C002	C 语言程序设计	53
0903330001	男	D002	方维伟	C004	自动控制原理	89
0903330001	男	D002	方维伟	C005	数据结构	65

表 5.4　　自然连接后结果

Snum	Sname	Ssex	Dnum	Director	Cnum	Cname	Score
0903330002	李波涛	男	D003	张小龙	C004	自动控制原理	75
0903330001	张山	男	D002	方维伟	C002	C 语言程序设计	53
0903330001	张山	男	D002	方维伟	C004	自动控制原理	89
0903330001	张山	男	D002	方维伟	C005	数据结构	65
0903330001	李波涛	男	D002	方维伟	C004	自动控制原理	89
0903330002	张山	男	D003	张小龙	C004	自动控制原理	75

如果用表 5.2、表 5.3 所示的两个关系模式来代替表 5.1 所示的关系模式，则是一个更糟糕的设计，因为不能从表 5.2、表 5.3 所示的两个关系模式中恢复表 5.1 所示的关系模式的原来信息。如果对表 5.2、表 5.3 所示的两个关系模式作一个自然连接操作，结果如表 5.4 所示，最后两个元组是表 5.1 所没有的元组。这些额外生成的元组就是伪元组（Spurious Tuple），表示无效的虚假信息或错误信息。

通过上述分解后再自然连接并不能得到正确的初始信息，所以上述分解是不符合要求的。产生的原因就是连接操作的属性 Cnum 既不是表 5.2 关系模式的主键{Sname，Cnum}，也不是表 5.3 关系模式的主键{Snum，Cnum}。由此，可以得到最后一个设计规则。

规则 5.4　设计关系模式要使它们在主键或外键的属性上进行等值连接，并且保证不会生成伪元组。如果一定要有不满足上述条件的关系，则不要将它们在这类非主键—外键的属性上进行连接，以避免产生伪元组。

这一设计规则在以后会有形式化的描述，无损连接性可以保证某些连接不产生伪元组。

本章后面部分将阐述关系模式设计形式化的概念和理论，可以更精确判断关系模式的好坏。

5.2　函 数 依 赖

函数依赖（Functional Dependency，简称 FD）是关系模式设计理论中的一个基本概念，是一种分析工具。函数依赖这一概念是键概念的推广，是合法关系集上的一种特殊约束。函数依赖在数据库设计中具有重要作用。

5.2.1 函数依赖的定义

函数依赖是数据库中两个属性集之间的约束。

定义 5.1 设 R（U）是属性集 U 上的关系模式，X、Y 是 U 的子集，r 是 R 的任一具体关系。设 t_1、t_2 是关系 r 中的任意两个元组，如果 $t_1[X]=t_2[X]$，有 $t_1[Y]=t_2[Y]$，则称 $\boldsymbol{X}$ 函数决定 $\boldsymbol{Y}$，或 $\boldsymbol{Y}$ 函数依赖于 $\boldsymbol{X}$，记作 $X \to Y$，属性集 X 称为函数依赖的左边（Left-Hand Side），而 Y 则称为右边（Right-Hand Side）。

由定义可知，如果关系（或表）R 中的每个 X 值仅有一个 Y 值与它对应，则称 Y 函数依赖于 X。如果 R 上的一个约束说明在 R 的任一具体关系 r 中都没有两个或两个以上的具有给定的 X 值的元组，即 X 是 R 的候选键，那么对于 R 的任一属性子集 Y 均有 $X \to Y$。

函数依赖不是指关系模式 R 的某个或某些关系满足定义中的约束条件，而是指 R 的一切关系都要满足定义中的约束条件。关系模式中属性或属性组之间的函数依赖取决于属性的语义的理解，即这些属性如何相互关联。所以，函数依赖的主要作用是通过在其属性上指定总是必须保持的约束来进一步来描述关系模式 R。

对于表 5.1 所示的学生关系，从属性的语义可知应有下面的函数依赖：

（1）Snum→Sname，Snum→Ssex

（2）Snum→Dnum

（3）Dnum→Director

（4）Cnum→Cname

（5）{Snum，Cnum}→Score

这些函数依赖规定了以下的约束：

（1）学号（Snum）是唯一的，不同学生的学号必不同，学号的值唯一决定学生姓名（Sname）、性别（Ssex），即一旦知道了 Snum 的值，就可以知道与之对应的 Sname、Ssex 的唯一值；

（2）一个系有若干学生，学号（Snum）的值唯一决定学生所在的系（Dnum），即只要知道学号，就可以立刻获知 Dnum 的值；

（3）一个系只有一个系主任，系（Dnum）的值唯一决定系主任（Director），即一旦知道了 Dnum 的值，就可以知道与之对应的 Director 的唯一值；

（4）一门课程的课程号（Cnum）的值唯一决定课程名（Cname），即一旦知道了 Cnum 的值，就可以知道与之对应的 Cname 的唯一值；

（5）学号（Snum）和课程号（Cnum）的值的组合唯一决定该学生在该门课程的成绩（Score），即一旦知道了 Snum 和 Cnum 的值，就可以知道与之对应的 Score 的唯一值。

对于属性之间的三种关系，并不是每一种关系中都存在函数依赖。如果属性集 X、Y 之间是“1:1”关系，则存在函数依赖：

$$X \to Y$$
$$Y \to X$$

如果属性集 X、Y 之间是“M:1”关系，则存在函数依赖：

$$X \to Y$$

如果属性集 X、Y 之间是“M:N”关系，则 X、Y 之间不存在函数依赖。

例如，学号与身份证号之间是“1:1”关系，有

$$Snum \rightarrow IdNum$$

$$IdNum \rightarrow Snum$$

一个系对应多个学生，则学号与系之间是“M:1”关系，有

$$Snum \rightarrow Dnum$$

而在学生选修关系中，学号和课程号之间是“M:N”关系，因此学号和课程号之间不存在函数依赖。

下面介绍一些术语和记号：

若 $X \rightarrow Y$，且 $Y \rightarrow X$，则 X 与 Y 一一对应或相互依赖，记作 $\boldsymbol{X \leftrightarrow Y}$。

如果 $X \rightarrow Y$，但 $Y \not\subseteq X$，则称 $X \rightarrow Y$ 是非平凡函数依赖（Nontrivial Functional Dependence），否则称为平凡函数依赖（Trivial Functional Dependence）。按照函数依赖的定义，当 Y 是 X 的子集时，Y 自然是函数依赖于 X 的，这里“依赖”不反映任何新的语义。通常意义上的函数依赖一般都是指非平凡函数依赖。

若 $X \rightarrow Y$，则 X 称为这个函数依赖的属性组，也称为决定因素。

定义 5.2　在关系模式 R（U）中，X，Y 是 U 的子集，若 $X \rightarrow Y$，且不存在 $X' \subset X$，使 $X' \rightarrow Y$，则称 $X \rightarrow Y$ 是完全函数依赖（full functional dependency），记作

$$X \xrightarrow{F} Y$$

否则称 $X \rightarrow Y$ 是部分函数依赖（partial functional dependency），记作

$$X \xrightarrow{P} Y$$

例如，表 5.1 学生关系模式 S{Snum，Cnum} $\xrightarrow{F}$ Score，即某门课程的成绩是由学号和课程号两个属性的组合决定的。而单个属性不能决定 Score。

由于 Snum→Ssex，因此{Snum，Cnum} $\xrightarrow{P}$ Ssex，即性别属性只是部分函数依赖于主键{Snum，Cnum}。

定义 5.3　在关系模式 R（U）中，X，Y 是 U 的子集，若 $X \rightarrow Y$，$Y \rightarrow Z$，并且 X 不函数依赖于 Y，则称 Z 传递函数依赖于 X。

这里加上条件 X 不函数依赖于 Y 很重要，如果 $Y \rightarrow X$ 则 $X \leftrightarrow Y$，X 与 Y 一一对应，实际上处于等价地位，Z 就直接函数依赖于 X，而不是传递函数依赖于 X。

5.2.2　函数依赖的逻辑蕴涵

在 2.3 节中，关系模式形式化地表示为：R（U，D，dom，F），其中 R 是关系名，是符号化的元组语义；U 为组成关系的属性名的集合；D 为属性组 U 中属性所来自的域；dom 为属性和域之间的映像集合；F 为关系中属性间的依赖关系集合。这个关系模式可以简化为一个三元组：R（U，F）。

设计者典型地确定语义明显的函数依赖。通常只考虑给定的函数依赖集是不够的，还要考虑模式上成立的其他所有函数依赖。即从一些已知的函数依赖，去推导其他一些函数依赖也成立。

定义 5.4　设 F 是关系模式 R（U，F）的一个函数依赖集，X、Y 是 U 的子集，若对 R 的每个满足 F 的关系 r，$X \rightarrow Y$ 都成立，则称 F 逻辑蕴涵 $X \rightarrow Y$。记作

$$F \models X \rightarrow Y。$$

定义 5.4 表示函数依赖 $X\to Y$ 可由函数依赖集 F 推导出。

定义 5.5 被 F 逻辑蕴涵的函数依赖的全体构成的集合，称为函数依赖集 F 的闭包（closure），记作 F^+。即

$$F^+=\{X\to Y\mid F\models X\to Y\}$$

一般 $F\subseteq F^+$，若 $F=F^+$，则称 F 为函数依赖的完备集。在现实的例子中，实际上不可能指定函数依赖的完备集。

5.2.3 键

在前面章节已经从直观上定义了键的概念，这里用函数依赖的概念来确切的形式化定义键。实际上，函数依赖是键概念的推广。

定义 5.6 设有关系模式 R（U，F），F 是 R 的函数依赖集，X 是 U 的一个子集。若

（1）$X\to U\in F^+$；

（2）不存在 X 的真子集 Y，使得 $Y\to U$ 成立，且 $Y\to U\in F^+$。

则称 X 是 R 的一个候选键（candidate key）。若候选键多于一个，则选定其中的一个为主键（Primary Key），其他的候选键则称为辅键。

这里条件（1）表示键 X 可以决定 R 中的所有属性，条件（2）表示键 X 是具有这种性质的最小化的集合。

包含在任一候选键中的属性叫主属性（Prime Attribute），不包含在任一候选键中的属性叫非主属性（Nonprime Attribute）。

包含候选键的属性或属性组称为超键（Super Key），如学生选修关系 SC（Snum，Cnum，Score）中的（Snum，Cnum）和（Snum，Cnum，Score）、学生关系 S 中的（Snum，Sname）都是超键。

5.2.4 函数依赖的推理规则

为了从已知的函数依赖推导出其他的函数依赖，即确定函数依赖的逻辑蕴涵，需要一系列的推理规则。1974 年由 W. W. Armstrong 总结了各种推理规则，并把其中最主要、最基本的作为公理，这就是著名的 Armstrong 公理。该公理说明怎样从一已知的关系模式 R 所满足的一组函数依赖 F 中，求得其蕴含的函数依赖，即如何从已知的函数依赖 F 中导出其全部的函数依赖。

下面在讨论函数依赖时采用了一个缩写的记法，即为了方便，将属性变量连接在一起并且省略逗号。这样，函数依赖 $\{X, Y\}\to Z$ 被缩写为 $XY\to Z$，而函数依赖 $\{X, Y, Z\}\to\{U, V\}$ 则被缩写为 $XYZ\to UV$。设有关系模式 R（U，F），U 为属性全集，X、Y、Z 为 U 的子集，F 是 R 的函数依赖集。则对 R 有以下推理规则：

（1）A_1 自反律（Reflexivity）：若 $Y\subseteq X$，则 $X\to Y$。

（2）A_2 增广律（Augmentation）：若 $X\to Y$，则 $XZ\to YZ$。

（3）A_3 传递律（Transitivity）：若 $X\to Y$，$Y\to Z$，则 $X\to Z$。

定理 5.1 Armstrong 公理是正确的。

证明略。

A_1 自反律说明了属性集总是决定它自己或它的任何子集。因为 A_1 自反律生成了总是为真的依赖，所以这类依赖被称为平凡的。形式化地说，若 $X\to Y$，但 $Y\subseteq X$，则 $X\to Y$ 是平凡函数依赖（Trivial Functional Dependency），否则 $X\to Y$ 是非平凡函数依赖（Nontrivial Functional

Dependency）。平凡函数依赖在实际设计中是不使用的。

根据 Armstrong 公理的三条推理规则，可得到三个推论：

（1）合并规则（Union）：由 $X \to Y$，$X \to Z$，则 $X \to YZ$。

（2）分解规则（Decomposition）：由 $X \to YZ$，则 $X \to Y$，$X \to Z$。

（3）伪传递规则（Pseudo transitivity）：由 $X \to Y$，$YW \to Z$，则 $XW \to Z$。

定理 5.2 Armstrong 公理的三条推理规则是正确的。

证明略。

由合并规则和分解规则，可以得出一个重要的引理：

引理 5.1 设 A_i（$i=1，2，\cdots，n$）为关系模式 R 的属性，$X \to A_1A_2\cdots A_n$ 成立的充分必要条件是 $X \to A_i$（$i=1，2，\cdots，n$）均成立。

Armstrong 已经证明 Armstrong 公理是有效的、完备的。有效性的含义是，由 F 出发根据 Armstrong 公理推导出来的每一个函数依赖一定在 F 的闭包 F^+ 中；完备性指的是如果重复使用 Armstrong 公理来推导出其他函数依赖，直到不能推导出更多的函数依赖为止，则生成所有可以从 F 推导出的函数依赖的完备集。即 F^+ 中的每一个函数依赖，必定可以由 F 出发根据 Armstrong 公理推导出来。要证明完备性，首先要判断一个函数依赖是否属于由 F 根据 Armstrong 公理推导出来的函数依赖集。如果能求出这个集合，问题就解决了。但不幸的是，这是一个 NP 完全问题。比如从 $F=\{X \to A_1，\cdots，X \to A_n\}$ 中至少可以推导出 2^n 个不同的函数依赖。为此引入属性集的闭包的概念及相关的定理。

定义 5.7 设由关系模式 R（U，F），U 为属性全集即 $U=A_1A_2\cdots A_n$，X 为 U 的子集，F 是 U 上的一个函数依赖集，则所有基于 F 能推导出的由 X 函数决定的属性集合称为属性集 X 关于函数依赖集 F 的闭包，记作 X^+，即

$$X^+=\{A_i \mid X \to A_i \text{能由} F \text{根据 Armstrong 公理推导出}\}$$

由引理 5.1 容易得出引理 5.2。

引理 5.2 设 F 是关系模式 R（U，F）的函数依赖集，U 为属性全集即 $U=A_1A_2\cdots A_n$，X、Y 为 U 的子集，则 $X \to Y$ 能由 F 根据 Armstrong 公理导出的充分必要条件是 $Y \subseteq X^+$。

于是，判断 $X \to Y$ 能否由 F 根据 Armstrong 公理导出的 NP 完全问题就转化为求出 X^+，判定 Y 是否为 X^+ 的子集的问题。算法 5.1 可用于计算 X^+。

算法 5.1 求属性集 X（$X \subseteq U$）关于 U 上的函数依赖集 F 的闭包 X^+。

输入：U，F，X；

输出：X^+；

方法：按下列方法计算属性集序列 $X^{(0)}$，$X^{(1)}$，…，$X^{(i)}$，…。

（1）初始化：$X^{(0)}=X$；

（2）求属性集 $B=\{A \mid (\exists V)(\exists W)(V \to W \in F \wedge V \subseteq X^{(i)} \wedge A \in W)\}$

即属性集 B 中的属性 A 为这样的 W，在 F 中寻找函数依赖 $V \to W$，其中 V 是 $X^{(i)}$ 的子集 $V \subseteq X^{(i)}$，而 W 未在 $X^{(i)}$ 中出现过；

（3）$X^{(i+1)}=B \cup X^{(i)}$；

（4）判断是否有 $X^{(i+1)}=X^{(i)}$；

（5）若不等，则 $i=i+1$，转（2）；

（6）若相等，则 $X^{(i)}$ 就是 X^+，输出 X^+。

该算法是系统化寻找满足条件 $A\in X^{+}$ 的属性的方法。由于 U 和 X、F 都是有限集，计算是有限步骤的，除最后一次迭代外，每迭代一次，$|X^{(i)}|$ 的值至少加 1，由于 $|X^{(i)}|\leqslant|U|$，该算法最多迭代 $|U|-|X|+1$ 次。

【例 5.1】 已知关系模式 R（U，F），其中 U={ Snum，Sname，Ssex，Dnum，Director，Cnum，Cname，Score}，设 F={ Snum→Sname，Snum→Ssex，Snum→Dnum，Dnum→Director，Cnum→Cname，{Snum，Cnum}→Score }，计算{Snum，Cnum}$^{+}$。

解

令 $X^{(0)}$={Snum，Cnum}

在 F 中找出左边是{Snum，Cnum}的子集的函数依赖，有 Snum→Sname，Snum→Ssex，Snum→Dnum，Cnum→Cname，{Snum，Cnum}→Score；

$X^{(1)}$={Snum，Cnum} ∪ { Sname，Ssex，Dnum，Cname，Score}={ Snum，Sname，Ssex，Dnum，Cnum，Cname，Score}；

因为 $X^{(1)}\neq X^{(0)}$，继续在 F 中找出左边是{ Snum，Sname，Ssex，Dnum，Cnum，Cname，Score}的子集的函数依赖，有 Dnum→Director；

$X^{(2)}$={ Snum，Sname，Ssex，Dnum，Cnum，Cname，Score} ∪ {Director }={ Snum，Sname，Ssex，Dnum，Director，Cnum，Cname，Score}；

由于 $X^{(2)}=U$，已经包含了全部属性，所以不必再往下计算了。

结果为：{Snum，Cnum}$^{+}$={Snum，Sname，Ssex，Dnum，Director，Cnum，Cname，Score}。

根据算法可以得到{Snum}$^{+}$={Snum，Sname，Ssex，Dnum，Director}，{Cnum}$^{+}$={Cnum，Cname}，按照键的定义可知，{Snum，Cnum}为关系模式 R 的键。

5.2.5 函数依赖集的等价、覆盖和最小依赖集

定义 5.8 设 F 和 G 是关系模式 R（U）上的两个函数依赖集，如果 $F^{+}=G^{+}$，则称 F 和 G 等价，也可称 F 覆盖（Cover）G，或 G 覆盖 F。

引理 5.3 F 与 G 等价的充分必要条件是 $F\subseteq G^{+}$、$G\subseteq F^{+}$。

引理 5.3 提供了一个检查 F 和 G 是否等价的方法，即检查 $F\subseteq G^{+}$ 及 $G\subseteq F^{+}$ 是否成立。首先检查 $F\subseteq G^{+}$，即检查 F 中的每一个函数依赖 $X\to Y$ 是否在 G^{+} 中，方法是先计算属性 X 关于 G 的闭包 X^{+}，看 $Y\subseteq X^{+}$ 是否成立，若成立则说明这个函数依赖 $X\to Y$ 属于 G^{+}，继续检查其他所有函数依赖，若全部成立，则 $F\subseteq G^{+}$；只要有一个不成立，则 $F\not\subset G^{+}$，根据引理 5.3 可断定 F 和 G 不等价。同理可检查 $G\subseteq F^{+}$。

下面引入函数依赖的最小集的概念。

定义 5.9 如果函数依赖集 F 满足下列条件：

（1）F 中的每个函数依赖的右部只含有单个属性；

（2）对于 F 中的任一函数依赖 $X\to A$，$F-\{X\to A\}$ 与 F 不等价；

（3）对于 F 中的任一函数依赖 $X\to A$，（$F-\{X\to A\}$）$\cup\{Z\to A\}$ 与 F 不等价，其中 $Z\subset X$。

则称 F 为最小（minimal）依赖集或最小覆盖（minimal cover）。

在定义中条件（1）使每一个函数依赖的右边都是单属性，条件（2）使 F 中不存在多余的函数依赖，条件（3）使 F 中每一个函数依赖的左边没有多余的属性。

定理 5.3 任一函数依赖集 F 都等价于它的最小依赖集 $F_{\min}$。

证明：定理的证明过程实际上是构造最小依赖集的过程。根据最小依赖集的定义，构造

满足定义中的三个条件的覆盖即可。

（1）逐一检查函数依赖集 F 的各函数依赖 $X\rightarrow A$，如果 $A=A_1A_2\cdots A_k$，$k\geqslant 2$，利用分解规则，用$\{X\rightarrow A_j|j=1，2，\cdots，k\}$来取代 $X\rightarrow A$。

（2）检查 F 中的每一个函数依赖 $X\rightarrow A$，令 $G=F-\{X\rightarrow A\}$，若 $A\subseteq X_G^+$，即 F 与 G 等价，则从 F 中去掉 $X\rightarrow A$，即 G，G 中不存在多余的函数依赖，因此 G 满足定义 5.6 中的条件（2），当然也满足条件（1）。

（3）接下去使 G 中每一个函数依赖的左边没有多余的属性。检查 G 中的每一个函数依赖 $X\rightarrow A$，设 $X= B_1B_2\cdots B_m$，对 B_i（$i=1，2，\cdots，m$）逐一检查，若 $A\subseteq(X\text{-}B_i)_G^+$，即 G 与（$G-\{X\rightarrow A\}$）$\cup\{(X-B_i)\rightarrow A\}$等价，则令 $X'=X-B_i$，用 $X'\rightarrow A$ 取代 $X\rightarrow A$，即 $F_{min}=(G-\{X\rightarrow A\})\cup\{X'\rightarrow A\}$。显然 F_{min} 满足定义 5.6 中三个条件，因此 F_{min} 是可构造的。

要注意的是，由于构造中选择函数依赖的次序可以不同，最小依赖集不是唯一的。

【例 5.2】 设有一关系模式 R（$A，B，C，D，E$），函数依赖集 $F=\{AB\rightarrow C，C\rightarrow ABD，BC\rightarrow D，ACD\rightarrow B，D\rightarrow E，BE\rightarrow C\}$，求 F 的最小依赖集 F_{min}。

解　（1）首先用分解规则将 F 中所有的函数依赖的右部属性单一化。得 $F=\{AB\rightarrow C，C\rightarrow A，C\rightarrow B，C\rightarrow D，BC\rightarrow D，ACD\rightarrow B，D\rightarrow E，BE\rightarrow C\}$。

（2）去掉 F 中多余的依赖。具体做法是：从第一个函数依赖（假设为 $X\rightarrow Y$）开始，把它从 F 中去掉，求 X^+，若 X^+包含 Y，则 $X\rightarrow Y$ 是多余的，要去掉；若 X^+不包含 Y，则不能去掉 $X\rightarrow Y$。检查全部依赖后可得 G。显然 G 符合最小函数依赖集定义 5.6 的条件（2）。

这里，对于 $AB\rightarrow C$，由于（AB）$^+=AB$ 不包含了 C，所以不能去掉；同理 $C\rightarrow A$ 也不能去掉；而由于从 F 中去掉 $C\rightarrow B$ 后，$C^+=ABCDE$，包含了 B，所以 $C\rightarrow B$ 是多余的，从 F 中去掉；接下去 $C\rightarrow D$ 不能去掉，而且 $BC\rightarrow D$ 明显多余，从 F 中去掉；（ACD）$^+=ACDE$ 不包含 B，所以 $ACD\rightarrow B$ 不能去掉；接下去 $D\rightarrow E$、$BE\rightarrow C$ 也不能去掉，最后得 $G=\{AB\rightarrow C，C\rightarrow A，C\rightarrow D，ACD\rightarrow B，D\rightarrow E，BE\rightarrow C\}$。

要注意的是，对 $F1$ 中的函数依赖的处理的不同次序，可能得到不同的结果。该题也可有最小集 $G'=\{AB\rightarrow C，C\rightarrow A，C\rightarrow B，BC\rightarrow D，D\rightarrow E，BE\rightarrow C\}$或 $G''=\{AB\rightarrow C，C\rightarrow A，C\rightarrow B，C\rightarrow D，D\rightarrow E，BE\rightarrow C\}$。

（3）去掉 $F2$ 中的函数依赖左边的多余的属性。具体做法是：检查 F 中所有左边是非单属性的函数依赖，如 $XY\rightarrow A$，要判断 Y 是否为多余属性，只要在 F 中求 X^+，若 X^+包含 A，则 Y 是多余属性，否则 Y 不是多余属性。该题 G 中 $ACD\rightarrow B$ 的 A、D 属性多余，G'中 $BC\rightarrow D$ 的 B 属性多余，分别去掉后得到的函数依赖集和 G''一样，满足最小函数依赖集定义 5.6 的条件（3）。所以 $F_{min}=\{AB\rightarrow C，C\rightarrow A，C\rightarrow B，C\rightarrow D，D\rightarrow E，BE\rightarrow C\}$。

5.3　关系模式的规范化

在上一节可以看到，函数依赖可作为关系模式语义的信息来使用。假设对于每个关系给定一个函数依赖集，并且每个关系均有一个确定主键，这些信息及范式的条件形成了规范化过程，从而形式化说明什么样的关系模式是好的。

E. F. Codd 首先提出范式（Normal Forms，简称 NF）的概念及规范化的过程，他认为关系模式应满足的规范要求可分成 n 级，可以通过一系列的检验以证明一个关系模式是否满足某级范式。满足最低要求的叫第一范式（1NF），在 1NF 中满足进一步要求的叫第二范式（2NF），在 2NF 中能满足更高要求的，就属于第三范式（3NF）。1974 年 R. Boyce 和 E. F. Codd 共同提出了一个更强的范式 BCNF。所有这些范式都基于一个关系中各属性间的函数依赖。1976 年 Fagin 又提出了基于多值依赖的 4NF，后来又有人提出了基于连接依赖的第五范式（5NF）。4NF 将在后面的章节中再讨论。因为第五范式没有什么实际意义，本教材不详细讨论 5NF。

范式，可理解为关系的某一种级别，也可理解为符合某一种级别的关系模式的集合，R 为第几范式可写成 $R \in x\text{NF}$。范式的等级越高，满足的条件越严格，各种范式之间的联系有 $5\text{NF} \subset 4\text{NF} \subset \text{BCNF} \subset 3\text{NF} \subset 2\text{NF} \subset 1\text{NF}$。如果一个模式属于某个范式，则它具有某些可预知的特性。

5.3.1 关系模式的分解

规范化是将低一级范式的关系模式通过模式分解（Decompose）转换为若干个高一级范式的关系模式的集合的过程，以达到最小的冗余和最少的插入、删除、更新异常。即把只符合低级范式条件的关系模式 R 分解成多个关系模式 R_1、R_2，…，R_m，R_i（$i=1$，2，…，m）都满足高级范式条件。

定义 5.10 关系模式 R（U，F）的一个分解是指一关系模式的集合 $\rho=\{R_1(U_1, F_1), R_2(U_2, F_2), \cdots, R_n(U_n, F_n)\}$，其中 $U=\bigcup_{i=1}^{n} U_i$，并且没有 $U_i \subseteq U_j$，$1 \leqslant i, j \leqslant n$，$F_i$ 是 F 在 U_i 上的投影。

定义 5.11 F 在属性集 $U_i(\subseteq U)$ 上的投影 F_i 定义为函数依赖集合 $\{X \to Y | X \to Y \subseteq F^{+} \wedge XY \subseteq U_i\}$ 的一个覆盖。

定义 5.10 保证 R 的每一个属性都应该至少出现在分解中的一个关系模式 R_i 中，称为分解的属性保持（Attribute Preservation）条件，当然该定义也保证一个分解不引入新的属性。定义 5.11 是说一个分解不应引入新的函数依赖（但也许可以丢掉一些）。另外，在规范化过程中还有其他有用的分解性质：

无损连接性（Lossless Join Property），确保在分解之后不会发生生成伪元组的问题，反映了模式分解的数据等价原则。

依赖保持性（Dependency Preservation Property），确保每个函数依赖会在分解之后产生的一些单独的关系中出现。F 中的每个依赖都代表了数据库上的一个约束。如果一个依赖没能在分解的某个单独的关系中出现，就不能在处理一个单独的关系时执行这个约束。依赖保持性反映了模式分解的依赖等价原则。依赖等价保证了分解后的模式与原有的模式在数据语义上的一致性。

下面给出形式化定义及相关算法：

定义 5.12 设 $\rho=\{R_1, R_2, \cdots, R_n\}$ 是关系模式 R 的一个分解，F 是 R 的一个函数依赖集。若对于 R 的任一关系 r 都有

$$r=\pi_{R_1}(r) \bowtie \pi_{R_2}(r) \bowtie \cdots \bowtie \pi_{R_k}(r)$$

则称分解 ρ 具有无损连接性。简称 ρ 为无损分解。

定义 5.13 设 $\rho=\{R_1, R_2, \cdots, R_k\}$ 是 R 的一个分解，F 是 R 上的函数依赖集，若 $\bigcup_{i=1}^{k} \pi_{R_i}(F) |= F$，则称 ρ 具有依赖保持性。

算法 5.2　无损连接性的检验。

输入：关系模式 R（A_1，A_2，…，A_n）；

R 上的函数依赖集 F；

R 上的分解 $\rho=\{R_1, R_2, \cdots, R_k\}$。

输出：确定 ρ 是否具有无损连接性。

方法：（1）构造一个 k 行 n 列的表 M，第 i 行对应于 ρ 中的一个关系模式 R_i，第 j 列对应于 R 的一个属性 A_j。表中元素 $M[i, j]$ 的取值为：如果 $A_j \in R_i$，则在第 i 行第 j 列上放符号 a_j，否则放符号 b_{ij}。即

$$M[i,j]=\begin{cases} a_j & 若A_j \in R_i \\ b_{ij} & 若A_j \notin R_i \end{cases}$$

（2）逐个地检查 F 中的每一个函数依赖，并修改表中元素。其方法为：取得 F 中一函数依赖 $X \to Y$，在 X 的分量中寻找相同的行，然后将这些行中 Y 的分量改为相同的符号。如果其中有 a_j，则将 b_{ij} 改为 a_j；若其中无 a_j，则改为 b_{ij}。

（3）这样反复进行，如果发现某一行变成了 a_1，a_2，…，a_n，则分解 ρ 具有无损连接性；如果检验完 F 中的所有依赖也没有发现这样的行，则分解 ρ 不具有无损连接性。

【例 5.3】　有关系模式 R（A，B，C，D，E，G，H，I），有函数依赖 $F=\{AB \to C, A \to DE, B \to GH, D \to I\}$，$\rho=\{R_1(ABC), R_2(ADE), R_3(BGH), R_4(DI)\}$ 是 R 的一个分解。试检验分解 ρ 是否具有无损连接性。

解　（1）首先构造初始表 M，见表 5.5。

（2）按函数依赖集 F 中的函数依赖的次序，反复检查和修改 M。

对 $AB \to C$，因各元组的第 1、2 列没有相同的分量，所以表不改变；

对 $A \to DE$，可使 b_{14} 改成 a_4，b_{15} 改成 a_5；

对 $B \to GH$，可使 b_{16} 改成 a_6，b_{17} 改成 a_7；

对 $D \to I$，可使 b_{18}，b_{28} 改成 a_8；

此时表 M 见表 5.6，其中第一行已是全 a，因此 ρ 是无损分解。

表 5.5　**构造的初始表 M**

函数依赖 \ 关系模式	A	B	C	D	E	G	H	I
ABC	a_1	a_2	a_3	b_{14}	b_{15}	b_{16}	b_{17}	b_{18}
ADE	a_1	b_{22}	b_{23}	a_4	a_5	b_{26}	b_{27}	b_{28}
BGH	b_{31}	a_2	b_{33}	b_{34}	b_{35}	a_6	a_7	b_{38}
DI	b_{41}	b_{42}	b_{43}	a_4	b_{45}	b_{46}	b_{47}	a_8

表 5.6　**修改后的表 M**

函数依赖 \ 关系模式	A	B	C	D	E	G	H	I
ABC	a_1	a_2	a_3	a_4	a_5	a_6	a_7	a_8
ADE	a_1	b_{22}	b_{23}	a_4	a_5	b_{26}	b_{27}	a_8
BGH	b_{31}	a_2	b_{33}	b_{34}	b_{35}	a_6	a_7	b_{38}
DI	b_{41}	b_{42}	b_{43}	a_4	b_{45}	b_{46}	b_{47}	a_8

如果一个关系模式只分解为两个关系模式，则可用下面简单的测试定理。

定理 5.4 设$\rho=\{R_1, R_2\}$是R的一个分解，F是R上的函数依赖集，ρ为无损分解的充分必要条件是（$R_1 \cap R_2$）→（R_1-R_2）或（$R_1 \cap R_2$）→（R_2-R_1）。

证明从略。

无损连接性非常关键，必须不惜任何代价确保；依赖保持性尽管需要，有时却可以舍弃。保证这两个性质的形式化的技术将在以后章节中介绍。

如果范式所基于的约束，难于被数据库设计者和用户理解、觉察，那么其实际效用就有问题了。因此，在现代工业实践中，数据库设计通常规范化到 BCNF 或 4NF。

另外，数据库设计者并不需要规范化到可能达到的最高范式。为了性能的原因，关系模式可能要保持在一个较低的规范化状态。

5.3.2 第一范式和第二范式

定义 5.14 对于关系模式R的任一关系r，若其每一属性值都是单个的原子的（Atomic）或不可再分的值（Indivisible Value），则称R为第一范式（First Normal Form）或规范化关系，记作$R \in$ **1NF**。不满足 1NF 的关系称为非规范化关系。

例如，一个学生表S和一个学生选修表SC，见表 5.7、表 5.8，它们都不满足第一范式条件，都是一种非规范化关系。

表 5.7 学 生 表 *S*

学 号	姓名	家 庭 地 址			
		省	市	街道及号码	邮编
0903330001	张山	浙江	杭州	学院路 288	310008
0903330005	王劲松	浙江	杭州	学源街 39	310018

表 5.8 选 修 表 *SC*

姓 名	课程名	成绩	姓 名	课程名	成绩
张山	C 语言程序设计 自动控制原理 数据结构	53 89 65	王劲松	数据库系统原理 计算机组成原理	92 76

2.1 节提出关系中每一个分量都必须是不可分的数据项，实际上就是要求关系模式满足第一范式要求。关系模型的最基本要求是必须满足第一范式，凡是非规范化关系必须转化为规范化关系，方法是去掉组项和重复项。在对表 5.5、表 5.7 规范化后，可得满足 1NF 的关系，见表 5.9、表 5.10。

表 5.9 属于第一范式的“学生家庭住址”关系

学 号	姓名	省	市	街道及号码	邮编
0903330001	张山	浙江	杭州	学院路 288	310008
0903330005	王劲松	浙江	杭州	学源街 39	310018

表 5.10　属于第一范式的"选修"关系

姓名	课程名	成绩	姓名	课程名	成绩
张山	C 语言程序设计	53	王劲松	数据库系统原理	92
张山	自动控制原理	89	王劲松	计算机组成原理	76
张山	数据结构	65			

要注意的是，1NF 是最基本的一级模式，任何关系都应遵守。但对象关系系统（ORDBMS）允许非规范化的关系。

定义 5.15　若关系模式 R 属于第一范式，且每一个非主属性完全函数依赖于键，则称 R 属于第二范式（Second Normal Form），记作 $R\in$2NF。

也就是说，对于 2NF，关系模式 R 中的非主属性不能有部分依赖于键。

对 2NF 的检验包括检验函数依赖左边属性是否是键的一部分。如果键只包含一个单个属性，则不需要应用该检验。

例如，5.1 节中的表 5.1 所示关系模式 S（Snum，Sname，Dnum，Director，Ssex，Cnum，Cname，Score），其函数依赖集 F＝{Snum→Sname，Snum→Dnum，Snum→Ssex，Dnum→Director，Cnum→Cname，{Snum，Cnum}→Score}，这里的键是{Snum,Cnum}，Snum，Cnum 是主属性，其余属性为非主属性。虽然存在属性成绩 Score 完全函数依赖于键{Snum,Cnum} $\xrightarrow{F}$ Score，但由于存在非主属性部分函数依赖于键，如{Snum,Cnum} $\xrightarrow{P}$ Ssex，根据定义 5.15，关系模式 S 不属于第二范式。即 $S\notin$2NF，但 $S\in$1NF。

这样的关系模式在数据库操作时会产生四大问题：存储冗余、插入异常、删除异常和更新异常。这些异常问题是由于非主属性对键的不完全函数依赖所引起的，解决的方法是将部分函数依赖的属性单独组成新的关系模式，使之满足第二范式。

【例 5.4】　分解 5.1 节中的关系模式 S，使其满足 2NF 的要求。

解　把 S 分解成三个模式 S、C 和 SC，即

```
S(Snum,Sname,Ssex,Dnum,Director)
C(Cnum,Cname)
SC(Snum,Cnum,Score)
```

这样，这三个关系模式中的非主属性对键都是完全函数依赖。因此，$S\in$2NF，$C\in$2NF，$SC\in$2NF。

5.3.3　第三范式

满足 2NF 的关系模式，在某些情况下仍然存在存储冗余、更新异常等问题。例如学生关系 S(Snum，Sname，Ssex，Dnum，Director)，F＝{Snum→Sname，Snum→Ssex，Snum→Dnum，Snum→Director }，这里 Snum 是键。但是，由于一个系只有一个系主任，当系名 Dnum 确定后，系主任 Director 也就确定了，也就是说 Dnum→Director。由于 Snum→Dnum，因此 Snum→Director 可以从 Dnum→Director 用 Armstrong 公理中的传递律导出，即存在传递依赖。该模式中存在存储冗余的问题，如该系有 1000 名学生，则系主任名就要重复 1000 次，同样也存在插入异常、修改异常等问题。因此，必须要有更高要求的范式。

定义 5.16　若关系模式 R 中，不存在这样的键 X、属性组 Y、及非主属性 Z（$Z\not\subset Y$），使得 $X\rightarrow Y$、$Y\nrightarrow X$、$Y\rightarrow Z$ 成立，则称 R 属于第三范式（Third Normal Form），记作 $R\in$3NF。

从定义可知，R 中的所有的非主属性对键不存在传递依赖。那么满足 3NF 是否一定满足 2NF 呢？答案是肯定的，因为部分依赖必然是传递依赖，所以若一关系模式 R 不存在传递依赖，则必不存在部分依赖，即若 $R\in$3NF$\Rightarrow R\in$2NF。

3NF 还可以有如下等价的定义。

定义 5.17 若关系模式 R 中的每个非平凡的函数依赖 $X\rightarrow Y$，都有 X 是键或 Y 是主属性，则称 $R\in$3NF。

部分依赖和传递依赖是产生异常的两个主要原因。在 3NF 中不存在非主属性对键的部分依赖和传递依赖，因此消除了很大一部分异常问题，具有较好的性能。但是 3NF 并没有排除主属性对键的传递依赖，所以仍有可能产生存储异常问题。

【例 5.5】 分解学生关系 S（Snum，Sname，Ssex，Dnum，Director），使其满足 3NF 的要求。

解 把关系模式 S（Snum，Sname，Ssex，Dnum，Director）分解为：

```
S(Snum,Sname,Ssex,Dnum)
D(Dnum,Director)
```

由于分解后消除了原关系模式 S 中的传递依赖，因此 S 和 D 都属于 3NF，这样存储冗余等问题就得到了解决。

任何一个关系模式都可以分解成 3NF，同时满足无损连接性和依赖保持性。下面介绍两个 3NF 的分解算法。

算法 5.3 求关系模式的 3NF 分解，并且具有依赖保持性。

输入：关系模式 R 及 R 上的函数依赖 F；

输出：R 的一个具有依赖保持性的分解 $\rho=\{R_1, R_2, \cdots, R_k\}$，每个关系子模式 R_i 都属于 3NF。

方法：

（1）计算 F 的最小依赖集 $F_{\min}$，并用 $F_{\min}$ 替代 F；

（2）若 F 中有一依赖包含了 R 中的全部属性，则输出整个 R，即 $\rho=\{R\}$，转（5）；

（3）找出 R 的不在 F 中出现的属性，把这些属性单独组成一个关系模式，并从 R 中分离出来；

（4）对于 F 中的每一个函数依赖 $X\rightarrow A$，将 XA 作为 ρ 的一个关系子模式输出，但是如果 F 中有函数依赖 $X\rightarrow A_1$、$X\rightarrow A_2$、…、$X\rightarrow A_n$，则将 $XA_1\cdots A_n$ 输出；

（5）停止分解，输出 ρ。

在简单情况下，该算法只要用 $F_{\min}$ 中的所有的函数依赖的左右两边的属性组成各个关系子模式即可。

算法 5.4 求关系模式的 3NF 分解，同时具有无损连接性和依赖保持性。

输入：关系模式 R 及 R 上的函数依赖 F；

输出：R 的一个同时具有无损连接性和依赖保持性的分解σ，σ中的每个关系子模式都属于 3NF。

方法：

（1）用算法 5.3 求出 R 的一个具有依赖保持性的 3NF 的分解 $\rho=\{R_1, R_2, \cdots, R_k\}$；

（2）设 X 是 R 的一个键，则$\sigma=\rho\cup\{X\}=\{R_1, R_2, \cdots, R_k, X\}$。$\sigma$是 3NF 分解且具有无

损连接性和依赖保持性。

【例 5.6】 设有关系模式 R（A，B，C，D），R 上的函数依赖集 F 为

$$F=\begin{pmatrix} A\to C & C\to A & B\to AC \\ D\to AC & BD\to A & \end{pmatrix}$$

求 R 的同时具有无损连接性和依赖保持性 3NF 分解。

解 首先求出 F 的最小依赖集 $F_{\min}$，即

$$F_{\min}=\begin{pmatrix} A\to C & B\to C \\ C\to A & D\to C \end{pmatrix}$$

根据算法 5.3，得 $\rho=\{AC, BC, CA, DC\}$，由于 R 的键是 BD，所以根据算法 5.4 可得，$\sigma=\rho\cup\{BD\}=\{AC, BC, CA, DC, BD\}$，由于 $CA=AC$，因此 $\sigma=\{AC, BC, DC, BD\}$，$\sigma$ 是 R 的同时具有无损连接性和依赖保持性的 3NF 分解。

【例 5.7】 现有一个未规范化的表见表 5.11，包含了项目、部件和部件向项目已提供的数量信息。请采用规范化方法，将该表规范化到 3NF 要求。

表 5.11　　未 规 范 化 的 表

部件号	部件名	现有数量	项目代号	项目内容	项目负责人	已提供数量
205	CAM	30	12	AAA	01	10
			20	BBB	02	15
210	COG	155	12	AAA	01	30
			25	CCC	11	25
			30	DDD	12	15
…						

解 首先，要将非规范化的表，变成规范化的表格见表 5.12。

表 5.12　　规 范 化 的 表 格

部件号	部件名	现有数量	项目代号	项目内容	项目负责人	已提供数量
205	CAM	30	12	AAA	01	10
205	CAM	30	20	BBB	02	15
210	COG	155	12	AAA	01	30
210	COG	155	25	CCC	11	25
210	COG	155	30	DDD	12	15
…						

其次，分析原表存在的函数依赖关系为：

部件号→部件名，部件号→现有数量；

项目代号→项目内容，项目代号→项目负责人；

（项目代号，部件号）→已提供数量；

候选键为（项目代号，部件号）。

再次，分析存在部分函数依赖如下：

（项目代号，部件号）$\xrightarrow{p}$部件名，（项目代号，部件号）$\xrightarrow{p}$现有数量；

（项目代号，部件号）$\xrightarrow{p}$项目内容，（项目代号，部件号）$\xrightarrow{p}$项目负责人。

最后，消除部分函数依赖，分解得到以下的三个关系模式：

部件（部件号，部件名，现有数量）

项目（项目代号，项目内容，项目负责人）

提供（项目代号，部件号，已提供数量）

该关系达到 2NF。由于不存在传递函数依赖，也达到 3NF。

5.3.4 Boyce-Codd 范式

Boyce-Codd 范式（Boyce-Codd Normal Form）是由 Boyce 和 Codd 提出的第三范式的改进形式。3NF 不存在部分函数依赖和传递依赖，从而消除了大部分存储异常问题，但 3NF 中允许主属性对键的传递依赖，因此仍有可能存在异常。BCNF 是对 3NF 的改进或修正。

定义 5.18 设有关系模式 $R \in 1NF$，F 是 R 的函数依赖集，若 F 中的每个非平凡函数依赖 $X \to Y$（$Y \not\subset X$），X 都含有键，则称 R 属于 Boyce-Codd 范式，记作 $R \in BCNF$。

也就是说，关系模式 R 中的每一个决定因素都包含键。

由 BCNF 的定义可知：

（1）非主属性对每一个键都是完全函数依赖；

（2）主属性对每一个不包含它的键也是完全函数依赖；

（3）没有任何属性完全函数依赖于非键的任何一组属性。

BCNF 比 3NF 条件要强一些，一个关系模式属于 BCNF，则必定属于 3NF，也就是说 BCNF 是 3NF 的特例。

下面举一个 3NF 但不是 BCNF 的关系模式的例子，说明两者的不同。

【例 5.8】 设有关系模式 Addr（S,C,Z），其中 S 表示街道名，C 表示城市名，Z 表示邮政编码。根据语义，Addr 的函数依赖集 $F=\{(C, S) \to Z, Z \to C\}$ 如图 5.1 所示，（C，S）是主键。

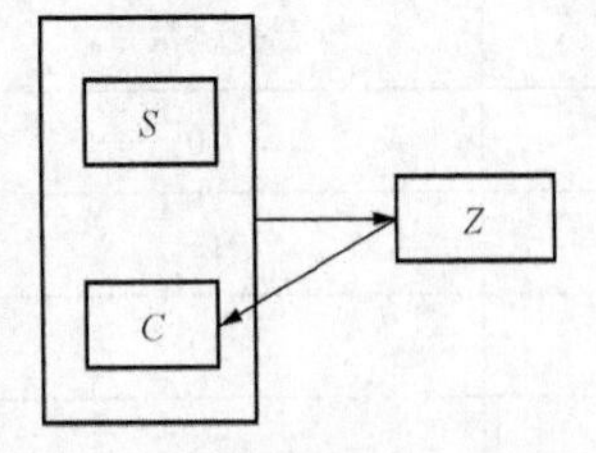

图 5.1 关系模式 Addr（S, C, Z）

解 Addr 属于 3NF，因为没有任何非主属性对键存在部分依赖或传递依赖，即 Addr∈3NF。但是 Addr 不属于 BCNF，因为存在非平凡函数依赖 $Z \to C$，而 Z 不包含键。该关系模式存在着异常问题，比如要插入一个城市的邮政编码，但不知道具体的街道，该关系模式就不允许这样的操作，因为缺少键$\{C, S\}$中的 S。若要消除异常，则必须转化为 BCNF，把 Addr 分解成 ZC（Z，C）和 SZ（S，Z）两个关系模式，即把 Z 和 C 分开。这样的分解是无损的，但不保持依赖。

一般属于 3NF 但不属于 BCNF 的关系模式不是很多，即使出现往往也不严重，例如上例的 Addr（S，C，Z）还是一个合理的关系模式，因为 ZC（Z，C）在实际的应用中不是很必要。

任一关系模式都可以分解成 BCNF，并且可以具有无损连接性，但不一定具有依赖保持性。下面介绍几个定理及规范化为 BCNF 的分解算法。

定理 5.5　设 F 是关系模式 R 的函数依赖集，$\rho=\{R_1, R_2, \cdots, R_k\}$是 R 的一个无损分解，若 $F_i=\pi_{R_i}(F)$ 是 F 在 R_i 上的投影，$\sigma=\{S_1, S_2, \cdots, S_m\}$是 R_i 关于 F_i 的一个无损分解，则 $\tau=\{R_1, \cdots, R_{i-1}, S_1, \cdots, S_m, R_{i+1}, \cdots, R_k\}$是 R 的一个无损分解。

证明从略。

定理 5.6　设 F 是关系模式 R 的函数依赖集，$\rho=\{R_1, R_2, \cdots, R_k\}$是 R 的一个无损分解，则$\eta=\{R_1, \cdots, R_k, R_{k+1}, \cdots, R_n\}$也是 R 的一个无损分解。

证明从略。

算法 5.5　求关系模式的 BCNF 分解，并且具有无损连接性。

输入：关系模式 R 及 R 上的函数依赖 F；

输出：R 的一个无损分解 $\rho=\{R_1, R_2, \cdots, R_k\}$，每个关系子模式 R_i 都属于 BCNF；

方法：（1）初始化 $\rho=\{R\}$。

（2）如果 ρ 中所有关系模式都已为 BCNF，则转（4）；否则在 ρ 中找出非 BCNF 的关系模式 S，根据 BCNF 的定义 5.18，S 中必有非平凡函数依赖 $X\rightarrow A$，其中 X 不包含键，将 S 分解成 S_1（XA）和 S_2（U_S-A），其中 U_S 为 S 的属性集。由于 $XA\cap(U_S-A)=X$，$XA-(U_S-A)=A$，而 $X\rightarrow A$ 成立，即 $XA\cap(U_S-A)\rightarrow XA-(U_S-A)$，根据定理 5.4，$S$ 可无损分解成 S_1 和 S_2。

（3）令 $S=\{S_1, S_2\}$，其中 $S_1=XA$，$S_2=U_S-A$。用 S_1、S_2 代替 ρ 中的 S，转（2）。由于 ρ 开始时只有 R，以后每次分解都是无损分解，根据定理 5.5，ρ 始终都是无损分解。

（4）停止分解，输出 ρ。

【例 5.9】 试用算法 5.5 把 5.1 中的例子学生关系模式 S（Snum，Sname，Dnum，Director，Ssex，Cnum，Cname，Score）分解为 BCNF，其函数依赖集 F={Snum→Sname，Snum→Dnum，Snum→Ssex，Dnum→Director，Cnum→Cname，{Snum，Cnum}→Score}。

解

初始化 $\rho=\{S\}$；

S 的键是{Snum，Cnum}，因此 Snum、Cnum 和 Dnum 不是超键。首先从 S 中分出 D(Dnum，Director)，得 ρ={S1(Snum，Sname，Dnum，Ssex，Cnum，Cname，Score)，D(Dnum，Director)}；

然后，从 S1 中分出 C（Cnum，Cname），得 ρ={S2（Snum，Cnum，Sname，Dnum，Ssex，Score），C（Cnum，Cname），D（Dnum，Director）}；

再从 S2 中分出 S（Snum，Sname，Dnum，Ssex），得 ρ={SC（Snum，Cnum，Score），S（Snum，Sname，Dnum，Ssex），C（Cnum，Cname），D（Dnum，Director）}。SC、S、C 和 D 都属于 BCNF，并且具有无损连接性。ρ 也具有依赖保持性。

要注意的是，虽然本例中的分解 ρ 既是无损分解，又具有依赖保持性，但是算法 5.5 只能保证分解的无损连接性，不能保证分解的依赖保持性。由于分解的结果与选择的分解次序有关，分解的结果不是唯一的。因此，不是所有达到 BCNF 的分解都是理想的。在本例中，如果先分解（Snum，Dnum），虽然分解是无损的，但 Dnum→Director 就得不到保持。

5.4 多值依赖与第四范式

5.4.1 多值依赖

关系的属性之间，除了函数依赖外，还有其他一些依赖关系，多值依赖（Multivalued Dependency）是其中之一。在函数依赖 $X\to Y$ 中，给定 X 值，Y 值也就被唯一地确定了。而在多值依赖中，对于给定的 X 值，对应一组 Y 值（其个数可以从零个到多个），而且与其他属性无关，称为 X 多值决定 Y，记作 $X\to\to Y$。

【例 5.10】 如表 5.13 所示，关系模式 TEACH（Cnum，Tnum，Bnum），一门课程由多个教员担任，一门课程使用相同的一套参考书。试分析依赖关系。

解 如课程 C1 由 I1、I2 两个老师来担任教学任务。若在 C1 的元组中，Bnum 和 Cnum 不变，把教师 I1 改成 I2 或把 I2 改成 I1，所得元组仍在原关系中。即对于 Cnum 的每一个值 C_i，Bnum 有一个完整的集合与之对应，而不论 Tnum 取何值。因此该模式中有多值依赖 Cnum→→Bnum。

表 5.13 多值依赖例子

Cnum	Tnum	Bnum	Cnum	Tnum	Bnum
C1	I1	B1	C1	I2	B2
C1	I1	B2	C3	I3	B2
C1	I2	B1			

在该例中，如果每门课程只能有一本参考书，这时多值依赖的条件仍然满足，只是 Cnum→→Bnum 蜕化为 Cnum→Bnum。可以看出，函数依赖是多值依赖的一个特例。

两个独立的 1:N 联系 A:B 和 A:C 混合在相同的关系中，就可能出现多值依赖的情况。

定义 5.19 设有关系模式 R（U），X、Y 为 U 的子集，$Z=U-XY$，r 是 R 的任一关系，如果 r 中存在两个元组 t_1、t_2 满足 $t_1[X]=t_2[X]$，则 r 中必然存在两个元组 t_3、t_4，使得

（1）$t_3[X]=t_4[X]=t_1[X]=t_2[X]$

（2）$t_3[Y]=t_1[Y]$且 $t_4[Y]=t_2[Y]$

（3）$t_3[Z]=t_2[Z]$且 $t_4[Z]=t_1[Z]$

则称 $X\to\to Y$ 是多值依赖（MultiValued Dependency，MVD），X 多值决定 Y。如果 Y 为 X 的子集或者 Z 为空，则称 $X\to\to Y$ 是平凡的多值依赖（Trivial MVD），否则 $X\to\to Y$ 是非平凡的多值依赖（Nontrivial MVD）。

定义说明给定一个特定的 X 值，那么 Y 的值集就完全由 X 确定，而不依赖于 R 中剩余属性 Z 的值。因此，只要存在两个元组具有不同的 Y 值，但却有相同的 X 值。那么在相同的 X 值下，这些 Y 的值就必须与 Z 的每个不同值在不同的元组中重复出现。

平凡多值依赖在 R 的任何关系状态中总是成立，不能说明 R 上任何重要的或有意义的约束，所以称为“平凡的”。

与函数依赖一样，多值依赖也有一组公理，可以从已知的多值依赖推出未知的多值依赖。

定理 5.7 多值依赖公理

A4：多值依赖对称律

若 $X\rightarrow\rightarrow Y$，则 $X\rightarrow\rightarrow(U\text{-}X\text{-}Y)$。

A5：多值依赖扩展律

若 $X\rightarrow\rightarrow Y$，$V\subseteq W$，则 $WX\rightarrow\rightarrow VY$。

A6：多值依赖传递律

若 $X\rightarrow\rightarrow Y$，$Y\rightarrow\rightarrow Z$，则 $X\rightarrow\rightarrow(Z-Y)$。

下面两个公理与函数依赖和多值依赖都有关。

A7：函数依赖到多值依赖的替代律

若 $X\rightarrow Y$，则 $X\rightarrow\rightarrow Y$。

A8：函数依赖和多值依赖的聚集律

若 $X\rightarrow\rightarrow Y$，$Z\subseteq Y$，$Y\cap W=\varnothing$，$W\rightarrow Z$，则 $X\rightarrow Z$。

由上述公理可以推导出以下几个多值依赖的推理规则：

（1）多值依赖合成规则

若 $X\rightarrow\rightarrow Y$，$X\rightarrow\rightarrow Z$，则 $X\rightarrow\rightarrow YZ$。

（2）多值依赖伪传递规则

若 $X\rightarrow\rightarrow Y$，$WY\rightarrow\rightarrow Z$，则 $WX\rightarrow\rightarrow(Z-WY)$。

（3）混合伪传递规则

若 $X\rightarrow\rightarrow Y$，$XY\rightarrow\rightarrow Z$，则 $X\rightarrow\rightarrow(Z-Y)$。

这些公理及规则的证明从略。

如果在关系 R 上存在一个非平凡多值依赖，就可能冗余地重复存储一些值。表 5.13 所示的 TEACH 关系中，对某门课的每本参考书，有多少个教师，就要重复多少遍。所以要定义一种比 BCNF 更严格的范式来对有非平凡多值依赖的关系模式进行规范化。

5.4.2　第四范式

第四范式（4NF）是 BCNF 的推广，适用于具有多值依赖的关系模式。

定义 5.20　设有关系模式 R，D 是 R 上的依赖集。若对于 R 的每一个非平凡的多值依赖 $X\rightarrow\rightarrow Y$，$X$ 都是 R 的超键，则称 R 属于第四范式（Fourth Normal Form，4NF），记作 $R\in$4NF。

如果一个关系模式属于 4NF，则必为 BCNF，反之则不然。

【例 5.11】　在［例 5.10］中的关系模式 TEACH（Cnum，Tnum，Bnum），一门课程由多个教员担任，一门课程使用相同的一套参考书。试判断 TEACH 属于第几范式。

解　由于关系模式 TEACH 的键是（Cnum，Tnum，Bnum），没有非平凡的函数依赖，因此 TEACH 属于 BCNF。［例 5.10］已知 TEACH 存在非平凡的多值依赖 Cnum→→Bnum，因为 Cnum 不是超键，所以 TEACH 不属于 4NF。

把 TEACH 分解成 CI（Cnum，Tnum）和 CB（Cnum，Bnum）以后，CI 和 CB 中的多值依赖 Cnum→→Bnum 等都是平凡多值依赖，所以 CI 和 CB 都属于 4NF。

分解前，对某门课的每本参考书，有多少个教师，就要重复多少遍，而分解成 4NF 后就节省了大量的存储空间，而且避免了由多值依赖引起的更新异常。例如：如果 C1 课程安排新教师 I2，C1 有多少本参考书，就必须在 TEACH 中插入多少条元组。如果忘记了插入它们中的任何一个，这个关系就会违背多值依赖，并且变得不一致，以至于不能表达课程与参考书之间的联系。而分解成 4NF 后，只需要在 CI 中插入一个元组。

算法 5.6 求关系模式的 4NF 分解，并且具有无损连接性。

输入：关系模式 R 及 R 上的函数依赖 D；

输出：R 的一个无损分解 $\rho=\{R_1, R_2, \cdots, R_k\}$，每个关系子模式 R_i 都属于 4NF。

方法：

（1）初始化 $\rho=\{R\}$；

（2）若 ρ 中的所有关系模式都属于 4NF，则转（4）；

（3）找出 ρ 中的非 4NF 的关系模式 S，在 S 中必有一个多值依赖 $X\rightarrow\rightarrow Y$，其中 X 不含 S 的键，$Y-X\neq\varnothing$，$XY\neq S$。令 $Z=Y-X$，因此 $X\rightarrow\rightarrow Z$，令 $S_1=XZ$，$S_2=S-Z$，以 S_1、S_2 代替 S，由于（$S_1\cap S_2$）$\rightarrow\rightarrow$（S_1-S_2），因此分解具有无损连接性，转（2）；

（4）停止分解，输出 ρ。

小　　结

本章直观地讨论了关系数据库设计中的一些基本缺陷，非形式化地给出了一些衡量一个关系模式好坏的标准，并为一个好的设计提供了四条非形式化的规则。为了形式化解决这些缺陷，提出了函数依赖的概念，并讨论了它的一些性质。函数依赖是有关关系模式属性的语义信息的基本来源，是通过对应用的具体分析得到的。随后说明了如何借助一组推理规则，从一个给定的函数依赖集推导出其他的依赖。然后定义了依赖集的闭包和最小覆盖的概念，以及如何判断两个函数依赖集是否等价。

本章在上述基础上描述了 1NF、2NF、3NF、BCNF 和 4NF 等范式，以及获得好的设计的规范化过程。在讨论分解的两个重要性质（无损连接性和依赖保持性）基础上介绍了一些规范化为 3NF 或 BCNF 的算法。

规范化理论为数据库设计提供了理论的指南和工具，但不是规范化程度越高，模式就越好，应该结合应用环境和现实世界的具体情况合理地选择数据库模式。

习　　题

一、解释下列术语

函数依赖、部分函数依赖、传递函数依赖、超键、多值依赖。

二、单项选择

1．在关系模式 R（U，F）中，如果 F 是最小函数依赖集，则（　　）。

A．至少有 $R\in$2NF

B．至少有 $R\in$3NF

C．至少有 $R\in$BCNF

D．R 的规范化程度与 F 是否最小函数依赖集无关

2．设一关系模式为 R（A，B，C，D，E）及函数依赖 $F=\{A\rightarrow B, B\rightarrow E, E\rightarrow A, D\rightarrow E\}$，则关系模式的 R 候选键是（　　）。

A．AD　　B．CD　　C．EB　　D．EC

3．下列有关范式的叙述中正确的是（　　）。

A．如果关系模式 R∈1NF，且 R 中主属性完全函数依赖于主键，则 R 属于 2NF

B．如果关系模式 R∈3NF，X，Y∈U，若 X→Y，则 R 属于 BCNF

C．如关系模式 R∈BCNF，若 X→→Y（Y∈X）是平凡的多值依赖，则 R 属于 4NF

D．一个关系模式如果属于 4NF，则一定属于 BCNF；反之不成立

4．消除多值依赖所引起的冗余是属于（　　）。

A．2NF　　B．3NF　　C．4NF　　D．BCNF

5．函数依赖是（　　）。

A．两个属性集之间的多对一的联系　　B．两个属性集之间的多对多的联系

C．以上都不是　　D．以上都是

三、填空

1．关系模式的操作异常往往是由___________引起的。

2．函数依赖 X→Y 能从推理规则导出的充分必要条件是___________。

3．在关系 A（S，SN，D）和 B（D，CN，NM）中，A 的主键是 S，B 的主键是 D，则 D 在 A 中称为________。

4．若关系为 1NF，且它的每一非主属性都___________候选键，则该关系为 2NF。

5．关系规范化的目的是____。

四、简答

1．设关系模式 R（A，B，C）上有一多值依赖 A→→B，已知 R 的当前关系存在三个元组，如下图所示，试问该关系中至少还应存在哪些元组才能满足多值依赖的要求？

A	B	C
a1	b1	c1
a1	b2	c2
a1	b3	c3

R 的当前关系

2．设有关系模式 R（A，B，C，D，E），有函数依赖集 F={A→B，AB→D，E→AD，E→C} 和 G={A→BD，E→AC}，判断 F 和 G 是否等价。

3．设有一关系模式 R（A，B，C，D），其函数依赖集 F={A→BC，B→C，AB→C，AC→D}，求 F 的最小依赖集 F_{min}。

4．设有关系模式 R（A，B，C，D，E），其函数依赖 F={A→BC，CD→E，B→D，E→A}，试求

（1）计算 B^+；

（2）求 R 的所有键。

5．试验证上题 4 中的 R 的以下两个分解是否具有无损连接性：

ρ_1={R_1（A，B，C），R_2（A，D，E）}；

ρ_2={R_1（A，B，C），R_2（C，D，E）}。

6．设有关系模式 R（A，B，C，D，E，G，H，I），其函数依赖 F={AB→C，A→DE，B→GH，D→I}，试求：

（1）求 R 的所有键；

（2）将 R 分解成 2NF；

（3）将 R 无损分解成 3NF，并且具有保持依赖性。

7．设有关系模式 R（A，B，C，D），其函数依赖 $F=\{A\rightarrow C, C\rightarrow A, B\rightarrow AC, D\rightarrow AC\}$，试求：

（1）求 R 的所有键；

（2）将 R 无损分解成 BCNF；

（3）将 R 无损分解成 3NF，并且具有保持依赖性。

8．在 1NF～BCNF 范围内，指出下列关系模式属于第几范式，并说明理由。

（1）R（A，B，C），$F=\{A\rightarrow B, B\rightarrow A, A\rightarrow C\}$；

（2）R（A，B，C），$F=\{A\rightarrow B, B\rightarrow A, C\rightarrow A\}$；

（3）R（A，B，C，D），$F=\{B\rightarrow D, AB\rightarrow C\}$；

（4）R（A，B，C），$F=\{B\rightarrow C, AC\rightarrow B\}$；

（5）R（A，B，C，D），$F=\{B\rightarrow D, D\rightarrow B, AB\rightarrow C\}$；

（6）R（A，B，C，D，E），$F=\{AB\rightarrow CE, E\rightarrow AB, C\rightarrow D\}$。

五、分析题

假设某商业集团数据库中有一关系模式 R 如下：

R(商店编号,商品编号,数量,部门编号,负责人)

如果规定：

（1）每个商店的每种商品只在一个部门销售；

（2）每个商店的每个部门只有一个负责人；

（3）每个商店的每种商品只有一个库存数量。

试回答下列问题：

（1）根据上述规定，写出关系模式 R 的基本函数依赖集；

（2）找出关系模式 R 的候选键；

（3）试问关系模式 R 最高已经达到第几范式？为什么？

（4）如果 R 不属于 3NF，请将 R 分解成 3NF 模式集。

第 6 章 数据物理组织与索引

前面几章，主要强调数据库的逻辑结构，所讲内容主要是从用户角度，为方便使用而偏重理论分析及应用方法的探讨，较少涉及数据库内部存储技术的研究。但是，数据库中的数据属于永久性资源，一般要反复多次使用，总是要保存在一定的存储介质上，具有各种类型的结构。数据操作处理、查询优化处理和事务处理等与数据库的物理存储密切相关。用户如能对数据库的存储结构有比较清晰的了解，将极大提高数据使用和存取效率。本章主要讨论计算机常见外存介质、文件的组织形式及常用存储方法和索引方法。

6.1 数据库存储设备

计算机存储介质主要包括两类：一级存储器和二级存储器（外存）。数据库作为一类特殊资源，主要保存在磁盘等外存设备上。根据访问数据的速度、成本和可靠性，存储介质可分成以下六类。

1. 高速缓冲存储器

高速缓冲存储器（Cache）简称为“高速缓存”，也就是一般说的 Cache。Cache 是访问速度最快，也是最昂贵的存储器。Cache 容量小，由计算机系统硬件管理它的使用。数据库技术一般不研究 Cache 的管理。

2. 主存储器

主存储器（Main Memory）简称为主存或内存，是计算机主机系统重要的组成部分之一，CPU 要处理的任何对象，必须将它们先加载到内存才能处理。CPU 可以直接对主存中的数据进行操作。由于受硬件结构的限制，内存大小总有一定的限度，一般处于 MB 数量级，例如 256MB，512MB 等，如今个人 PC 机内存 GB 数量级别已经成为主流，例如 2GB，4GB 甚至 8GB（1GB＝1024MB）。这相对于大型数据库系统，容量还是不足，而且成本也高。主存中的数据在掉电或系统崩溃时，会全部丢失。上述两类为一级存储器，以下几类是二级存储器，属于永久性存储设备，数据可长期保留。

3. 磁盘存储器

磁盘存储器（Magnetic-Disk Storage）是目前最常用的外部存储器，由磁性材料制成，数据存储在磁盘表面。用户要访问数据，必须把数据从磁盘移到主存才能使用。根据磁盘特性及数据存放的物理结构，用户可以直接访问磁盘中某一位置的数据，因此磁盘属于直接存取介质。在掉电或系统崩溃后，仍能保持数据不丢失。由于硬件技术的发展，磁盘存储容量越来越大，以 GB（GB＝10^9B）为单位，例如 80GB，250GB，500GB 到以 TB 为单位的存储器。

磁盘是一种大容量的可直接存取的外部存储设备，容量为 100MB～1000GB，甚至 TB 级别（1TB＝1000GB），大型的商用数据库需要数百个磁盘。磁盘有软磁盘和硬磁盘之分。软磁盘像一张唱片，在塑料介质上涂以磁性材料记录信息；硬磁盘可看成是多张软盘片有规则的叠加，由一组铝盘片表面涂以磁性材料构成。

下面主要介绍硬磁盘的特性。

（1）硬磁盘的物理特性。硬磁盘是由若干张盘片组成的一个磁盘组，磁盘组固定在一个主轴上，随着主轴高速旋转，速度通常为 60、90 或 120rad/s，也可达到 250rad/s。每个盘片两个面都能存放数据，但最顶上和最底下的外侧面由于性能不稳定，故弃而不用。每面上都有一个读写磁头，所以磁头号对应盘面号。多张盘片的同一磁道上下形成一个柱面。

硬磁盘的总容量为

盘面数目×每盘面的磁道数×每磁道的盘块数×每盘块的字节数

图 6.1 磁盘块地址形式示意图

磁盘是一种直接存储设备，可随机读写任一盘块。盘块地址的形式如图 6.1 所示。

有了这三个值，接口电路根据柱面号移动磁头到达指定柱面，根据磁头号选中盘面，再根据盘块号抵达指定位置存取数据。

为了管理方便，系统对盘块统一编址。编址方法是柱面由外向内从 0 开始依次编号，假定有 200 个柱面，则编号为 0～199；磁道按柱面编号，若是 20 个盘面，则 0 号柱面上磁道从上向下依次编号为 0～19，接着 1 号柱面上磁道继续编号为 20～39，……依此类推；盘块号则根据磁道号统一编址，假定每个磁道上有 17 个扇区，则 0 号柱面 0 号磁道 0 号扇区的盘块号为 0，0 号柱面 1 号磁道 0 号扇区的盘块号为 17，……依此类推。

新盘使用前先要格式化。其目的之一是划分磁道扇区，并在各个盘块的块头部位加注该块地址，包括该块所在的柱面号、磁头号和盘块号以及某些状态标志。当磁盘机构进行读/写时，先检查块头中的内容，核对块头内地址是否与要访问的盘块地址相符，核对状态标志检查该块是否可用，全部无误才可执行读/写操作。其目的之二是标识出坏的磁道和扇区，记录数据时避开这些盘区。

（2）磁盘的性能指标。磁盘主要性能指标用磁盘容量、访问时间、数据传输速度和可靠性四个参数衡量。磁盘的访问时间是指从发出读/写请求到数据传输开始的这一段时间，这段时间由磁头定位时间和旋转延迟时间两部分组成。磁头定位主要是移臂，即将磁头移到该柱面，这一步需 2～30ms。常用的移臂策略有先来先服务、最短查找时间优先、扫描法和电梯算法。旋转延迟主要是磁道选好后，将数据盘区定位到磁头下，其时间是指在磁道内确定盘块区，平均需转半圈的时间为 10～20ms。可见磁盘的访问时间为 10～40ms。数据传输速度是指在磁盘上读写数据的速度，可达 100MB/s 左右。磁盘的可靠性是指磁盘的故障率，一般可以保证磁盘在 3 万～8 万 h 内不出故障。

（3）内外存间的数据交换。访问的数据不在主存时，需通过外存加载，所以内外存间要频繁地进行数据交换，每交换一次数据，就称为一次 I/O 操作。每次交换的数据量称为一个数据块，一个数据块可以等于一个或几个磁盘块。数据块越大，一次能调进调出的记录数就越多。这种情况在顺序处理时可减少访问磁盘的次数，提高了处理速度，但对于以随机处理为主的应用系统就不一定合适了。因为数据块包含的记录数越多，同本次处理无关的记录可能传送的就越多，使有效的数据传送反而降低，并且占用了更多的内存。所以，数据块的大小需要权衡考虑。

数据块的长度不一定恰好等于记录的整数倍，通常有两种组块方式。

不跨块方式：一个数据块只包含若干完整记录，不足以容纳一个记录的零头空间放弃不用。

跨块方式：允许一个记录跨在不同数据块。这种组块方式虽然可节省空间，但实现比较困难，用得较少。

以上提到的数据块的大小及组块方式，都是 DBMS 设计者安排和实现的，不同系统其设置都不一样，这些细节对数据库用户而言是透明的。

（4）廉价磁盘冗余阵列（Redundant Array of Inexpensive Disks，简称 RAID）。廉价磁盘冗余阵列是 1987 年由美国加利福尼亚大学的伯克莱分校提出来的，现在已开始广泛地应用于大、中型计算机系统和计算机网络中。它是利用一台磁盘阵列控制器来统一管理和控制一组（几台到几十台）磁盘驱动器，组成一个高度可靠的、快速的大容量磁盘系统。其实现途径有两个：通过冗余改善可靠性，即数据重复存储，每一数据存储在两个磁盘里，在数据丢失时，能及时重建或恢复；通过并行提高数据传输速度，即把数据拆开分存在多个磁盘上，然后进行并行存取，通过对若干磁盘的并行存取，可以提高数据的传输速度。

RAID 按照其基本特性，可分为八级，下面对其中几种较为重要的级加以介绍。

1）RAID 0 级。本级仅提供了并行交叉存取，它虽能有效提高磁盘 I/O 速度，但并无冗余校验功能，致使磁盘系统的可靠性不高。只要阵列中有一个磁盘损坏，便会造成不可弥补的数据丢失，故使用较少。

2）RAID 1 级。它具有磁盘镜像功能。例如，当磁盘阵列中有 8 个盘时，可利用其中 4 个作为数据盘，另外 4 个作为镜像盘，在每次访问磁盘时，可利用并行读写特性，将数据分块同时写入主盘和镜像盘。此时磁盘容量利用率只有 50%，它是以牺牲磁盘容量为代价的。

3）RAID 3 级。这是具有并行传输功能的磁盘阵列。它利用一台奇偶校验盘来完成数据的校验功能，比起磁盘镜像，它减少了所需的冗余磁盘数。例如，当阵列中只有 7 个盘时，可利用 6 个作数据盘，1 个作校验盘，磁盘利用率为 6/7。RAID 3 级经常用于科学计算和图像处理。

4）RAID 5 级。这是一种具有独立传送功能的磁盘阵列。每个驱动器都有自己独立的数据通路，独立地进行读/写操作，且无专门的校验盘。用来进行纠错的校验信息，是以螺旋方式散布在所有数据盘上的。RAID 5 级常用于 I/O 较频繁的事务处理中。

5）RAID 6 和 RAID 7 级。这是强化了的 RAID。在 RAID 6 级的阵列中，设置了一个专用的、可快速访问的异步校验盘。该盘具有独立的数据访问通路，具有比 RAID 3 和 RAID 5 级更好的性能，但其性能的改进很有限，且价格昂贵。RAID 7 是对 RAID 6 级的改进，在该阵列中的所有磁盘都具有较高的传输速度和优异的性能，是目前最高档次的磁盘阵列，但其价格也较高。

4. *磁带*

磁带是一种顺序存储设备，若要读 / 写磁带的第 i 块数据，必须先顺序读前 $i-1$ 块数据，即磁带只能顺序访问，不能随机访问。另外，考虑到内部存储结构，磁带上一般不做删除和增加操作，所以磁带主要用于数据备份或数据归档。在存储器中，磁带价格最便宜。磁带有很大的容量，每盘有 5GB，远大于软磁盘。不过磁带存取速度较慢，以分钟计而不是以毫秒计，并且使用的次数是有限的。磁带的可靠性较好，主要有两大用途：一是作为磁盘的后援存储器，存储数据库文件的副本，当磁盘上的数据库出现问题时，可用磁带上的副本恢复磁盘上的数据库；二是用来存储磁盘上存储不了的大型数据库文件，数据库中不常用的数据库文件或历史数据可以存储在磁带上。

5. 光存储器

光存储器是多媒体信息的主要存储设备，作为分布式软件的主要存储介质，可存储音频、图像一类的数据，同时已作为电子出版物被公众广泛使用。目前流行的光存储器是光盘只读存储器（CD-ROM）和数字视频光盘只读存储器（DVD-ROM），CD光盘量达到650MB，是软磁盘容量的数百倍。由于光盘成本低，适宜于大规模生产。

CD-ROM驱动器的搜索时间为250ms，旋转速度为400rad/min，数据传输速度为150KB/s。其运行性能均低于磁盘设备。

6. 快擦写存储器（Flash Memory）

快擦写存储器又称为电可擦可编程只读存储器（即EEPROM），简称为“快闪存”。快闪存在掉电后仍能保持数据不丢失。在快闪存中读一次数据的时间为100μs（1μs为10^{-6}s），而且不能直接重写，必须先擦去整组存储器的内存，然后再写数据进去。

快闪存的缺陷是只能支持有限次擦写，一般次数在1万～100万次。目前快闪存已在小型数据库低成本的计算机系统中广泛使用，以替换5～10MB容量的磁盘，然后再把这些小型系统组合进其他设备中。

6.2 文　　件

在外存中，数据库以文件形式组织，而文件由记录组成。文件结构由操作系统的文件系统提供和管理。从文件的组织形式看，分为逻辑结构和物理结构两种。逻辑文件组织有两种方式，一种是把文件看成无结构的流式文件，另一种是把文件看成有结构的记录式文件。记录式结构分为定长记录和变长记录两种。

6.2.1 文件组织方式

一个文件有逻辑地组织成为记录的一个序列，这些记录映射到磁盘上，通常把文件视为记录的集合。

本节讨论逻辑文件中的记录在物理文件中如何实现。所谓“逻辑”是指从用户角度看到的内容，是从组织数据、数据的逻辑及语义上的关系角度出发，逻辑文件描述的是信息世界中面向用户的部分；所谓“物理”是指从存储设备角度看到的内容，是在现实的物理设备上如何安置这些信息的具体做法，物理文件描述的是机器世界中面向实现的部分。

文件记录格式分为两种：定长记录格式和变长记录格式。

1. 定长记录

文件的定长记录：一般在文件中的记录都是有固定长度的，这种长度一般都是由文件记录确定。

例如，对于关系模式*SC*（Snum，Cnum，Score）可以设计一个文件，其中各数据项定义如下：

```
Snum：CHAR(10)
Cnum：CHAR(4)
Score：SMALLINT
```

则定长记录的文件如图6.2所示。

假设一个短整数为4个字节，那么每个记录占18个字节。可以如图6.2那样把记录依次组织起来。

在系统运行时，有两个问题：①从这个文件中删除一条记录十分困难，如果要删除一个记录，那么必须在被删位置上填补一个记录；②除非每块的大小恰好是 18 的倍数（几乎不可能），否则可能有的记录横跨两个块，读/写这样的记录就要访问两个块。

（1）删除方法。在定长记录文件中删除一个记录，可采用下面三种方法实现。

1）把紧随其后的记录移动到被删记录空出的位置，依次类推。这种方法实现简单，但是需要移动大量的记录。

2）把文件最后一个记录填补到被删记录位置。相对上一种方法，这种方式移动量较少。

3）把被删结点用指针链接起来。在每个记录中增加一个指针，在文件中增设一个文件首部。文件首部中包括文件中有关信息，其中有一个指针指向第一个被删记录位置，所有被删结点用指针链接，构成一个栈结构的空闲记录链表，例如在图 6.2 中删除记录 2、5、7 文件后如图 6.3 所示。

Snum	Cnum	Score
0903330001	C002	53
0903330001	C004	89
0903330001	C005	65
0903330002	C004	75
0903330004	C001	85
0903330005	C001	92
0903330005	C003	76

图 6.2　定长记录的文件

文件首部		
0903330001	C002	53
0903330001	C005	65
0903330002	C004	75
0903330005	C001	92

图 6.3　删除记录 2、5、7 后的文件结构

（2）插入方法。在插入一条新记录时，利用头文件中指向空白记录的指针，将记录插入空白处。如果没有可用空间，则把这条新记录加在文件末尾。对于定长记录的插入和删除是容易实现的，因为插入记录的长度与被删记录的长度是相等的。

2. 变长记录

变长记录以下面几种方式出现在数据库中：①多种记录类型在一个文件中存储；②允许一个或多个字段是变长的记录类型；③允许重复字段的记录类型，例如数组或多重组合。

变长记录的表示有两种形式：①变长记录的字节串表示形式；②变长记录的定长表示形式。

（1）变长记录的字节串表示形式。

1）尾标志法。这种形式是把每个记录看成连续的字节串，然后在每个记录的尾部附加“记录尾标志符”（∧），表明记录结束。图 6.2 所示的定长记录文件可以用图 6.4 所示的格式表示。

Snum	Cnum	Score	Cnum	Score	Cnum	Score	
0903330001	C002	53	C004	89	C005	65	∧
0903330002	C004	75	∧				
0903330004	C001	85	∧				
0903330005	C001	92	C003	76	∧		

图 6.4　变长记录的字节串表示形式

2）记录长度法。字节串表示形式的另一种方式是在记录的开始处加一个记录长度的字段来实现，读取数据时以此作为记录结束与否的标志。

字节串表示形式实现算法简单，但有两个主要缺点：其一，由于各记录的长度不一，因此被删记录的位置难于重新使用；其二，如果文件中的记录要加长，则很难实现，必须把记录移到别处才能实现，移动的代价是很大的。

由于上述两个缺点，现在一般不使用字节串表示形式。在实际中，往往使用的是一种改进的字节串表示形式，称为“分槽式页结构”（Slotted-page Structure），如图 6.5 所示。

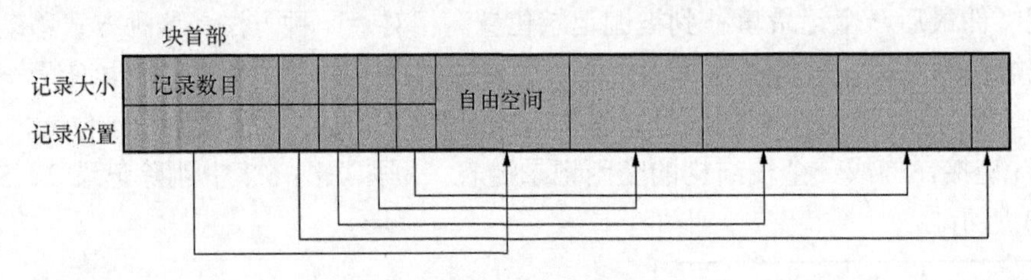

图 6.5　分槽式页结构

在每块的开始处设置一个“块首部”，块首部中包括下列信息：①块中记录的数目；②指向块中自由空间尾部的指针；③登记每个记录的开始位置和大小的信息。

在块中实际记录紧连着并靠近块尾部存放。块中自由空间也紧连着，在块的中间。插入总是从自由空间尾部开始，并在块首部登记其插入记录的开始位置和大小。

记录删除时只要在块首部将该记录的大小减 1 即可。同时，把被删记录左边的记录移过来填补，使实际记录仍然紧连着。当然，此时块首部记录的信息也要修改。记录的伸缩也可使用这样的方法。在块中移动记录的代价也不太高，这是因为一个块的大小最多只有 4KB。

在分槽式页结构中，要求其他指针不能直接指向记录本身，而是指向块首部中的记录信息登记项，这样块中记录的移动就独立于外界因素。

（2）变长记录的定长表示形式。在文件系统中，往往采用一个或多个定长记录来表示变长记录的方法。具体实现时有两种技术：预留空间和指针技术。

1）预留空间技术。预留空间技术是取所有变长记录中最长的一个记录的长度作为存储空间的记录长度来存储变长记录。如果变长记录短于存储记录长度，那么在多余空间处填上某个特定的空值或记录尾标志符。例如图 6.4 所示的字节串表示形式可以用图 6.6 所示的预留空间技术实现。该方法一般在大多数记录的长度接近最大长度时才使用，否则使用时空间浪费很大。

Snum	Cnum	Score	Cnum	Score	Cnum	Score
0903330001	C002	53	C004	89	C005	65
0903330002	C004	75	∧	∧	∧	∧
0903330004	C001	85	∧	∧	∧	∧
0903330005	C001	92	C003	76	∧	∧

图 6.6　变长记录的预留空间表示形式

2）指针技术。记录长度相差太大时，预留空间的方法会导致空间浪费较大，此时最为有效的形式就是指针技术。例如图 6.7 中把属于同一个学生的记录链接起来。图 6.7 的缺点是同一条链中，只有第一个记录中姓名是有用的，后面记录中姓名空间浪费了。为解决这个问题，可使用改进的指针形式，在一个文件中使用两种块，即固定块和溢出块。用固定块存放每条链中第一个记录，其余记录全放在溢出块中。这两种块中记录的长度可以不一样，但同一种块内的记录是定长的。图 6.8 表示文件的固定块和溢出块结构。

0903330001	C002	53	
	C004	89	
	C005	65	∧
0903330002	C004	75	∧
0903330004	C001	85	∧
0903330005	C001	92	
	C003	76	∧

图 6.7　变长记录的指针表示方式

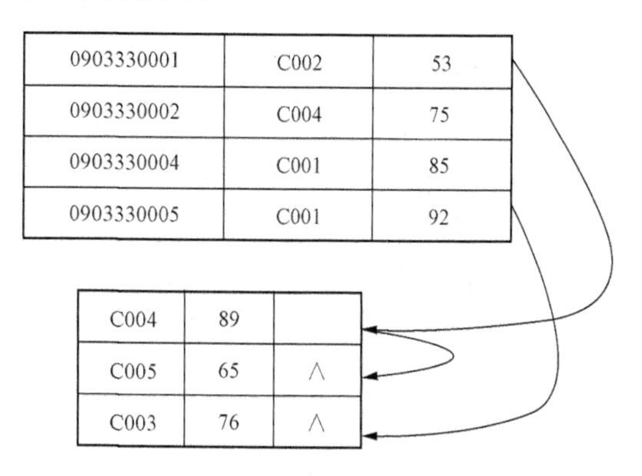

图 6.8　固定块和溢出块结构

6.2.2　文件结构

一个数据库往往由多个相互关联的文件构成，一个文件往往包含成千上万个记录，记录是组成数据库的基础。这些记录总是要存放在磁盘存储器上，这是文件的结构问题。而对于某种结构的文件如何去查找、插入和删除记录，这是文件中记录的存取方法问题。存取效率不但和存储介质有关，还和文件中记录的组织方式及存取方法关系较大。不同组织方式的文件的存取方法是不一样的，并且存取效率往往差别极大。

文件中记录的组织方式有无序文件、有序文件、聚集文件和散列文件四种。

1. 无序文件

无序文件也称为堆文件，一条记录可以放在文件中的任何地方，只要那个地方有空间可放这条记录。记录的存储顺序与关键值没有直接的联系，常用来存储那些将来使用，目前尚不清楚如何使用的记录。此类组织既可用于定长记录文件，也可用于非定长记录文件；记录的存储方法可以采用跨块记录方法，也可以采用非跨块记录存储方法。

无序文件的操作比较简单，其文件头部存储它的最末一个磁盘块的地址。插入一个记录时，首先读文件头，找到最末磁盘块地址，把最末磁盘块读入主存缓冲区，然后在缓冲区内把新记录存储到最末磁盘块的末尾，最后把缓冲区中修改过的最末磁盘块写回原文件。

无序文件查找效率比较低。要查找特定记录必须从文件的第一个记录开始检索，直到发现满足条件的记录为止。如果满足条件的记录不止一个，那么就需要搜索整个文件。一般特定唯一记录的检索平均需搜索该文件所占磁盘块的一半。

无序文件的删除操作比较复杂，常用的方法主要有以下三种：

（1）首先找到被删记录所在的磁盘块，然后读到主存缓冲区，在缓冲区中删除记录，最后把缓冲区内容写回到磁盘文件。这种方法会使文件中出现空闲的存储空间，需要周期性地整理存储空间，避免存储空间的浪费。

（2）在每个记录的存储空间增加一个标志位，标识记录删除与否，一般该标志常为空。删除一个记录时，将此记录的标志位置“1”，以后查找记录时跳过有该标志的记录。这种方法也需要周期性地整理存储空间，避免存储空间的浪费。

（3）常用于定长记录文件，删除一个记录时，总是把文件末尾记录移到被删记录位置。

对于无序定长记录文件，若要修改其记录值，只要找到记录所在的磁盘块，读入主存缓冲区，在缓冲区中修改记录，并写回磁盘；无序变长文件一般采用先删除再插入的方法来实现。

2. 有序文件

有序文件是指记录按某个（或某些）域的值（查找键值）的升序或降序组织，一般最为常用的是按关键值的升序或降序排列，即每个记录增加一个指针字段，根据关键值的大小用指针把记录链接起来。该组织的文件由于按关键字先后有序排列，所以可实现分块查找、折半查找和插值查找，查询效率较高。

起始建立文件时，应尽可能使记录的物理顺序和查找键值的顺序一致。顺序文件形式如图 6.9 所示。

这样在访问数据时可减少文件块访问的次数，提高查询效率。图 6.9 是顺序文件的例子，记录按 Snum 值升序排列。顺序文件可以很方便地按查找键值的值的大小顺序读出所有的记录。

顺序文件上的插入和删除比较复杂，需要保持文件的顺序，耗费时间较大。删除操作可以通过修改指针实现，也可建立删除标志位，周期性整理存储空间以便插入时使用。

顺序文件中插入新记录必须首先找到这个记录的正确位置，然后移动文件的记录，为新记录准备存储空间，最后插入记录。此时移动量和新记录的插入位置密切相关，平均移动量为文件记录的一半，可见插入操作是相当费时的。为了减少插入操作的时间复杂性，可以在每个磁盘块为新记录保留一部分空闲空间，减少记录插入时的移动量。若采用指针方式组织记录，插入时需要分两步操作：首先在指针链中找到插入的位置；然后在找到记录的块内，检查自由空间中是否有空闲记录，若有空闲记录，那么在该位置插入新记录，并加入到指针链中，若无空闲记录，那么将新记录插入到溢出块中。

对于查询条件定义在非排序域的查找操作来说，顺序文件没有提供任何优越性，查询操作按无序文件从第一个记录开始顺序搜索，查找时间与无序文件相同。

顺序文件的修改比较麻烦，若记录定长，修改的是非排序域，处理方法也是先找到记录并读入内存缓冲区，修改后写回磁盘；修改排序域时，先删除修改记录，再插入修改后的记录。有序变长文件一般采用先删除再插入的方法来实现。

顺序文件初始建立时，其物理顺序与查找键值顺序一般是一致的，但是在经过多次插入或删除操作后，这种一致的状态就会受到破坏，记录检索的速度会明显降低。此时就应该对文件重新组织一次，使其物理顺序和查找键值的顺序一致，以提高查找速度。

在图 6.9 中插入一个新记录（0903330002，C005，78），如图 6.10 所示。

3. 聚集文件

很多关系数据库系统将每个关系储存在单独的文件中。相互关联的数据用基本表进行组织，一个基本表对应一个关系。因此，关系可以映射为一个简单的文件结构，这种简单的实现非常适合于低代价的数据库实现。例如，嵌入式系统和便携设备中的数据库实现。

然而随着数据量增大，这种简单的关系数据库实现就不那么令人满意。此时，仔细的设计记录在块中的分配和块自身的组织方式可以获得更好的性能。

Snum	Cnum	Score
0903330001	C002	53
0903330001	C004	89
0903330001	C005	65
0903330002	C004	75
0903330004	C001	85
0903330005	C001	92
0903330005	C003	76

图 6.9　顺序文件

Snum	Cnum	Score
0903330001	C002	53
0903330001	C004	89
0903330001	C005	65
0903330002	C004	75
0903330004	C001	85
0903330005	C001	92
0903330005	C003	76

0903330002	C005	78

图 6.10　插入一个记录后的顺序文件

例如，教学数据库中 S（Snum，Sname，Sage，Ssex）和 SC（Snum，Cnum，Score ），如果将每个关系组织成一个文件，那么查找学生的成绩，就要做连接操作：

```
SELECT S.Snum,Sname,Cnum,Score
FROM S,SC
WHERE S.Snum =SC.Snum
```

当关系 S 和 SC 数据量很大时，上述查询操作由于 I/O 次数较多，则查询速度很慢。如果把 S 和 SC 的数据放在一个文件内，并且尽可能把每个学生的信息和其成绩放在相邻位置上，那么在读学生信息时，能够把学生信息和连在一起的成绩信息一次读到内存里，可大大减少 I/O 操作次数，提高系统效率。这种新的文件组织形式即为聚集文件。该文件允许一个文件由多个关系的记录组成，即多记录类型文件。聚集文件的管理由数据库系统实现。

在图 6.11 中，关系 S 和 SC 如图 6.11（a）、（b）所示，S 和 SC 的元组混合放在一起，如图 6.11（c）所示。即使一个学生的成绩信息很多，一个块放不下时也可以放在相邻的块内。可见采用聚集技术可降低 I/O 操作次数，提高查询速度。通过在学生记录上建立链接，此后按学生检索其成绩数据时可提高查询速度。

0903330001	张山	18	男
0903330002	李波涛	22	男
0903330004	王燕	17	女

（a）

0903330001	C002	53
0903330001	C004	89
0903330001	C005	65
0903330002	C004	75
0903330004	C001	85

（b）

0903330001	张山	18	男	
0903330001	C002	53		
0903330001	C004	89		
0903330001	C005	65		
0903330002	李波涛	22	男	
0903330004	王燕	17	女	∧
0903330002	C004	75		
0903330004	C001	85		

（c）

图 6.11　聚集文件例子

（a）关系 S；（b）关系 SC；（c）聚集文件

在这种组织中，逻辑上相互关联的多个关系中的记录可集中存储在一个文件中，不同关系中有联系的记录存储在同一块内，通过减少 I/O 次数可极大提高查找速度。

形成聚集文件的基本文件是独立建立和管理的，物理结构也是独立的，是在具体的应用中通过特定的 DBMS 建立聚类组织。

6.3 索 引 技 术

索引是现实生活中最常用的快速检索技术，例如词典中的索引、电话号码簿中的索引、图书资料库中的索引等。索引是一种表形式的数据结构，由给定的一个或一组数据项组成，采用索引使得储取基于“索引字段”的记录变得更加有效。

设 k_i（i=1，2，…，n）为某一关系（表）中按其某种逻辑顺序排列的关键值，其对应的记录 R_{ki} 的地址为 A（R_{ki}），其索引可用图 6.12 来描述，其中{k_i，A（R_{ki}）}称为索引项。

k_1	k_2	k_3	…	k_n
A(R_{k1})	A(R_{k2})	A(R_{k3})	…	A(R_{kn})

图 6.12 索引结构

索引的实质是按照记录的关键值将记录进行分类，并建立关键值到记录位置的地址指针。图 6.13 所示是一种学生关系索引方式。

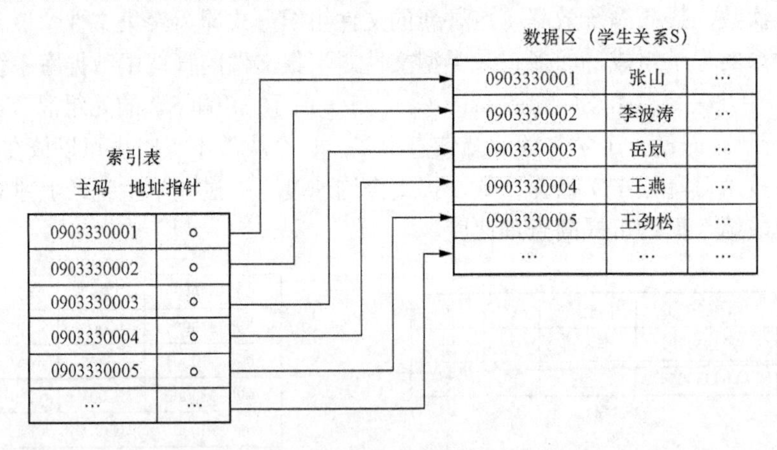

图 6.13 学生关系索引方式

由图 6.13 可知，只要给出索引的关键值，就可以在索引表中查到相应记录的地址指针，进而直接找到要查询的记录。由于索引比它的关系表小得多，所以利用索引查找要比直接在关系表上查找快很多。

索引的组织方式主要有线性索引和树形索引两类。线性索引是一种按照索引项中数据项的值排序的索引方式，其中数据项一般为关键值。即线性索引一般是如图 6.13 所示的按照关键值排序的一种索引方式。树型索引是将索引组织成树形结构，树形索引既能进行快速查找，又易于索引结构的动态变化。最常用的树形结构的索引是 B 树及其变种 B^+树。

6.3.1 线性索引

线性索引可分为稠密索引和稀疏索引两种。

1. 稠密索引（Dense Index）

在索引中，每个索引值都至少对应一个索引项，称为稠密索引。当关键值有重复值时，一个键值也可能会对应多个索引项。

在稠密索引方式中，按关键值排序建立索引项，但记录的存放顺序是任意的。每个记录有一个索引项，每个索引项包含一个关键值及指向具有该值记录的地址指针。由于索引项的个数与记录的个数相等，即索引项较多，所以称为稠密索引。图 6.13 的学生关系索引即是一个稠密索引的例子。

引入索引机制后，向关系（表）中插入记录，修改关系中的记录和删除关系中的记录就要通过索引来实现。对于稠密索引来说，由于数据记录的存放顺序是任意的，所以实现对关系中记录的删、插、改的关键是索引表中关键值的查找问题。由于按关键值排序的稠密索引表相当于一个顺序文件，关键值的查找可以用顺序文件的查找方法，即当关键值不大时采用顺序扫描方式，当关键值较大时采用二分查找方式或其他查找方式。

稠密索引的优点是查找、更新数据记录方便，存取速度快，记录无须顺序排列；缺点是索引项多，索引表大，空间代价大。

2. 稀疏索引（Sparse Index）

只为关键值的某些值建立索引项的索引称为稀疏索引。

在稀疏索引方式中，所有数据记录按关键值顺序存放在若干个块中，每个块的最大关键值（即该块最后一个数据记录的关键值）和该块的起始地址组成一个索引项，每个块中的索引项按关键值顺序排列组成索引表。由于是每个块只有一个索引项，即索引项较少，所以称为稀疏索引。

稀疏索引由于索引项较少，因而节省存储空间。稀疏索引方式中不仅索引表中的关键值是按序存放的，而且各个块中的数据记录也是按关键值的顺序存放的。在各个块的存储组织中，对于同一系统来说块的大小一般是相对固定的。所以实现对关系中记录的删、插、改，特别是插入操作是十分麻烦的。在插入操作较多的应用中采用稀疏索引方式不太适宜。因篇幅所限，有关稀疏索引的查找、插入、删除和修改算法这里不再介绍。

6.3.2　B 树

在稀疏索引方式中，当索引项很多时，可以将索引分块，建立高一级的索引；进一步还可以建立更高一级的索引……，直至最高一级的索引只占一个块为止。这种多级索引如图 6.14 所示，是一棵多级索引树。其中假设每个块可以存放三个索引项。

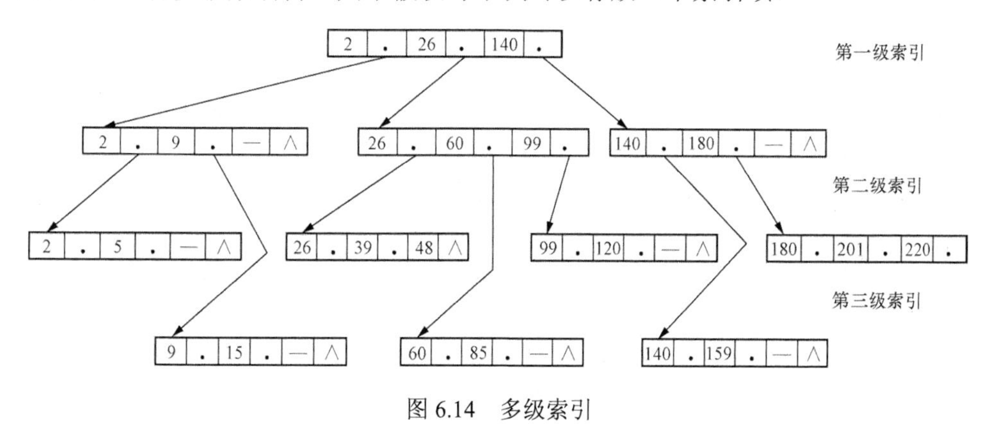

图 6.14　多级索引

当在多级索引上进行插入，使得第一级索引增长到一块容纳不下时，就可以再加一级索引，新加的一级索引是原第一级索引的索引。反之，在多级索引上进行删除操作会减少索引的级数，于是产生了B树（平衡树）的概念。

B树是Bayer和McCreight两人在1972年的“Organization and Maintenance of Large Ordered Indices”一文中提出，以后在数据库系统的存储组织中得到了广泛应用。B树以及下面将要讲到的B^+树是树状数据结构的两个特例。

1. B树的有关概念

为了B树概念的表述方便，先介绍将要用到的有关术语。

（1）树：树由结点组成。

（2）结点：在B树中，将根结点、叶结点和内结点（B树中除根结点和叶结点以外的结点）统称为结点。根结点和内结点是存放索引项的存储块，简称为索引存储块或索引块。叶结点是存放记录索引项的存储块，简称为记录索引块或叶块，每个记录索引项包含关系中一个记录的关键值和它的地址指针。

（3）子树：结点中每个地址指针指向一棵子树，即结点中的每个分支称为一棵子树。

（4）B树的深度：每棵B树所包含的层数，包括叶结点，称为B树的深度。

（5）B树的阶数：B树的结点中最多的指针数称为B树的阶数。

在上述术语的基础上，B树的定义为：满足如下条件的B树称为一棵m阶B树：

（1）根结点或者至少有2个子树，或者本身为叶结点；

（2）每个结点最多有m棵子树；

（3）每个内结点至少有［$m/2$］棵子树；

（4）从根结点到叶结点的每一条路径长度相等，即树中所有叶结点处于同一层次上。

2. B树的有关约定

在上述定义基础上同时约定：

（1）除叶结点之外的所有其他结点的索引块最多可存放$m-1$个关键值和m个地址指针，其格式为：

P_0	K_1	P_1	K_2	P_2	…	K_{m-1}	P_{m-1}

其中，K_i（$1 \leqslant i \leqslant m-1$）为关键值，$P_i$（$1 \leqslant i \leqslant m-1$）为指向第$i$个子树的地址指针。为了节省空间，每个索引块的第一个索引项不包含关键值，但它包含着所有比第二个索引项的关键值小的数据记录。

（2）叶结点上不包含数据记录本身，而是由记录索引项组成的记录索引块，每个记录索引项包含有关键值和地址指针。每个叶结点中的记录索引项按其关键值大小从左到右顺序排列。每个叶结点最多可存放m个记录索引项，其格式应为：

K_1	P_1	K_2	P_2	…	K_n	P_n

叶结点到数据记录之间的索引可以是稠密索引：每个记录索引项的地址指针指向一个数据记录，这时，K_i（$1 \leqslant i \leqslant n$）为第$i$数据记录的关键值，$P_i$为指向第$i$个数据记录的地址指针。也可以是稀疏索引：每个记录索引项的地址指针指向包含该记录索引项的关键值所在块的起始地址，这时，K_i（$1 \leqslant i \leqslant n$）为第$i$个记录块的最大关键值，$P_i$为指向第$i$个记录块的

起始地址指针。

通常，为了表述方便，许多文献将叶结点的格式定义为：

K_2	K_2	K_3	…	K_n

这里省略了记录索引项的地址指针。但应注意，这仅仅是为了便于描述，在记录索引项中必须要有地址指针。本书在 B 树和 B^+树的图示中，仍采用了这种方法。

（3）一般假设，每一个索引块能容纳的索引项数是个奇数，且 $m=2d-1\geqslant3$；每一个记录索引块能容纳的记录索引项也是个奇数，且 $n=2e-1\geqslant3$。

图 6.15 是图 6.14 中多级索引结构的 B 树表示方法，该 B 树是一个 3 阶 B 树。

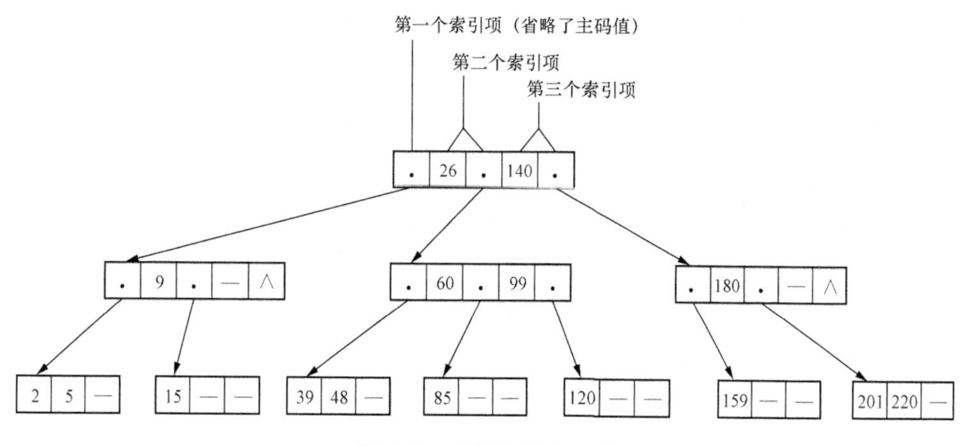

图 6.15　多级索引的 B 树

由图 6.15 可知，B 树中的关键值分布在各个索引层上。根结点和内结点中的索引项有两个作用：一是标识搜索的路径，起路标作用；二是标识关键值所属数据记录的位置，由其关键值即可指出该关键值所属记录的位置，这在 B 树中没有标出。

6.3.3　B^+树

1. B^+树的概念

为了提高索引的查询效率，人们希望在保留 B 树基本特性的基础上，增加查询的灵活性，于是就提出了一种基于 B 树结构，又可同时实现随机查询和顺序查询两种检索方式的 B^+树模型。B^+树索引结构是使用最广泛的，在插入和删除数据时仍能保持其执行效率。

比较图 6.14 的多级索引廓构和图 6.15 的 B 树可知，出现在 B 树中除叶结点以外的其他结点上的关键值不再出现在叶结点中，这样显然无法实现顺序查询。B^+树对此进行了改进，让树中所有索引项按其关键值的递增顺序从左到右都出现在叶结点上，并用指针链把所有叶结点链接起来。这样就实现了通过索引树的随机检索和通过叶结点链的顺序检索。图 6.16 给出了 B^+树的模型表示形式，它的上面是一棵 B 树，由存放各级索引的索引块组成；下面是所有叶结点组成的一个顺序集，由存放记录索引项的记录索引块组成。

在 B^+树中，由于出现在 B 树索引中的关键值均要出现在叶结点中，所以 B 树索引中的索引项就仅起路标作用。即由于 B^+树中关键值所属的数据记录的位置直到叶结点才给出来，所以在查询时，即使在非叶结点上找到了与给定值相等的关键值，也必须继续向下查找直到叶结点为止。

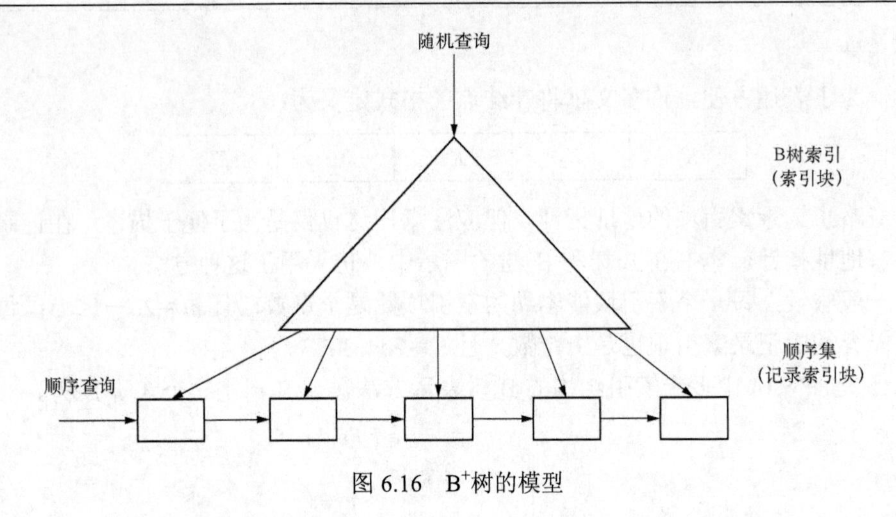

图 6.16　B⁺树的模型

B⁺树基本上遵从 B 树的定义和约定。而一棵 *m* 阶的 B⁺树与一棵 *m* 阶的 B 树的区别有以下几点。

（1）在 B⁺树的叶结点中包含了 B⁺树中的全部关键值，且其中的所有索引项按其关键值的递增顺序从左到右而顺序链接；而在 B 树中，由于关键值分布在各个索引层上，所以叶结点中没有包含 B 树中的全部关键值，且各叶结点间的关键值没有顺序链接。

（2）在 B⁺树中，所有非叶结点包含了其子树中的最大（或最小）关键值；而在 B 树中，非叶结点中的关键值不再出现在其子树中。

（3）在 B⁺树中，查询任何数据记录所经历的路径是等长的；而在 B 树中，不同数据记录的查询路径是不等长的。

（4）在 B⁺树中可以采用两种方式进行查询，当随机查询时，通过 B 树索引找到要查找的数据记录，从根部开始找；当顺序查询时，通过顺序集找到要查找的数据记录，从顺序集的链头或通过 B 树索引得到某一顺序结点并开始找起。而在 B 树中，只有从根部随机查找一种方式。图 6.17 是图 6.15 中 B 树的 B⁺树表示。

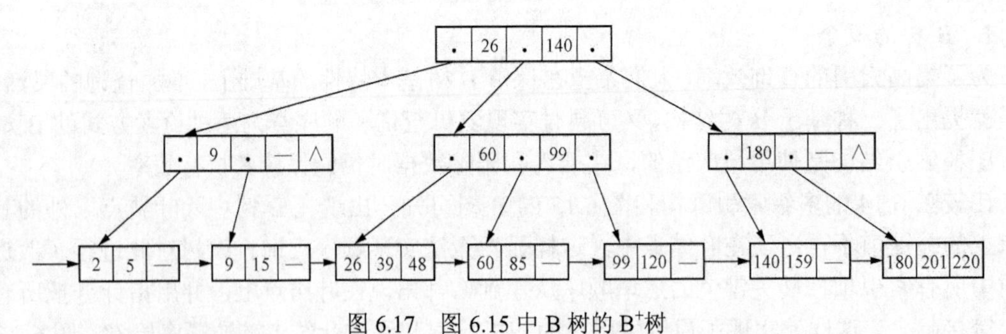

图 6.17　图 6.15 中 B 树的 B⁺树

2. B⁺树的操作

B⁺树的操作包括查找、修改、插入和删除。为了描述方便，下面的介绍假设要查找、修改、插入和删除的数据记录具有关键值是 *K*。索引块的格式为：

P_0	K_1	P_1	K_2	P_2	…	K_{m-1}	P_{m-1}

其中，K_i（1≤i≤m−1）为关键值，P_i（1≤i≤m−1）为指向第 i 个子树的地址指针。

叶结点的格式为：

K_1	P_1	K_2	P_2	…	K_n	P_n

其中，K_i（$1 \leqslant i \leqslant n$）为第 i 数据记录的关键值，P_i 为指向第 i 个数据记录的地址指针。

（1）查找。通常在 B^+树上有两个头指针（Root，Seq），前者指向根结点，后者指向具有最小关键值记录索引项的叶结点的第一个记录索引项。

以随机查找方式查找具有关键值 K 的数据记录，就是要找一条从根结点到叶结点的路径。当从根结点开始查找已到达某个非叶结点时，需要将关键值 K 与该结点中的 K_1，K_2，…，K_{m-1} 进行比较：

1）$K \leqslant K_1$ 时，进入由指针指向的子树继续进行查找；

2）$K > K_{m-1}$ 时，进入由指针 P_{m-1} 指向的子树继续进行查找；

3）$K_i < K \leqslant K_{i+1}$，$i=1$，2，…，$m-1$ 时，进入由指针如 P_i 指向的子树继续进行查找。

当到达叶结点时，就可在该叶结点中顺序查找要找的关键值。当找到某个 K_i 且有 $K=K_i$ 时，说明已经在叶结点中找到了具有关键值 K 的记录索引项。找数据记录的具体方法因数据组织方式不同（稠密索引或稀疏索引）而异。当在该叶结点中没有找到与 K 相等的关键值，即在 B^+树索引中没有找到关键值 K 时，若叶结点到数据记录之间的索引采用的是稠密索引，则不存在关键值为 K 的数据记录；若叶结点到数据记录之间的索引采用的是稀疏索引，则不能立即确定是否存在关键值为 K 的数据记录，还必须在该数据记录块中继续查找后才能确定。

在按顺序查找方式查找具有关键值 K 的数据记录时，如果要查找全部叶结点的记录索引项，则可以从顺序集的链头开始顺序查找；如果是从要求的某个记录索引项开始查找，则可以从树根开始，以随机查找的方法找到所要求的记录索引项后，再从该记录索引项开始顺序查找。

（2）修改。当要修改某具有关键值 K 的数据记录时，首先要按查找方式找到要修改的数据记录在叶结点中的记录索引项，然后按具体的存储组织方式修改数据记录。若修改的内容中包括要修改的数据记录的关键值，由于数据记录的关键值不能修改，所以这种修改实质上是一个删除和插入过程，也即先从数据记录块中删除该数据记录，然后再通过重新插入（输入）达到修改目的。若修改的内容中不包括要修改的数据记录的关键值，则只要在修改该数据记录的非关键值字段的有关内容后，然后进行该数据记录的重写即可。

（3）插入。为了插入具有关键值 K 的数据记录，首先要找到关键值 K 应当插入的叶结点 B。如果 B 中的已有记录索引项数小于 $n=2e-1$，则将 K 插入 B 中，并保持该叶结点中关键值的顺序排序。其中，与关键值对应的地址指针是按记录数据块的存储组织方式由插入该数据记录的位置决定的。

如果 B 中已有 $n=2e-1$ 个记录索引项，则把 B 中记录索引项的关键值与新插数据记录的关键值 K（共 $2e-1+1=2e$ 个）按递增顺序排序，并分成两组，每组 e 个，并新建一个记录索引块 $B1$，把前面 e 个记录索引项放到块 B 里，后面 e 个记录索引项放到块 $B1$ 里（称为分裂）。同时，要把 $B1$ 的索引项插入到块 B 的父索引块中位于指向块 B 的索引项的右边。值得注意的是，如果从 B 父结点开始向上的许多祖先结点都已装满 $m=2d-1$ 个索引项，则在 B 中插入一个记录索引项后，会引起它的许多祖先结点分裂，这种过程有可能一直进行到根结点，这时，B^+树就增高了一层。

如果在 B 中发现有与 K 相等的关键值，则提示该数据记录已经存在。

如果给图 6.17 的 B^+树插入关键值为 41 的数据记录，则可得到如图 6.18 所示的 B^+树。其中，由于将关键值为 41 的记录索引项插入图 6.17 的第三个叶结点后，引起该叶结点的分裂，也即增加了一个叶结点，由此而引起了其所有祖先索引结点的分裂，使得 B^+树增高了一层。为了简化描述，图中略画了顺序集中各叶结点之间的横向顺序链。

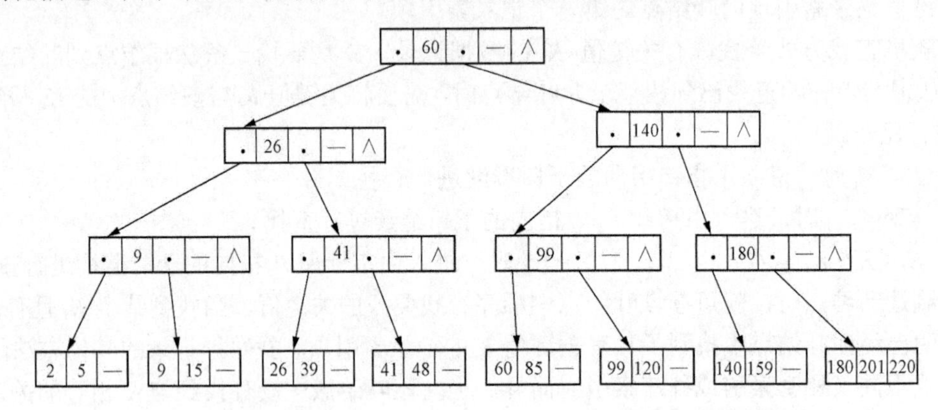

图 6.18 在图 6.17 中插入值为 41 数据记录后的 B^+树

（4）删除。为了删除具有关键值 K 的数据记录，首先要找到关键值 K 所在的叶结点 B。

1）如果 B 中的记录索引项数多于 e，则删除关键值为 K 的记录索引项后，B 中剩余的记录索引项个数仍不少于 e，可以进行删除操作：

① 若关键值为 K 的记录索引项不是 B 中的第一个记录索引项（例如，若删除的是图 6.17 中第三个记录索引项中的 39，或第七个记录索引项中的 220），则删除该记录索引项后，操作结束。

② 若关键值为 K 的记录索引项是 B 中的第一个记录索引项，则要看 B 是否是其父结点的最左一个孩子：若不是，则在删除该记录索引项后，并将 B 的父结点中原指向 B 的那个索引项的关键值改成 B 中原第二个记录索引项的关键值（例如，若删除的是图 6.17 中的第七个记录索块的第一个记录索引项 180，则在删除该记录索引项后，将该记录索引块的父结点中的 180 改成 201），操作结束。

③ 若关键值为 K 的记录索引项是 B 中的第一个记录索引项，且 B 是其父结点的最左一个孩子，则在删除该记录索引项后，要看 B 的父结点是否是 B 的父结点的父结点的最左一个孩子：若不是，则按前一种类似情况修改 B 的父结点的父结点中原指向 B 的父结点的那个索引项的关键值；若是，再向更高一层递归……，直至根结点为止。

2）如果 B 中的记录索引项数等于 e，则删除关键值为 K 的记录索引项后，B 中剩余的记录索引项个数只有 $e-1$。此时，B 中的记录索引项数不到一半，根据 B^+树的定义，这时的 B 不能再作为树中的结点存在了。于是就要通过 B 的父结点找到与 B 相邻的左孪生结点或右孪生结点 B_1，将 B 中剩余结点合并到 B_1 结点，或与 B_1 合并后再分裂成两个新结点，并修改相应的索引项。如前所述，也可能涉及其祖先。

如果从图 6.17 的 B^+树删除关键值为 26 的数据记录，则可得到如图 6.19 所示的 B^+树。其中，由于要删除树中第三个叶结点的最左边的关键值为 26 的记录索引项，所以引起对其父结点的父结点（图中为根结点）的相应索引项关键值的修改。

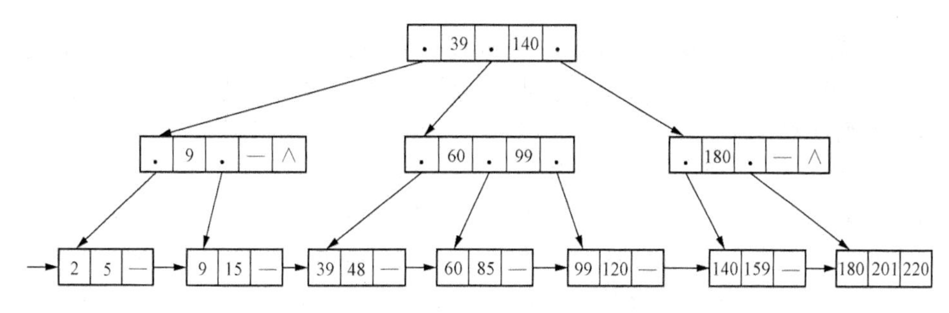

图 6.19　在图 6.17 中删除关键值为 26 的数据记录后的 B^+树

3. B^+树的性能分析

设有 N 个数据记录的关系被组织成具有参数 $m=2d-1$ 和 $n=2e-1$ 的 B^+树，其中 m 是非叶结点中索引项的个数，n 是叶结点中记录索引项的个数。显然，树中的叶结点不会超过 N/n，叶结点的父结点不会超过 $N/(m\times n)$，叶结点的父结点的父结点不会超过 $N/(m^2\times n)$，…，可这样一直推算到树根。各层次与树中结点数关系见表 6.1。

显然有

$$N=m^{i-1}n$$

$$i=\log_m\left(\frac{N}{n}\right)+1$$

当每个结点均装满时

$$i=\log_{2d-1}\left(\frac{N}{2e-1}\right)+1$$

表 6.1　B^+树的层次与树中结点数的关系

层　号	非叶结点数	叶结点数	数据记录（关键值）数
1	0	1	n
2	1	m	mn
3	$m+1$	m^2	m^2n
4	m^2+m+1	m^3	m^3n
⋮	⋮	⋮	⋮
i	$m^{i-2}+m^{i-3}+\cdots+m+1$	m^{i-1}	$m^{i-1}n$

当每个结点均只装到其下限时

$$i=\log_d\left(\frac{N}{e}\right)+1$$

所以 B^+树的层次取值范围为

$$\log_{2d-1}\left(\frac{N}{2e-1}\right)+1\leqslant i\leqslant\log_d\left(\frac{N}{e}\right)+1$$

例如，若 $N=20000$，取 $d=e=100$，则有 $2<i<3$，也即此种情况下 B^+树的高度最大为 3，搜索代价较小，所以 B^+树在数据库系统中得到了广泛应用。

B^+树除了搜索代价较小外，其突出的优越性是它较好地解决了数据记录在插入、删除和未用回收等存储组织问题，B^+树在操作中可动态地进行维护，可通过压缩索引项的办法来降低树的高度，减少读块次数，还可独立于具体的存储设备，并充分利用操作系统的分页技术。

6.3.4 散列技术

1．散列概念

散列索引又称哈希（Hash）索引，是以记录的某个属性值为参数，通过特定散列函数求得有限范围内的一个值作为记录的存储地址，是一种支持快速存取的索引方式。在散列结构中，需要选择一个带有随机特性的函数（称为散列函数），它以一个（或一组）指定的查找键值为参数（通常称为散列域），计算出一个称为散列值的函数值。查询时以该函数的值找到记录所在的磁盘块，读入主存缓冲区，然后在主存缓冲区中找到记录。存储时也是根据散列函数计算存储块号，然后存入相应单元。

在数据库技术中，一般使用“桶”作为基本的存储单位。一个桶可以存放多个记录。每个桶对应一个磁盘块，有唯一的编号。

散列技术中涉及的散列函数 H，函数 H 是从 K（所有查找键值的集合）到 B（所有桶地址的集合）的一个函数，它把每个查找键值映像到地址集合中的地址。

要插入查找键值为 K_i 的记录，首先应计算 $H(K_i)$，以此作为记录存储的桶地址，然后把记录插入到桶内的空闲空间。

在文件中检索查找键值为 K_i 的记录，首先也是计算 $H(K_i)$，求出该记录的桶地址，然后在桶内查找。在散列方法中，由于不同查找键值的记录可能对应于同一个桶号，因此一个桶内记录的查找键值可能是不相同的。在桶内查找记录时必须检查查找键值是否为所需的值。

在散列文件中进行删除操作时，一般先用前述方法找到欲删记录，然后直接从桶内删去即可。

2．散列函数

使用散列方法最坏的情况是可能把所有的查找键值映射到同一个桶中，致使所有的记录不能不存放在同一个桶中，查找一个记录就必须检查所有记录。理想情况是散列方法把储存键值均匀分布到所有桶中，这首先就要有一个好的散列函数。

好的散列函数在把查找键值转换成存储地址（桶号）时，一般满足下面两点：第一，地址的分布是均匀的，即产生的桶号尽量不能聚堆；第二，地址的分布是随机的，即所有散列函数值不受查找键值各种顺序的影响。

在日常应用中，最常使用的散列函数是“质数求余法”。其基本思想是首先确定所需存储单元数 M，给出一个接近 M 的质数 P；再根据转换的键号 K，代入公式 $H(K)=K-\mathrm{INT}(K/P)\times P$ 中，以求得数据作为存储地址，一般 $0\leqslant H(K)\leqslant P-1$。

采用散列方法时，总希望能通过计算将记录均匀分配到存储单元中去。实际上，无论采用哪一种方法，都不可避免会产生碰撞现象，即两个或多个键值经过计算所得到的结果相同而发生冲突。

例如，设 $M=10$，$P=7$，则

$H(1)=1$

$H(2)=2$

$H(3)=3$

$H(4)=4$

$H（5）=5$

$H（6）=6$

$H（7）=0$

$H（8）=1$

$H（9）=2$

$H（10）=3$

可见1和8，2和9，3和10发生冲突。

散列函数应仔细设计。设计得不好，会造成各个桶内的查找时间有长有短；设计得好，则各个桶内的查找时间相差无几，并且查找的平均时间是最小的。

3. 散列碰撞

从上述例子可见，不同的查找键值对应散列函数的值相同是一个普遍现象。在散列组织中，每个桶的空间是固定的，如果某个桶内已装满记录，还有新的记录要插入到该桶，那么称这种现象为桶溢出（也称为散列碰撞）。产生桶溢出的原因主要有两个：其一，初始设计时桶数偏少；其二，散列函数的"均匀分布性"差，造成某些桶存满了记录，而某些桶有较多空闲空间。

在设计散列函数时，桶数应放宽一些，一般桶数比正常需求多20%，以减少桶溢出的机会。

桶溢出现象在所难免，一旦发生桶溢出时常采用如下方法进行处理：如果某个桶（称为主桶）已装满记录，还有新的记录等待插入该桶，那么可以由系统提供一个溢出桶，用指针链接在该桶的后面。如果溢出桶也装满了，那么用类似的方法在其后面再链接一个溢出桶。这种方法称为溢出链方法，也称为封闭散列法。例如，一个散列文件中共有16个记录，其关键字依次为：23，05，26，01，18，02，27，12，07，09，04，19，06，16，33，24。桶的容量$m=3$，桶数$b=7$，用除模取余法，令模数为7，$H（K）=K \text{ MOD } 7$。当发生碰撞时采用链接溢出桶，图6.20所示是这种方法的示意图。记录的查找不仅要在主桶中查找，也可能要到后面链接的溢出桶中去找。

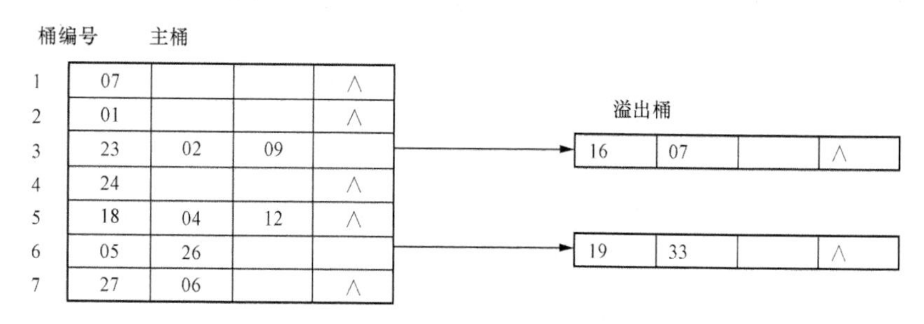

图6.20　散列结构的溢出链

4. 散列方法

下面介绍三种常用的散列方法。

（1）静态散列方法。该方法采用固定个数的散列桶，即把文件划分为N个散列桶，每个散列桶对应一个磁盘块，每个散列桶有一编号。为了实现散列桶编号到磁盘块地址的映射，每个散列文件具有一个散列桶目录。第i号散列桶的目录项存储该散列桶对应的磁盘块地址。

图 6.21 所示给出了散列桶目录示例。

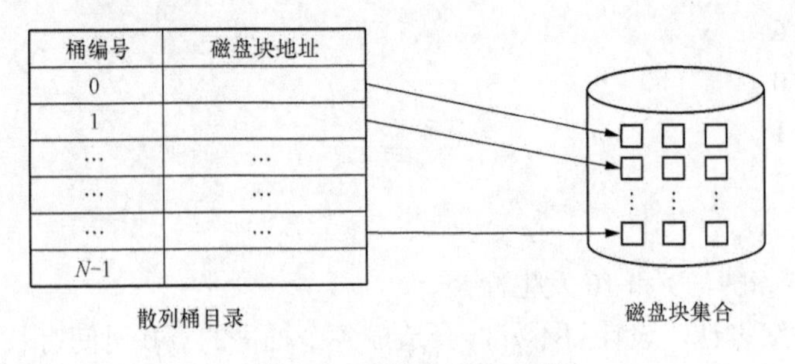

图 6.21 散列桶目录示例

显然，每个散列桶对应的磁盘块存储具有相同散列函数值的记录。如果文件的数据在散列属性上分布不均匀，可能产生桶溢出问题，其处理方法采用上述方法完成。查找记录时分两种情况处理。如果在散列文件上进行形如“A＝a”的查询，其中 A 为散列域，a 为常数，则先计算 H（A），得到桶号 i，查阅桶目录找到该桶的磁盘块链第一个磁盘块的地址，并顺着链扫描检查每一块，直到找到满足条件的记录或证明没有满足条件的记录；若上述 A 不是散列域，则需要按无序文件的查找方法完成检索操作。

插入记录可以按如下方法处理：使用散列函数计算插入记录的桶号 i，在 i 桶的磁盘块链上寻找空闲空间，将记录存入。若桶上所有块均无空闲空间，此时向系统申请一个磁盘块，将新记录插入，并将新块链入 i 桶的磁盘块链。

散列文件上的删除操作也分两种情况。如果已知欲删记录的散列域，则运行散列函数计算欲删记录的桶号 i，在 i 桶的磁盘块链上找到欲删除记录，将其删除；如果不知道欲删除记录的散列域，则需要使用无序文件上记录删除的方法处理记录。删除记录后，如果当前磁盘块为空，则释放该磁盘块。

修改记录时，若欲修改的是散列域，则通过先查询，再删除，后插入来完成；如果修改非散列域，则先进行查找，将记录读入内存缓冲区，在缓冲区中完成修改，并写回磁盘。

静态散列方法也有其不足。第一，只能有效地支持散列域上具有相等比较的数据操作。如果数据操作的条件不是建立在散列域上或不是相等比较，则数据操作的处理时间与无序文件相同。第二，大多数数据库都会随时间而变大，由于散列桶的数量一成不变，当文件记录较少时，将浪费大量存储空间，当文件记录超过一定数量以后，磁盘块链将会很长，影响记录的存取效率。

（2）动态散列方法。动态散列方法可以通过桶的分裂或合并来适应数据库的大小变化，此时散列桶的数量不是固定的，而是随文件记录的变化而增加或减少的。初始，散列文件只有一个散列桶，当记录增加，这个散列桶溢出时，它被划分为两个散列桶，原散列桶中的记录也被分为两部分。散列值的第一位为 1 的记录被分配到一个散列桶，散列值的第一位为 0 的记录被分配到另一个散列桶，当散列桶再次溢出时，每个散列桶又按上述规则划分为两个散列桶。动态散列方法需要一个用二叉树表示的目录，图 6.22 所示就是动态散列方法的结构。

上图散列桶的划分过程是这样进行的：当我们插入一个具有 01 开始的散列值的记录时，这个记录便被插入第三个散列桶，产生溢出，这时，第三个散列桶被划分为两个散列桶，散列值为 010 开始的记录被存储到划分出来的第一个散列桶，散列值为 011 开始的记录存储到划分出来的第二个散列桶。当两个相邻散列桶中记录的总数不超过一个磁盘块容量时，这时可以将这两个散列桶合并为一个散列桶。

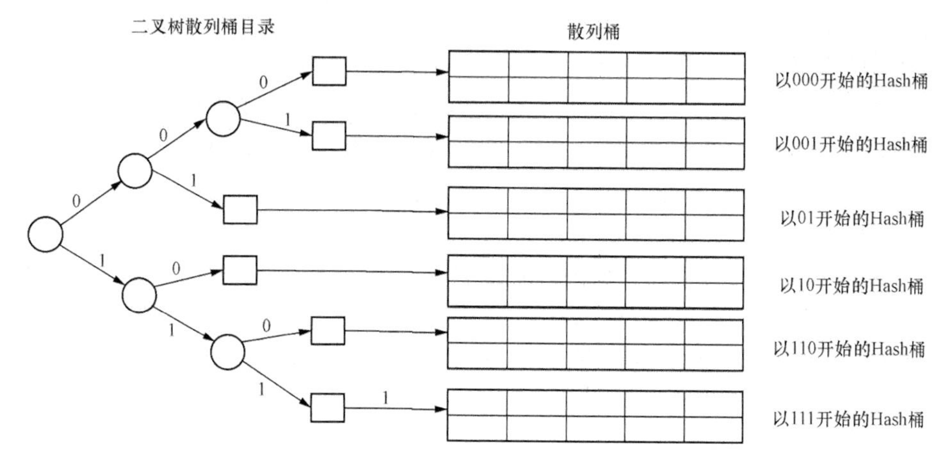

图 6.22　动态散列方法结构

二叉树目录的级数随散列桶的分裂与合并而增加或减少。如果选定的散列函数能够把记录均匀地分布到各个散列桶，二叉树目录将是一个平衡的二叉树。

（3）可扩展的散列方法。可扩展的散列方法的散列桶目录是一个包含 2^d 个磁盘块地址的一维数组，其中 d 称为散列桶目录的全局深度。设 $H(r)$ 是记录 r 的散列函数值，$H(r)$ 的前 d 位确定了 r 所在的散列桶编号。每个散列桶对应的磁盘块都有局部深度 d'，d'是确定散列桶依赖的散列函数值的位数。图 6.23 给出了可扩展的散列方法的结构。

下面用一个例子来说明散列桶的分裂过程。一个记录插入到第 01 号散列桶对应的第三个磁盘块，这时该磁盘块溢出，划分为两块，对应的散列桶也划分为两个散列桶。散列值的前三位为 010 开始的记录被存储到划分出来的第一个散列桶对应的磁块，散列值的前三位为 011 开始的记录存储到划分出来的第二个散列桶对应的磁盘块。现在，散列桶 010 和 011 对应的磁盘块不再相同。这两个散列桶的局部深度 d'由 2 变为 3。

如果一个局部深度与全局深度相同的散列桶溢出，则散列桶目录的大小需要增加两倍，因为我们需要增加一位数值才能识别散列桶。例如，当散列值的前三位为 111 的散列桶溢出时，必然裂变出编号为 1110 和 1111 的两个新散列桶，于是散列桶目录的全局深度必须改为 4，即散列桶目录的大小增加两倍。

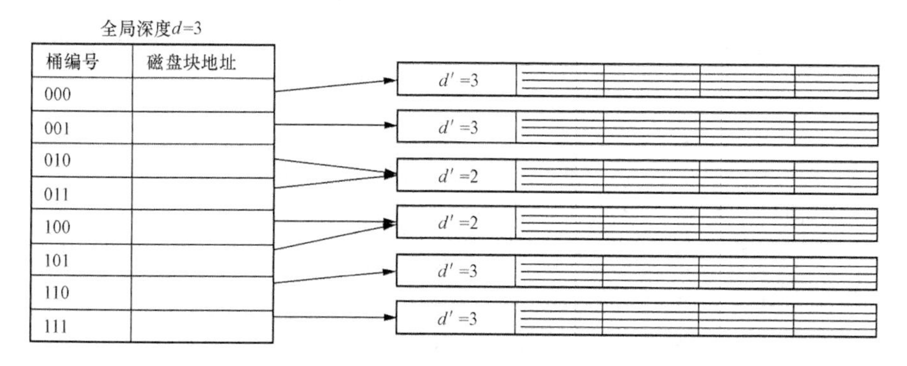

图 6.23　可扩展的散列方法的结构

6.3.5 位图索引

位图索引是一种针对多个查找键值设计的特殊索引类型，然而每个位图索引都是建立在一个键值之上的。

为了使用位图索引，关系中的记录必须进行顺序编号，如 0，1，2，3，…，n。这样使得给定一个编号值 i（$0 \leqslant i \leqslant n$）时，就能很简单地查找到编号为 i 的这一条记录。当记录是定长记录时，而且位于文件的连续的块上，则实现上述查找就很容易了，因为编号可以通过简单的方法转化为块号和块内的偏移地址，从而查找到记录。

1．位图索引结构

位图（Bitmap）就是位的简单排列。关系 R 的属性 A 的位图索引就是由 A 能取得的每个值的位图构成。第一，位图的位数等于关系中记录的数目；第二，如果编号为 i 的记录的属性 A 的取值为 u_j，则值为 u_j 的位图的第 i 位为 1，而该位图上的其他位为 0。下面以一个例子来形象了解位图的基本结构。

【例 6.1】 表 6.2 是一个含有 6 个记录的简单关系表。它的属性 Tsex 总共有两种取值，分别是“男”和“女”，在关系 Dnum 上有三种取值，“D001”，“D002”和“D003”。图 6.24 给出了这两个属性的索引位图。现在来考虑系编号为 D001 的男性教师的查询。

解 我们取 Tsex 值为“男”的位图和 Dnum 值为“D001”的位图，然后对两个位图执行交（逻辑与）操作，两个位图的第 i 位值同为 1 时，相交结果为 1，否则为 0。这时可计算出一个新的位图，（101101）∧（100110）＝（100100）。从计算的结果可以看出，满足条件的记录为第 1 和第 4 条。

表 6.2 简单关系表

Tnum	Tname	Tsex	Tbirth	Ttitle	Tsalary	Tphone	Dnum
T001	梁文博	男	1970-04-09	副教授	2600.0	87659078	D001
T002	王芳	女	1967-08-05	教授	3200.0	15956789056	D003
T003	李刚	男	1979-05-23	讲师	2200.0	13809097865	D003
T004	王森林	男	1950-11-03	教授	3500.0	56784325	D001
T005	余雪梅	女	1979-03-23	助教	1880.0	13387650643	D001
T006	方维伟	男	1965-05-03	副教授	2680.0	13345678932	D002

可以看出，Tsex 属性可取 2 个值，Dnum 属性可取 3 个值，一般来说，平均 6 个记录中只有一个满足两个属性组合的条件。如果取值更多，则满足所给条件的记录比例将会更小。这样，系统在对位图进行交操作后，只要找出值为 1 的位相对应得记录既能查询到结果，而不用扫描整个关系。

再考虑一个属性 Tsalary，原始数据可以取无限多的值，但此处可以将其拆分为 4 段：L1：0～1000，L2：1000～2000，L3：2000～3000，L4：3000～4000。将无限取值的数据划分为几个数据段，可以简化分析，很容易地就能画出索引位图。如图 6.25 所示。

位图的另一个重要的应用就是根据所给条件快速计算出满足条件的记录数。这样的检索对于数据分析很重要。在某些时候，我们可以不访问数据关系文件，只从位图索引就能得到结果。位图索引比一般文件小得多，典型的记录至少是几十或几百字节，而位图的一位就能代表一个记录，一个单独的位图占用的空间通常少于关系文件的百分之一。

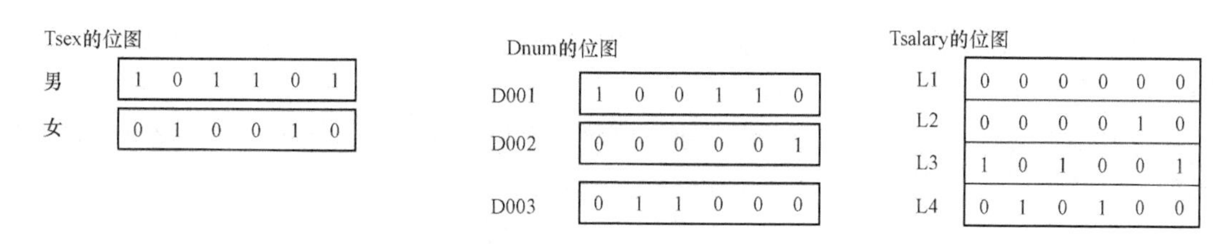

图 6.24　教师关系的两个位图索引

图 6.25　分段后的索引位图

2. 位图索引的压缩与解码

当用于建立位图索引的属性有很多不同取值时，甚至在极端情况下，为主键或候选键建立位图索引，则属性取值数量与记录数相同，位图索引也可能会很大。在这种情况下，位图中值为 1 的位很少，就有必要对位图进行压缩，可以很明显的减少位图索引的大小。

下面介绍众多压缩算法中的一种。设一个关系 R 有 n 个记录，在关系 R 上的属性 A 有 m 个不同取值，下面对 A 的位图索引进行压缩运算。首先找到取值中所有为 1 的位置，然后对这些位置进行 0，1 编码，把所有编码连接起来成为待压缩编码。对于编码中任意一个取值为 1 的位置 i（i 必为大于 0 的整数），首先计算 $j=[\log_2 i]$，即 j 等于整数 i 的二进制表示的位数，然后将 $j-1$ 个 1，1 个 0，以及整数 i 的二进制表示依次拼接起来作为 i 的 0，1 编码。

【例 6.2】 求编码 0000001000000000100000000 的 0，1 压缩编码。

解　这个编码长度为 25，在 $i_1=7$ 和 $i_2=17$ 两个位置取值为 1，可得 $j_1=3$，$j_2=5$，i_1 和 i_2 的二进制表示分别为 111 和 10001。根据上述压缩算法，可得 i_1 和 i_2 的 0，1 编码分别为 110111 和 1111010001。将上述两个编码拼接起来就得到 0000001000000000100000000 的压缩编码为 1101111111010001。

当对两个压缩过的位图进行运算时，必须先进行解码运算。

【例 6.3】 对压缩编码 1101111111010001 进行解码操作。

解　首先从最左边开始第 3 位为 0，可以得到 $j_1=3$，0 依次向后 3 位为 i_1 的二进制编码，即 111，从而可以得到 $i_1=7$（读者可以根据前面的压缩操作，分析一下为什么不可能是 2 位或 4 位）。现在剩下 1111010001，再次从左向右看，第 5 位为 0，所以 $j_2=5$，这个 0 后面 5 位为 i_2 的二进制表示，即 10001，所以 $i_2=17$。至此可以得编码前 17 位为 00000010000000001。如果知道关系中的记录数为 $n=25$，则可在解码后的编码末尾补上 $n-13=8$ 个 0，使其还原成压缩前的状态 0000001000000000100000000。

由于上述编码的关系表记录数 n 很小，使得这种压缩算法的压缩比不明显，看不出压缩的价值，但是当 n 很大时，压缩后对于空间的缩小是显著的。

3. 位图索引的操作

可以简单地用一个 for 循环来计算两个位图索引的交：第 i 个循环计算两个位图的第 i 位交（“and” 运算）。下面我们来观察位图索引交运算的速度。根据计算机体系结构不同，计算机字（word）通常为 32 位或 64 位。位模式 “and” 指令以两个 “字” 输入，输出一个 “字”，该 “字” 的每一 “位” 是输入的两个 “字” 对应的 “位” 进行 “and” 运算的结果，所以，位模式 “and” 指令一次运算可以得到 32 位或 64 位的交。

设一个关系有 100 万条记录，每个位图将包含 100 万个位，相当于 128KB 个字节。假设字长为 32 位，两个位图相交只需要 31250 条指令，可见位图交运算是相当快的。

（1）删除记录。如果要删除记录 i，不需要调整码长，仅将所有位图索引第 i 位置 0，同时把关系表中被删除的记录的空间用“删除标记”替代。

（2）插入记录。若要插入一个新记录，则将所有位图在原来的基础上在末尾补 0，然后根据新记录中属性的值，找到相应位图索引，将最后一位置 1。

如果要添加一个新的属性，则必须增加一个相应的位图。

小　　结

数据库是数据的有序集合，需保留在计算机外存介质上反复使用。由于实际应用系统数据规模都很庞大，加之经常要从数据集合中检索需要的数据，所以数据组织的方式，数据的定位方式，以及数据的维护策略的选取十分重要。

在磁盘中，数据库以文件形式组织。文件组织有两种方法：一种是把记录设计成定长格式，也就是每个文件只存储某一确定长度的记录；另一种是变长格式，使之能存放不同长度的记录。实现变长记录的技术有多种，包括分槽式页结构、指针方法和保留空间等方法。

文件结构有堆文件、顺序文件、散列文件和聚集文件等四种。为了提高查找速度，可以为文件建立索引或散列机制。

索引有稠密索引、稀疏索引和多级索引等形式。索引顺序文件组织的主要缺陷是随着文件的增大，性能会下降。为了克服这个缺陷，可以使用 B、B^+树索引。B^+树索引是平衡树，即从树根到树叶所有路径长度相等。这种查找是简单有效的，但插入和删除比较复杂。B 树索引和 B^+树索引类似。B 树的主要优点在于它去除了查找键值存储中的冗余；主要缺陷在于整体的复杂性以及结点大小给定时减少了溢出。实际应用中，人们总是更愿意使用 B^+树索引。

顺序文件需要一个索引结构来定位数据。相比之下，基于散列的文件允许通过散列函数直接得到记录所在的桶地址。静态散列所用的桶地址集合是固定的，不容易适应数据库数据量的快速增长。可扩充散列结构是一种允许修改散列函数的动态散列技术，在数据库增加或缩减时它可以通过分裂或合并桶来适应数据库大小的变化。

习　　题

一、解释下列术语

有序文件、线性索引。

二、单项选择

1．下列哪项符合磁盘存储器性能指标（　　）。

A．存储速度最快　　B．断电后存储内容丢失

C．存储容量大　　D．必须从头顺序访问

2．开辟内存缓冲区的主要目的是（　　）。

A．减少访问磁盘的次数　　B．有利于组织文件

C．增加用户工作区的数目　　D．方便数据块的组块工作

3．某数据表已经将列 F 定义为主关键字，则以下说法中错误的是（　　）。

A．列 F 的数据是有序排列的

B．列 F 的数据在整个数据表中是唯一存在的

C．不能再给此数据表建立聚集索引

D．当为其他列建立非聚集索引时，将导致此数据表的记录重新排列

4．下面关于唯一索引描述不正确的是（　　）。

A．某列创建了唯一索引则这一列为主键

B．不允许插入重复的列值

C．某列创建为主键，则该列会自动创建唯一索引

D．一个表中可以有多个唯一索引

5．在作为索引顺序文件的索引部分的 5 阶 B^+树，其最低一层顺序集结点的指针存放的是（　　）。

A．作为索引项的关键值　　B．文件中的记录

C．文件记录的地址　　D．文件记录中除去关键值外的信息

6．对索引文件，要建立一张（　　）表。

A．链接　　B．符合　　C．索引　　D．存取

7．在一个非聚集索引的 B 树中，已知它有四级（根结点为第一级，叶级为第四级）。若其中有一级的索引指针指向的是真实的数据行所在的位置，请问它处于第几级？（　　）。

A．第一级　　B．第二级　　C．第三级　　D．第四级

8．在“学生”表中基于“学号”字段建立的索引属于（　　）。

A．唯一索引　非聚集索引　　B．非唯一索引　非聚集索引

C．聚集索引　非唯一索引　　D．唯一索引　聚集索引

9．数据库中存放两个关系：教师（教师编号，姓名）和课程（课程号，课程名，教师编号），为快速查出某位教师所讲授的课程，应该（　　）。

A．在教师表上按教师编号建索引　　B．在课程表上按课程号建索引

C．在课程表上按教师编号建索引　　D．在教师表上按姓名建索引

三、填空

1．数据库运行时，信息交换是在________中进行的，为了减少内外存交换次数，一般应采取________。

2．索引一旦建立，它将决定数据表中记录的________ 顺序。

3．三种主要的文件组织方式是：________，________，________。

4．索引的组织方式主要有________和________两种。

5．________又称为哈希索引，是一种支持快速存取的索引方式。

6．记录式结构分为________和________两种。

7．解决________是散列文件的主要麻烦。

8．在日常应用中，最常使用的散列函数是________。

四、简答

1．数据冗余会产生什么问题？

2．索引有何优缺点？

3．什么情况下使用稠密索引比稀疏索引要好？并请作必要的解释。

4．在散列文件组织中，是什么原因引起桶溢出的？有什么办法能减少桶溢出？

5. 设有一个表为学生关系 S，有学号 Snum，姓名 Sname 等列，表执行如下语句：

```
CREATE CLUSTERED INDEX idx ON S(Sname)
```

得到以下错误：

```
Cannot create more than one clustered index
```

原因是什么，为什么会出错？

第7章　数据库设计

本章主要介绍数据库设计的技术和方法。读者应理解并掌握数据库设计工作中各阶段的主要任务和所采取的技术措施。概念结构设计和逻辑结构设计是本章的重点。

数据库设计是根据选定的DBMS建立数据库和开发应用程序的复杂过程，数据库设计的优劣直接影响系统的质量和运行效果，所以要求设计人员既要详尽地了解用户的数据要求，支持用户对数据处理的要求；又要了解所选用的DBMS的特点，充分发挥系统的性能，提高系统的效率。因此，掌握一种规范化的设计方法，使设计工作有规律地进行，是非常重要的。

7.1　数据库设计概述

7.1.1　数据库设计的任务、内容和特点

1. 数据库设计的任务

数据库设计是指根据用户需求研制数据库结构的过程。具体地说，数据库设计是指对于一个给定的应用环境，构造最优的数据库模式，建立数据库及其应用系统，使之能有效地存储数据，满足用户的信息要求和处理要求，也就是把现实世界中的数据，根据各种应用处理的要求，加以合理组织，使之满足硬件和操作系统的特性，利用已有的DBMS来建立能够实现系统目标的数据库。数据库设计的任务如图7.1所示。

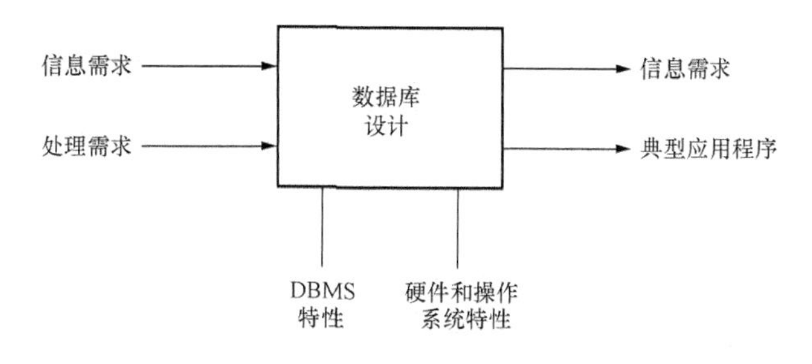

图7.1　数据库设计的任务

2. 数据库设计的内容

数据库设计包括数据库的结构设计和数据库的行为设计两方面的内容。结构设计是基础和关键，应该和行为设计相结合。

（1）数据库的结构设计。数据库的结构设计是指根据给定的应用环境，进行数据库的模式或子模式的设计。它包括数据库的概念设计、逻辑设计和物理设计。数据库模式是各应用程序共享的结构，是静态的、稳定的，一经形成后通常情况下是不容易改变的，所以结构设计又称为静态模型设计。数据库结构设计是否合理，直接影响到系统中各个处理过程的性能和质量。

（2）数据库的行为设计。数据库的行为设计是指确定数据库用户的行为和动作。在数据

库系统中，用户的行为和动作指用户对数据库的操作，这些要通过应用程序来实现，所以数据库的行为设计就是应用程序的设计。用户的行为总是使数据库的内容发生变化，所以行为设计是动态的，行为设计又称为动态模型设计。

3. 数据库设计的特点

数据库设计既是一项涉及多学科的综合性技术，又是一项庞大的工程项目。“三分技术，七分管理，十二分基础数据”讲的就是数据库建设的基本规律。技术和管理的界面（称之为“干件”）十分重要。数据库设计的特点之一就是要求硬件、软件和干件相结合。这里着重讨论软件设计技术。

在 20 世纪 70 年代末 80 年代初，人们为了研究数据库设计方法学的便利，曾主张将结构设计和行为设计两者分离，随着数据库设计方法学的成熟和结构化分析、设计方法的普及使用，人们主张将两者作一体化考虑，这样可以缩短数据库的设计周期，提高数据库的设计效率。

现代数据库的设计特点之一，就是强调结构设计与行为设计相结合，是一种反复探寻，逐步求精的过程。首先从数据模型开始设计，以数据模型为核心进行展开，将数据库设计和应用系统设计相结合，建立一个完整、独立、共享、冗余小并且安全有效的数据库系统。图 7.2 给出了数据库设计的全过程。

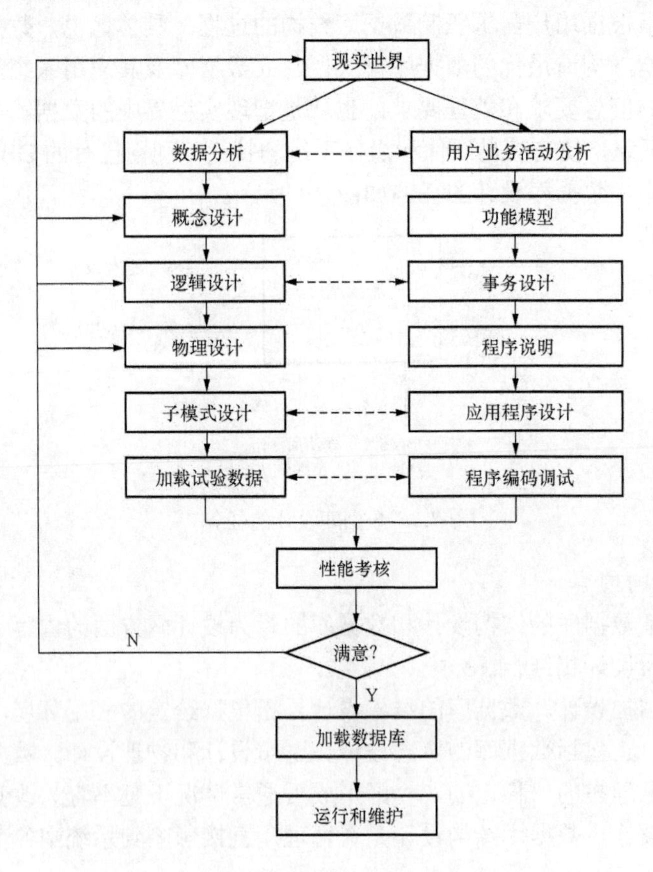

图 7.2 数据库设计的全过程

7.1.2 数据库设计方法简述

数据库设计方法目前可分为四类：直观设计法、规范设计法、计算机辅助设计法和自动化设计法。这些设计方法大都是数据库设计的不同阶段所使用的具体技术和方法。

1. 直观设计法

直观设计法也叫手工试凑法，它是最早使用的数据库设计方法。这种方法依赖于设计者的经验和技巧，缺乏科学理论和工程原则的支持，设计的质量很难保证，常常是数据库运行一段时间后又发现一些问题，再重新进行修改，增加了系统维护的代价。因此这种方法越来越不适应信息管理发展的需要。

2. 规范设计法

为克服直观设计法的缺点和不足，人们努力探索，于1978年10月提出了数据库设计的规范，这就是著名的新奥尔良法（New Orleans），它是目前公认的比较完整和权威的一种规范设计法。新奥尔良法将数据库设计分成需求分析（分析用户需求）、概念设计（信息分析和定义）、逻辑设计（设计实现）和物理设计（物理数据库设计）。目前，常用的规范设计方法大多起源于新奥尔良法，并在设计的每一阶段采用一些辅助方法来具体实现。下面简单介绍几种常用的规范设计方法。

（1）基于E-R模型的数据库设计方法。1976年P.P.chen提出了基于E-R模型的数据库设计方法，其基本思想是在需求分析的基础上，用E-R图构造一个反映现实世界实体之间联系的企业模式，再将此企业模式转换成基于某一特定的DBMS的概念模式。

（2）基于3NF的数据库设计方法。基于3NF的数据库设计方法是由Atre A提出的结构化设计方法，其基本思想是在分析的基础上，确定数据库模式中的全部属性和属性间的依赖关系，将它们组织在一个关系模式中，然后再分析模式中不符合3NF的约束条件，将其进行投影分解，规范成为3NF关系模式的集合。其具体设计步骤分为五个阶段：

1）设计企业模式，利用规范得到的3NF关系模式画出企业模式；

2）设计数据库的概念模式，把企业模式转换成DBMS所能接受的概念模式，并根据概念模式导出各个应用的外模式；

3）设计数据库的物理模式（存储模式）；

4）对物理模式进行评价；

5）数据库实现。

（3）基于视图的数据库设计方法。基于视图的数据库设计方法先从分析各个应用的数据着手，其基本思想是为每个应用建立自己的视图，然后再把这些视图汇总起来合并成整个数据库的概念模式。合并过程中要解决以下问题：

1）消除命名冲突；

2）消除冗余的实体和联系；

3）进行模式重构，在消除了命名冲突和冗余后；需要对整个汇总模式进行调整，使其满足全部完整性约束条件。

规范设计法从本质上讲仍然是手工设计方法，其基本思想是过程迭代和逐步求精。

3. 计算机辅助设计法

计算机辅助设计法是指在数据库设计的某些过程中模拟某一规范化设计的方法，并以人的知识或经验为主导，通过人机交互方式实现设计中的某些部分。目前数据库设计工具已经实用化和产品化。例如 SYSBASE 公司的 PowerDesigner 和 Oracle 公司的 Design2000 就是常用的数据库设计工具软件。这些计算机辅助软件工程（Computer Aided Software Engineering，简称 CASE）工具可以自动或辅助设计人员完成数据库设计过程中的很多任务。

一种实用的数据库设计方法至少应包括设计过程、设计技术、评价准则、信息需求和描述机制。

7.1.3 数据库设计的步骤

软件生存期是软件工程的一个重要概念。软件生存期是从软件规划、研制、实现、投入运行后的维护阶段到它被新的软件所取代而停止使用的整个期间。它通常包括六个阶段：规划阶段、需求分析阶段、设计阶段、程序编制阶段、调试阶段和运行维护阶段。

和其他软件一样，数据库的设计过程可以使用软件工程中的生存周期的概念来说明，称为“数据库设计的生存期”，它是指从数据库研制到不再使用它的整个时期。通常按规范设计法可将数据库设计分为六个阶段，如图 7.3 所示。

该方法是分阶段完成的，每完成一个阶段，都要进行设计分析，评价一些重要的设计指标，把设计阶段产生的文档组织评审，与用户进行交流。如果设计的数据库不符合要求则进行修改，这种分析和修改可能要重复若干次，以求最后实现的数据库能够比较精确地模拟现实世界，能较准确地反映用户的需求。

数据库设计中，前两个阶段是面向用户的应用要求，面向具体的问题；中间两个阶段是面向数据库管理系统；最后两个阶段是面向具体的实现方法。前四个阶段可统称为“分析和设计阶段”，后两个阶段统称为“实现和运行阶段”。六个阶段的主要工作各有不同。

（1）系统需求分析阶段。进行数据库设计首先必须准确了解与分析用户需求，需求分析是整个数据库设计过程的基础，要收集数据库所有用户的信息内容和处理要求，并加以规格化和分析。这是最费时、最复杂的一步，但也是最重要的一步，相当于待构建的数据库大厦的地基，它决定了以后各步设计的速度与质量，需求分析做得不好，可能会导致整个数据库设计返工重做。

（2）概念结构设计阶段。概念结构设计通过对用户需求进行综合、归纳与抽象，形成一个独立于任何 DBMS 软件和硬件的概念模型。

（3）逻辑结构设计阶段。逻辑结构设计是将概念模型转换为某个 DBMS 所支持的数据模型，并对其性能进行优化。

（4）物理设计阶段。物理设计是为逻辑数据模型建立一个完整的能实现的数据库结构，包括存储结构和存取方法。

（5）数据库实施阶段。此阶段系统设计人员要运用 DBMS 提供的数据操作语言和宿主语言，根据数据库的逻辑设计和物理设计的结果建立数据库，编写和调试相应的应用程序。组织数据入库，并进行试运行。

（6）数据库运行与维护阶段。这一阶段主要是收集和记录系统实际运行的数据，用来评价数据库系统的性能，进一步调整和修改数据库。以保持数据库的完整性，并能有效地处理数据库故障和进行数据库恢复。

设计一个完善的数据库应用系统是不可能一蹴而就的，它往往是上述六个阶段不断反复的过程。这六个阶段是从数据库应用系统设计和开发的全过程来考察数据库设计的问题。因此，它既是数据库也是应用系统的设计过程。在设计过程中，努力使数据库设计和系统其他

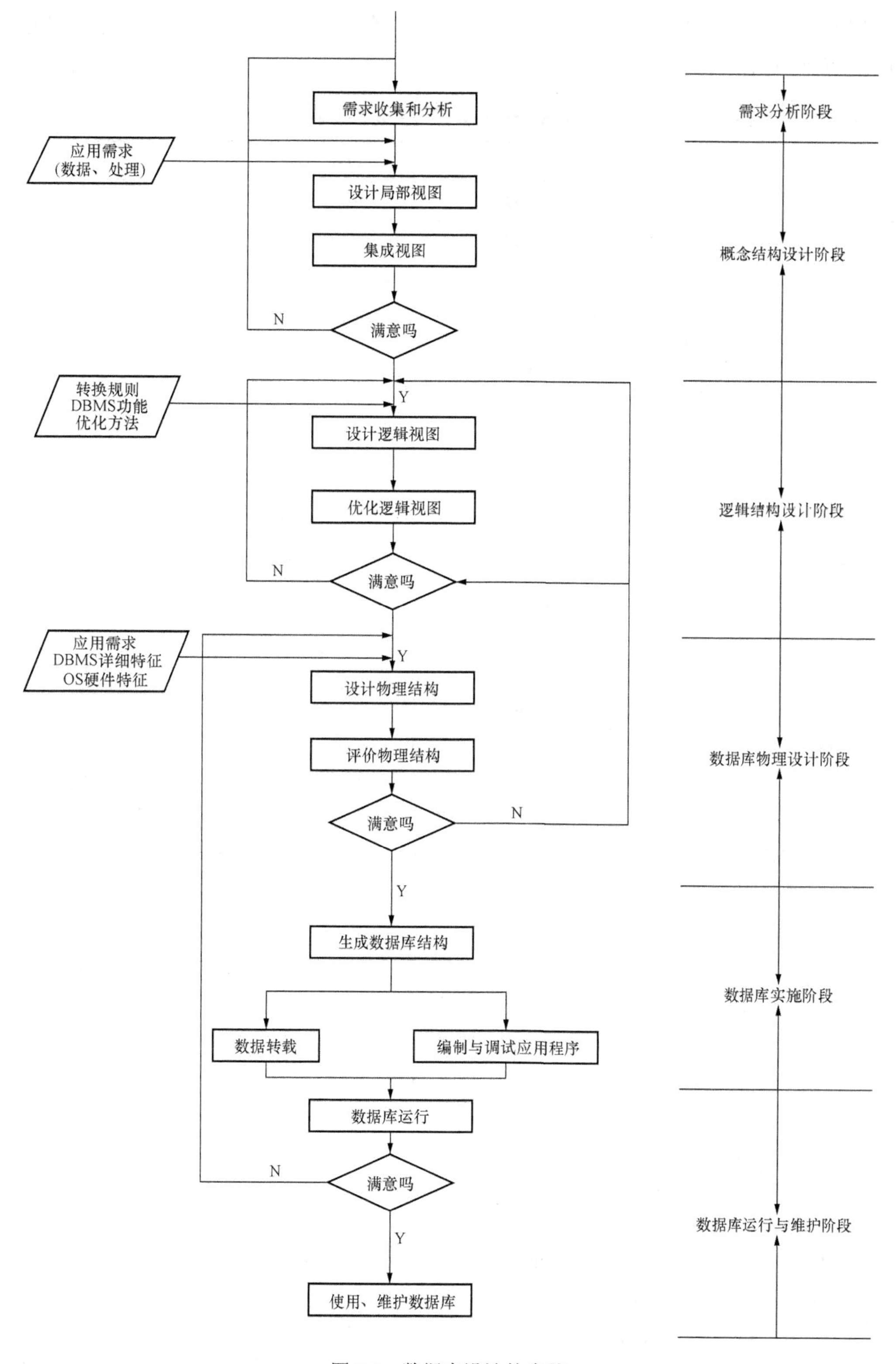

图 7.3 数据库设计的步骤

部分的设计紧密结合，把数据和处理的需求收集、分析、抽象、设计和实现在各个阶段同时进行、相互参照、相互补充，以完善两方面的设计。按照这个原则，数据库各个阶段的设计可用表 7.1 描述。

表 7.1　　数据库各个设计阶段的设计描述

设计阶段	设计描述	
	数据	处理
需求分析	数据字典、全系统中数据项、数据流、数据存储的描述	数据流图和判定表（判定树） 数据字典中处理过程的描述
概念结构设计	概念模型（E-R 图） 数据字典	系统说明书。包括： （1）新系统要求、方案和概图 （2）反映新系统信息的数据流图
逻辑结构设计	某种数据模型 关系模型	系统结构图 非关系模型（模块结构图）
物理设计	存储安排 存取方法选择 存取路径建立	模块设计 存取路径建立 IPO 表（输入、处理、输出）
实施阶段	编写模式 装入数据 数据库试运行	程序编码 编译联结 测试
运行、维护	性能测试，转储 / 恢复数据库重组和重构	新旧系统转换、运行、维护（修正性、适应性、改善性维护）

7.1.4　数据库设计工具 PowerDesigner

PowerDesigner 是 Sybase 公司推出的一个集成了企业架构分析、UML（统一建模语言）和数据建模的 CASE（计算机辅助软件工程）工具。利用 PowerDesigner 可以制作数据流程图、概念数据模型、物理数据模型，可以生成多种客户端开发工具的应用程序等，而且可以满足管理、系统设计、开发等相关人员的使用。下面简单介绍 PowerDesigner 的功能、4 种模型及其之间的关系、基本操作。

1. PowerDesigner 的功能

（1）Data Architect。这是一个强大的数据库设计工具，使用 Data Architect 可利用 E-R 图为一个信息系统创建"概念数据模型"——CDM（Conceptual Data Model）。并且可根据 CDM 产生基于某一特定数据库管理系统的"物理数据模型"——PDM（Physical Data Model）。还可优化 PDM，产生为特定 DBMS 创建数据库的 SQL 语句并可以以文件形式存储，以便在其他时刻运行这些 SQL 语句创建数据库。另外，Data Architect 还可根据已存在的数据库反向生成 PDM、CDM 及创建数据库的 SQL 脚本。

（2）Process Analyst。这部分用于创建功能模型和数据流图，创建"处理层次关系"。

（3）App Modeler。为客户/服务器应用程序创建应用模型。

（4）ODBC Administrator。此部分用来管理系统的各种数据源。

2. PowerDesigner 的 4 种模型

（1）业务处理模型（Business Process Model，简称 BPM）。业务处理模型主要用在需求分析阶段，描述业务的各种不同内在任务和内在流程，并使用一个流程图来描述程序、流程、信息和合作协议之间的交互作用。BPM 是从业务合伙人的观点来看业务逻辑和规则的概念模型。

需求分析阶段的主要任务是明确系统的功能。

（2）概念数据模型（Conceptual Data Model，简称 CDM）。概念数据模型主要用在系统开发的数据库设计阶段，利用 E-R 图来表现数据库的全部逻辑的结构，它描述实体与实体之间的关系，CDM 不考虑物理实现细节，只考虑实体之间的关系，数据库系统的进一步开发以此为基础。简单的 CDM 图如图 7.4 所示。

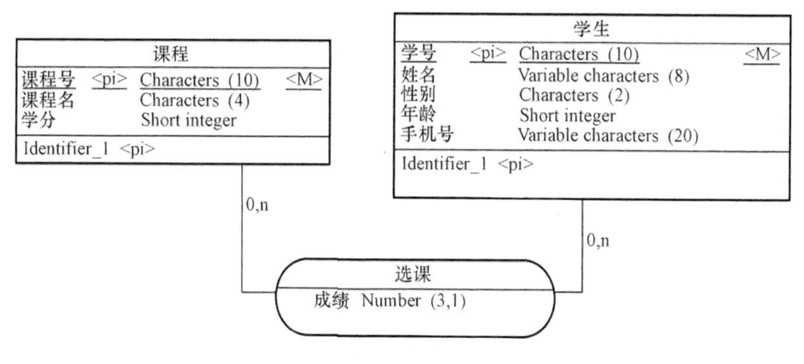

图 7.4 简单的 CDM 图

（3）物理数据模型（Physical Data Model，简称 PDM）。物理数据模型是适合于系统设计阶段的工具，它叙述数据库的物理实现，是模型的物理实现细节的详细说明。PDM 是以常用的 DBMS 理论为基础，将 CDM 中建立的现实世界模型生成特定的 DBMS 的 SQL 语言脚本，利用该脚本即可在数据库中产生现实世界的存储信息（表、约束等），并保证数据在数据库中的完整性和一致性。由图 7.4 生成的 PDM 图如图 7.5 所示。

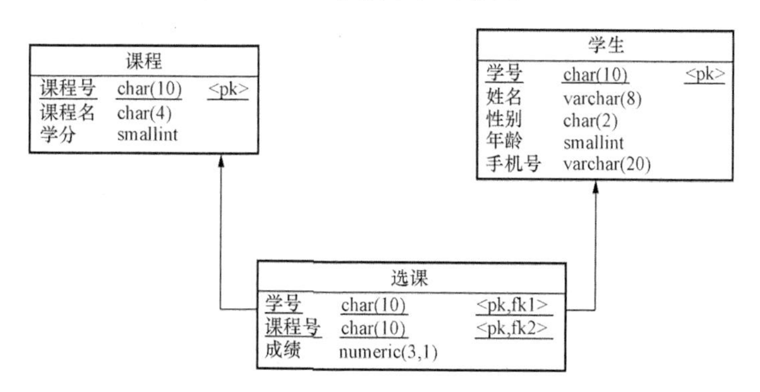

图 7.5 由图 7.4 生成的 PDM 图

（4）面向对象模型（Object-Oriented Model，简称 OOM）。面向对象模型是利用 UML 的图形来描述系统结构的模型，一个 OOM 包含一系列包、类、接口和他们的关系。利用 UML 的用例图、时序图、类图、构件图和活动图来建立面向对象模型，从而完成系统的分析和设计。

CDM、PDM、OOM 三者转换关系如图 7.6 所示。

3. PowerDesigner 基本操作

目前 PowerDesigner 较新的版本为 15.0，它是首批在一个应用环境中为三种建模技术（业务分析、完全数据和 UML）同时提供丰富图形支持的设计工具之一，给用户提供了高效、开放和全集成的建模解决方案。

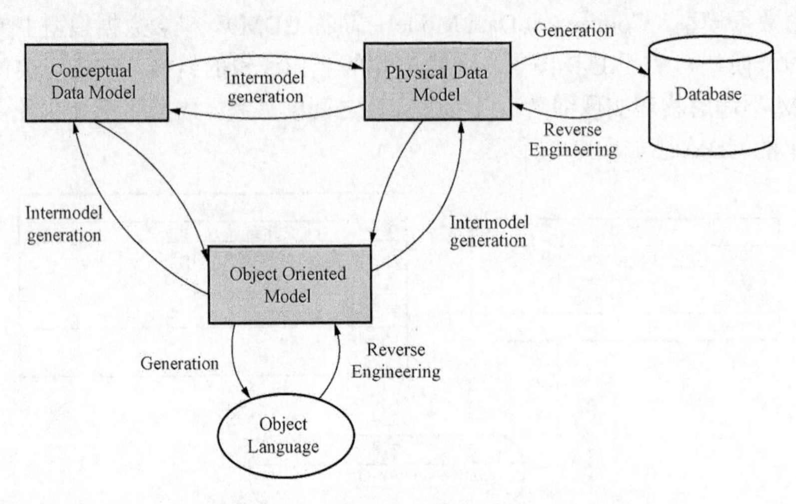

图 7.6 CDM、PDM、OOM 三者转换关系

下面就 PowerDesigner 15.0 版本来简单介绍其基本操作。

（1）建立模型。“File”→“New Model”命令可以新建 PowerDesigner 支持的所有模型，如图 7.7 所示。

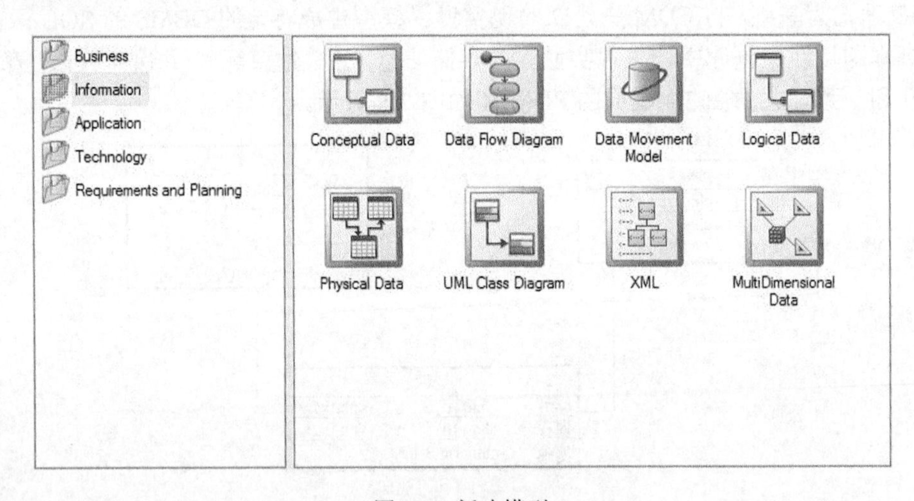

图 7.7 新建模型

（2）工具板的使用。建立的模型不同，工具板会有所不同，下面以 Conceptual Data Model 为例，工具板如图 7.8 所示。选择工具板上的工具，如新建实体（Entity）工具，在模型区域单击鼠标左键即可创建实体，单击鼠标右键取消，其他工具操作相同。

（3）操作实体。双击模型区域新建的实体图形，打开 Entity Properties 面板，如图 7.9 所示。

1）General 选项卡：更改实体名，注释等属性。

2）Attributes 选项卡：

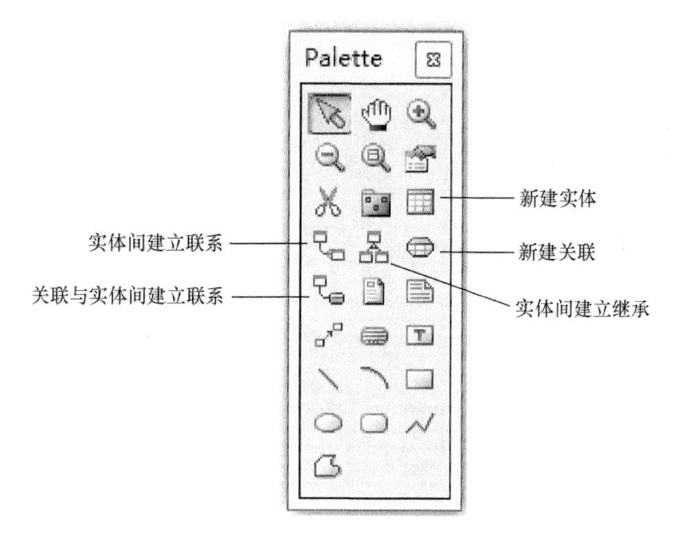

图 7.8 工具板

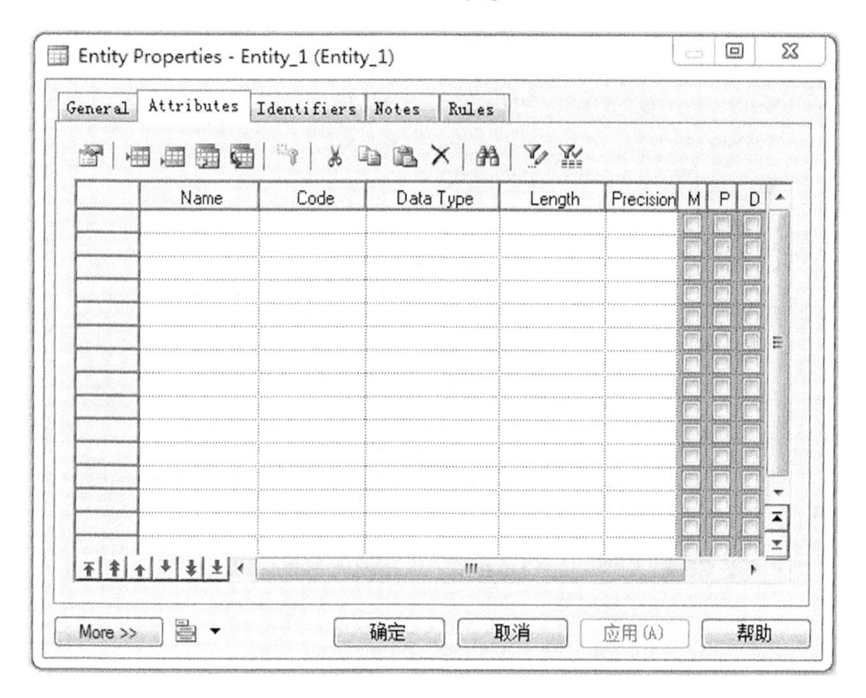

图 7.9 Entity Properties 面板

Name：属性名，可以用中文。

Code：属性代码，在应用程序中用来指代该属性。

Data Type：数据类型。

Domain：域。

M：Mandatory，强制属性，表示属性不能为空值。

P：Primary Identifier，主标识符，表示实体的唯一标识。

D：Displayed，在实体图形符号中是否显示。

3）Identifiers 选项卡：定义标识符。

4）Notes 选项卡：定义说明。

5）Rules 选项卡：定义业务规则。

4. 建立实体间联系

选择实体间建立联系（Relationship）工具，单击第一个实体，保持鼠标左键按下，将光标拖动到另一个实体后释放左键。

在联系线上，符号“○<”表示“Many”，符号“—○—”表示“One”，双击联系线，在 Cardinalities 选项卡中可以设置对应关系，有“One-One”、“One-Many”、“Many-One”、“Many-Many”四种类型。Relationship Properties 面板如图 7.10 所示。

图 7.10 Relationship Properties 面板

5. CDM 转化为 PDM

打开 CDM 模型，选择“Tool”→“Generate Physical Data Model”命令，在 Generate 选项卡中选择生成 PDM 的方式及参数，单击“确定”按钮。此时由系统自动生成 PDM，CDM 与 PDM 的转换关系见表 7.2。

PDM 不仅可以由 CDM 转换而来，还可以由其他模型如 OOM 转化，也可以由 PowerDesigner 直接建立设计，其他模型也如此。

表 7.2 CDM 与 PDM 的转换关系

CDM	PDM
Entity	Table
Column	Entity attribute
Primary or Foreign key	Primary identifier
Inheritance	Reference
Domain	Domain

6. 由 PDM 生成数据库

选择“Database”→“Generate Database”命令，打开 Database Generation 对话框，设置相应参数，单击“确定”按钮，系统自动生成数据库。

Database Generation 对话框一些参数如下：

Directory：生成脚本文件的目录。

File name：生成脚本文件的文件名。

Generation type：生成类型。

Script generation：生成 SQL 脚本文件。

Direct generation：直接通过 ODBC 生成。

Check model：生产前检查模型。

PowerDesigner 是一个功能丰富、强大的工具，它的用途不局限于数据建模，如业务流程建模、Web Services 等。但是并不是每个设计都非要用到 PowerDesigner。例如：小的系统或 Table 数比较少的情况下就没有必要采用 PowerDesigner。本书由于篇幅原因，只涉及其中一小部分，让读者对 PowerDesigner 的功能和用途有所了解，更多内容读者可以查阅相关专业书籍，深入了解 PowerDesigner 的功能及其应用。

7.2 系统需求分析

这一阶段由计算机人员（系统分析员）和用户双方共同收集数据库所需要的信息内容和用户对处理的要求，并以系统分析说明书的形式确定下来，作为以后系统开发的指南和系统验证的依据。

7.2.1 系统需求分析的概念和重要性

在有效地设计数据库之前，要尽可能详细地了解和分析用户的需求和数据库的用途，这个过程称为需求分析。需求分析可能是非常耗时的，但对于信息系统的成功与否至关重要。改正需求中的一个错误，要比修改实现过程中的一个错误有价值得多，这是因为需求中的错误产生的效果通常具有传播性，往往会导致大量后续工作的返工。如果不改正这个错误，就意味着系统将不能满足用户的需求，甚至根本无法使用。系统需求分析已经成为数据库设计的重中之重。

7.2.2 系统需求分析的任务

从数据库设计的角度来看，需求分析的任务是：详细调查现实世界要处理的对象（组织、部门、企业等）；充分了解原系统（手工系统或计算机系统）的概况和发展前景；明确用户的各种需求；收集支持新系统的基础数据并对其进行处理；确定新系统的功能和边界。具体地说，需求分析阶段的任务包括下述四项内容。

1. 调查分析用户活动

这个过程通过对新系统运行目标的研究，对现行系统所存在的主要问题的分析以及制约因素的分析，明确用户总的需求目标，确定这个目标的功能域和数据域。具体做法是：

（1）调查组织机构情况，包括该组织的部门组成情况、各部门的职责和任务等。

（2）调查各部门的业务活动情况，包括各部门输入和输出的数据与格式、所需的表格与卡片、加工处理这些数据的步骤、输入输出的部门等。

（3）调查分析的方法。计算机工作人员应当熟悉现实世界的业务，调查用户对数据库系统的各种要求。在调查过程中，可以根据不同的问题和条件，使用不同的调查方法。常用的调查方法有以下几种。

1）跟班作业。通过亲身参加业务工作来了解业务活动的情况。这种方法可以比较准确地理解用户的需求，但比较耗费时间。

2）开调查会。通过与用户座谈来了解业务活动情况及用户需求。座谈时，参加者之间可以相互启发。

3）询问。对某些调查中的问题，可以找专人询问。

4）设计用户调查表。如果调查表设计得合理，这种方法很有效，也易于为用户接受。

5）查阅记录。即查阅与原系统有关的数据记录。

进行需求调查时，往往需要同时采用上述多种方法。但无论使用何种调查方法，都必须有用户的积极参与和配合。设计人员应该和用户取得共同的语言，帮助不熟悉计算机的用户建立数据库环境下的共同概念，并对设计工作的最后结果共同承担责任。

2. 收集和分析需求数据，确定系统边界

在熟悉业务活动的基础上，协助用户明确对新系统的各种需求，包括用户的信息需求、处理需求、安全性和完整性的需求等。

（1）信息需求指目标范围内涉及的所有实体、实体的属性以及实体间的联系等数据对象，也就是用户需要从数据库中获得信息的内容与性质。由信息要求可以导出数据要求，即在数据库中需要存储哪些数据。

（2）处理需求指用户为了得到需求的信息而对数据进行加工处理的要求，包括对某种处理功能的响应时间，处理的方式（批处理或联机处理）等。

（3）安全性和完整性的需求。在定义信息需求和处理需求的同时必须确定相应的安全性和完整性约束。

在收集各种需求数据后，对前面调查的结果进行初步分析，确定新系统的边界，确定哪些功能由计算机完成或将来准备让计算机完成，哪些活动由人工完成。由计算机完成的功能就是新系统应该实现的功能。

3. 编写需求分析说明书

编写系统分析报告，通常称为需求规范说明书。需求规范说明书是对需求分析阶段的一个总结。编写系统分析报告是一个不断反复、逐步深入和逐步完善的过程，系统分析报告应包括如下内容：

（1）系统概况、系统的目标、范围、背景、历史和现状；

（2）系统的原理和技术，对原系统的改善；

（3）系统总体结构与子系统结构说明；

（4）系统功能说明；

（5）数据处理概要、工程体制和设计阶段划分；

（6）系统方案及技术、经济、功能和操作上的可行性。

4. 评审系统分析说明报告

完成系统的分析报告后，在项目单位的领导下要组织有关技术专家评审系统分析报告，这是对需求分析结构的再审查。审查通过后由项目方和开发方领导签字认可。

随系统分析报告提供下列附件：

（1）系统的硬件、软件支持环境的选择及规格要求（所选择的数据库管理系统、操作系统、汉字平台、计算机型号及其网络环境等）。

（2）组织机构图、组织之间联系图和各机构功能业务一览图。

（3）数据流程图、功能模块图和数据字典等图表。

如果用户同意系统分析报告和方案设计，在与用户进行详尽商讨的基础上，最后签订技术协议书。

系统分析报告是设计者和用户一致确认的权威性文献，是今后各阶段设计和工作的依据。

7.2.3 系统需求分析的方法

确定用户的最终需求其实是一件很困难的事，这是因为一方面用户缺少计算机知识，开始时无法确定计算机究竟能为自己做什么，不能做什么，因此无法一下子准确地表达自己的需求，他们所提出的需求往往不断地变化。另一方面设计人员缺少用户的专业知识，不易理解用户的真正需求，甚至误解用户的需求。此外，新的硬件、软件技术的出现也会使用户需求发生变化。因此设计人员必须与用户不断深入地进行交流，调查了解用户需求后，还需要进一步分析和表达用户的需求。分析和表达用户需求的方法很多，主要方法有自顶向下和自底向上两种，如图 7.11 所示。

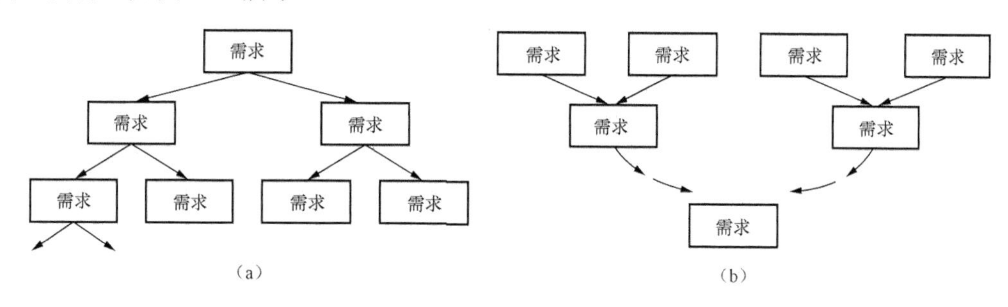

图 7.11 需求分析的方法

（a）自顶向下的需求分析；（b）自底向上的需求分析

其中自顶向下的结构化分析方法（Structured Analysis，简称 SA 方法）是最简单实用的方法。SA 方法从最上层的系统组织机构入手，采用逐层分解的方式分析系统，用数据流图（Data Flow Diagram，简称 DFD）和数据字典（Data Dictionary，简称 DD）描述系统。

7.2.4 数据流图和数据字典

1. 数据流图

数据流图表达了数据和处理过程的关系，能精确地在逻辑上描述系统的功能、输入、输出和数据存储。使用 SA 方法，任何一个系统都可抽象为图 7.12 所示的数据流图。在数据流图中，用命名的箭头表示数据流，用圆圈表示处理，用矩形或其他形状表示存储。一个简单的系统可用一张数据流图来表示。当系统比较复杂时，为了便于理解，控制其复杂性，可以采用分层描述的方法。一般用第一层描述系统的全貌，第二层分别描述各子系统的结构。如果系统结构还比较复杂，那么可以继续细化，直到表达清楚为止。在处理功能逐步分解的同时，它们所用的数据也逐级分解，形成若干层次的数据流图。

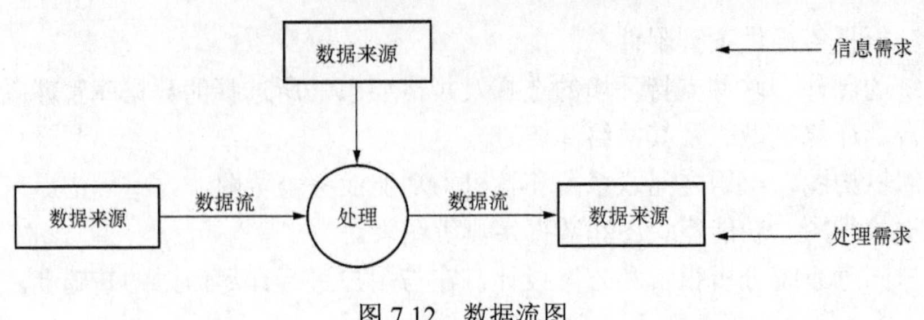

图 7.12 数据流图

在 SA 方法中，处理过程的处理逻辑常常借助判定表或判定树来描述，而系统中的数据则是借助数据字典来描述。

2. 数据字典

数据字典是各类数据描述的集合。对数据库设计来讲，数据字典是对系统中数据的详细描述，是各类数据结构和属性的清单。它与数据流图互为注释，因此在数据库设计中占有很重要的地位。数据字典贯穿于数据库需求分析直到数据库运行的全过程，在不同的阶段其内容和用途各有区别。

数据字典通常包括数据项、数据结构、数据流、数据存储和处理过程 5 个部分。其中数据项是数据的最小组成单位，若干个数据项可以组成一个数据结构，数据字典通过对数据项和数据结构的定义来描述数据流、数据存储的逻辑内容。

（1）数据项。数据项是不可再分的数据单位。它的描述为

数据项＝{数据项名，数据项含义说明，别名，数据类型，长度，取值范围，取值含义，与其他数据项的逻辑关系}

其中，取值范围与其他数据项的关系这两项内容定义了完整性约束条件，是设计数据检验功能的依据。

（2）数据结构。数据结构是有意义的数据项集合。它的描述为

数据结构＝{数据结构名，含义说明，组成：{数据项或数据结构}}

（3）数据流。数据流可以是数据项，也可以是数据结构，它表示某一处理过程中数据在系统内传输的路径。它的描述为

数据流＝{数据流名，说明，数据流来源，数据流去向，组成：{数据结构}，平均流量，高峰期流量}

其中，数据流来源是说明该数据流来自哪个过程；数据流去向是说明该数据流将到哪个过程去；平均流量是指在单位时间（每天、每周、每月等）里的传输次数；高峰期流量则是指在高峰时期的数据流量。

（4）数据存储。数据存储是数据结构停留或保存的地方，也是数据流的来源和去向之一。它的描述为

数据存储＝{数据存储名，说明，编号，流入的数据流，流出的数据流，组成：{数据结构}，数据量，存取频度，存取方式}

其中，数据量是指每次存取多少数据。存取频度是指每天（或每小时、或每周）存取几次，每次存取多少数据等信息；存取方法包括是批处理，还是联机处理、是检索还是更新、是顺序检索还是随机检索等。另外，流入的数据流要指出其来源，流出的数据流要指出其

去向。

（5）处理过程。处理过程的具体处理逻辑一般用判定表或判定树来描述。数据字典中只需要描述处理过程的说明性信息，通常包括以下内容

处理过程＝{处理过程名，说明，输入：{数据流}，输出：{数据流}，处理：{简要说明}}

其中，简要说明中主要说明该处理过程的功能及处理要求。功能是指该处理过程用来做什么（而不是怎么做）；处理要求包括处理频度要求，如单位时间里处理多少事务，多少数据量，响应时间要求等。这些处理要求是后面物理设计的输入及性能评价的标准。

数据字典是关于数据库中数据的描述，即对元数据的描述。数据字典有助于这些数据的进一步管理和控制，为设计人员和数据库管理员在数据库设计、实现和运行阶段控制有关数据提供依据，最终形成的数据流图和数据字典为“需求分析说明书”的主要内容，这是下一步进行概念设计的基础。

7.3 概念结构设计

7.3.1 概念结构设计的任务和概念模型的特点

概念结构设计是将需求分析得到的用户需求抽象为信息结构即概念模型的过程。概念结构设计的输入是现实世界的具体需求，结果为数据库的概念模型。概念结构设计的任务包括两方面：概念模型设计和事务设计。事务设计的任务是考察需求分析阶段提出的数据库操作任务，形成数据库事务的高级说明。概念模型设计的任务是以需求分析阶段所识别的数据项和应用领域的未来改变信息为基础，使用高级数据模型建立概念数据库模型。概念模型作为概念结构设计的表达工具，为数据库提供一个说明性结构，是设计数据库逻辑结构即逻辑模型的基础。因此，概念模型具备以下主要特点：

（1）概念模型是现实世界的一个真实模型。概念模型能表达用户的各种需求，充分反映现实世界，包括事物和事物之间的联系、用户对数据的处理要求。

（2）概念模型易于交流和理解。概念模型是DBA、应用开发人员和用户之间的主要界面，因此，概念模型要表达自然、直观和容易理解，以便和不熟悉计算机的用户交换意见，用户的积极参与是保证数据库设计成功的关键。

（3）概念模型易于修改和扩充。概念模型要能灵活地加以改变，以反映用户需求和现实环境的变化。

（4）概念模型易于向各种数据模型转换。概念模型独立于特定的DBMS，因而更加稳定，能方便地向关系模型、网状模型或层次模型等各种数据模型转换。

因此数据库设计中应十分重视概念结构设计，它是整个数据库设计的关键。

人们提出了许多概念模型，其中最著名、最实用的一种是E-R模型，它将现实世界的信息结构统一用属性、实体以及它们之间的联系来描述。

7.3.2 概念结构设计的方法与策略

概念模型是数据模型的前身，它比数据模型更独立于机器、更抽象，也更加稳定。对于概念模型的设计，必须确定模型的基本组成：实体类型、联系类型和属性。还要确定码属性、联系的基数和参与约束、弱实体类型和特化/泛化、层次/格结构。下面讨论实现概念数据库设计的各种方法和策略。

1. 概念结构设计的方法

（1）集中式设计方法。集中式设计方法分为两步：第一步，合并在需求分析阶段得到的各种应用的需求；第二步，在第一步的基础上设计一个概念数据库模型，满足所有应用的要求。在具有多种应用的情况下，需求合并是一项相当复杂和耗费时间的任务。这种方法要求所有概念数据库设计工作都必须由具有很高水平的数据库设计者完成。在概念数据库模型设计完成之后，数据库设计者需要根据各种应用需求，为每个应用建立外模式或视图。

（2）视图综合设计方法。视图综合设计方法不要求应用需求的合并。这种方法由一个视图设计阶段（在 7.3.3 中以局部 E-R 模型设计为例展开介绍）和一个视图合并阶段（在 7.3.4 中以全局 E-R 模型合成展开介绍）组成。在视图设计阶段，设计者根据每个应用的需求，独立地为每个用户和应用设计一个概念数据库模型。每个应用的概念数据库模型称为视图。在视图合并阶段，设计者把所有视图有机地合并成一个统一的概念数据库模型，这个最终的概念数据库模型支持所有的应用。在视图设计阶段所设计的视图可以作为支持各种应用的外模式。

这两种方法的不同仅在于应用需求合成的方式与阶段的不同。在集中式设计方法中，需求合成由数据库设计者在概念模型设计之前人工地完成。在进行需求合成时，数据库设计者必须处理各种应用需求之间的差异和矛盾，这是一项非常困难的任务。由于这种困难性，视图综合设计方法已经成为目前重要的概念设计方法。在视图综合设计方法中，每个用户或应用程序员可以根据自己的需求设计自己的局部概念数据库模型，即视图。然后，数据库设计者把这些视图合成为一个全局概念数据库模型。当应用很多时，视图合成需要辅助设计工具和设计方法学的帮助。

2. 概念结构设计的策略

概念结构设计的任务是建立一个满足给定需求的概念数据库模型。目前有很多种完成这项任务的策略。多数策略遵循逐步求精的原则，即从一个满足某些需求的简单模型开始，逐步加以改善，最后形成满足所有需求的概念数据库模型。下面以概念结构设计的 E-R 模型为例介绍四种设计策略。

（1）自顶向下。先定义全局概念结构 E-R 模型的框架，再逐步细化。如图 7.13（a）所示。

（2）自底向上。先定义各局部应用的概念结构 E-R 模型，然后将它们集成，得到全局概念结构 E-R 模型。如图 7.13（b）所示。

（3）由内向外。先定义最重要的核心概念 E-R 模型，然后向外扩充，以滚雪球的方式逐步生成其他概念结构 E-R 模型。如图 7.13（c）所示。

（4）混合策略。该方法采用自顶向下和自底向上相结合的方法，先自顶向下定义全局框架，再以它为骨架集成自底向上方法中设计的各个局部概念结构。

其中最常用的方法是自底向上。即自顶向下地进行需求分析，再自底向上地设计概念结构。

7.3.3 数据抽象与局部 E-R 模型设计

概念结构是对现实世界的一种抽象。所谓抽象是对实际的人、物、事和概念进行人为处理，它抽取人们关心的共同特性，忽略非本质的细节，并把这些特性用各种概念精确地加以描述，这些概念组成了某种模型。概念结构设计首先要根据需求分析得到的结果（数据流图、

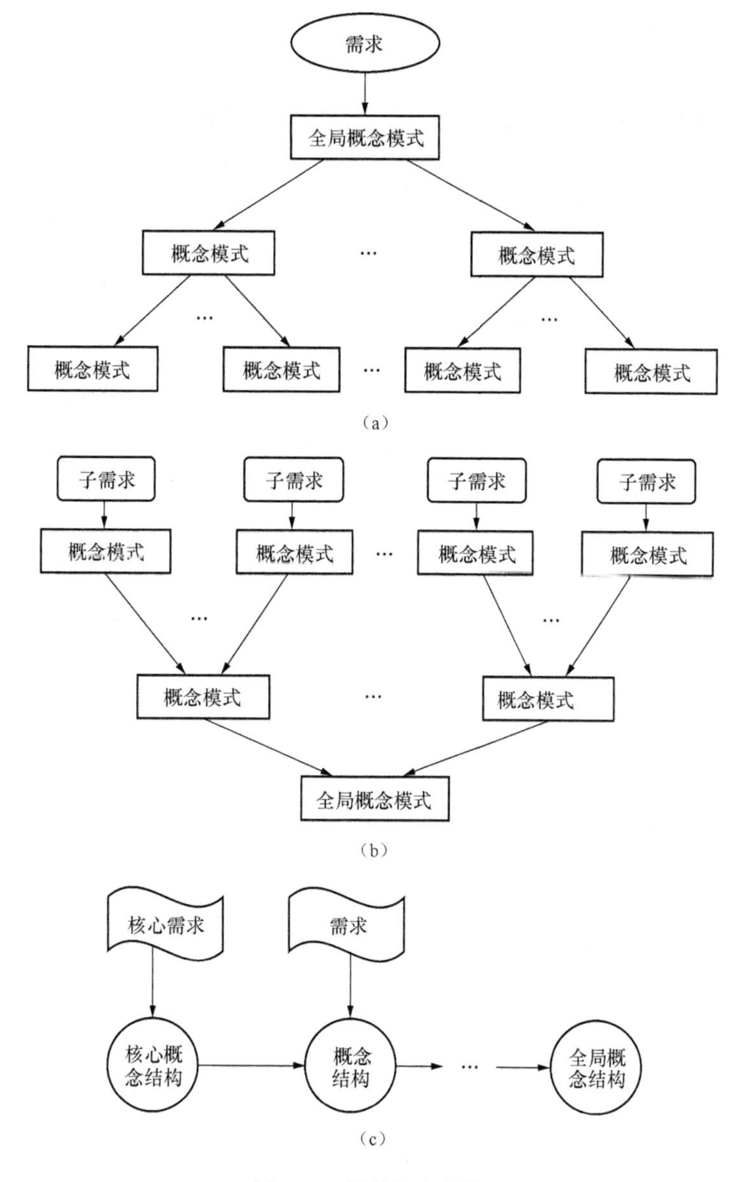

图 7.13　设计概念结构

（a）自顶向下；（b）自底向上；（c）由内向外

数据字典等）对现实世界进行抽象，设计各个局部 E-R 模型。

1. 数据抽象

在系统需求分析阶段，最后得到了多层数据流图、数据字典和系统分析报告。建立局部 E-R 模型，就是根据系统的具体情况，在多层的数据流图中选择一个适当层次的数据流图作为设计 E-R 图的出发点，让这些图中每一部分对应一个局部应用。在前面选好的某一层次的数据流图中，每个局部应用都对应了一组数据流图，局部应用所涉及的数据存储在数据字典中。现在就是要将这些数据从数据字典中抽取出来，参照数据流图，确定每个局部应用包含哪些实体，这些实体又包含哪些属性，以及实体之间的联系及其类型。

设计局部 E-R 模型的关键就是正确划分实体和属性。实体和属性之间在形式上并没有可以明显区分的界限，通常是按照现实世界中事物的自然划分来定义实体和属性，将现实世界中的事物进行数据抽象，得到实体和属性。一般有三种数据抽象：分类、聚集和概括。

（1）分类（Classification）。分类定义某一类概念作为现实世界中一组对象的类型，将一组具有某些共同特性和行为的对象抽象为一个实体。分类抽象了对象值和型之间是“成员”的语义。在 E-R 模型中，实体集就是这种抽象。例如，在生产管理中，“电脑”是一件产品，表示“电脑”是产品中的一员，它具有产品共同的特性和行为。

（2）聚集（Aggregation）。聚集是定义某一类型的组成部分，它抽象了对象内部类型和对象内部“组成部分”的语义。若干属性的聚集组成了实体型。例如把实体集“产品”的“产品号”、“产品名”、“价格”、“性能”等属性聚集为实体型“产品”。

（3）概括（Generalization）。概括定义了类型之间的一种子集联系，它抽象类型之间的“所属”的语义。例如在电脑工厂中，“产品”是个实体集，“台式机”、“笔记本电脑”也是实体集，但“台式机”、“笔记本电脑”都是“产品”的子集。我们把“产品”称为超类（Superclass），“台式机”、“笔记本电脑”称为“产品”的子类（Subclass）。

概括的一个重要性质是继承性。继承性指子类继承超类中定义的所有抽象。例如“台式机”和“笔记本电脑”可以有自己的特殊属性，但都继承了他们的超类属性，即“产品”的属性。

2. 局部 E-R 模型设计

数据抽象后得到了实体和属性，实际上实体和属性是相对而言的，很难有截然划分的界限。同一事物，在一种应用环境中作为“属性”，在另一种应用环境中就必须作为“实体”。例如：材料是一个实体，其属性有材料号、材料名、价格、仓库等。这时仓库只表示材料存于哪个仓库，不涉及仓库的具体情况，换言之，没有需要进一步描述的特性，即是不可分的数据项，则仓库作为材料实体的属性。但如果考虑一个仓库的仓库号、仓库名、地址、电话等，则仓库应看作一个实体，如图 7.14 所示。

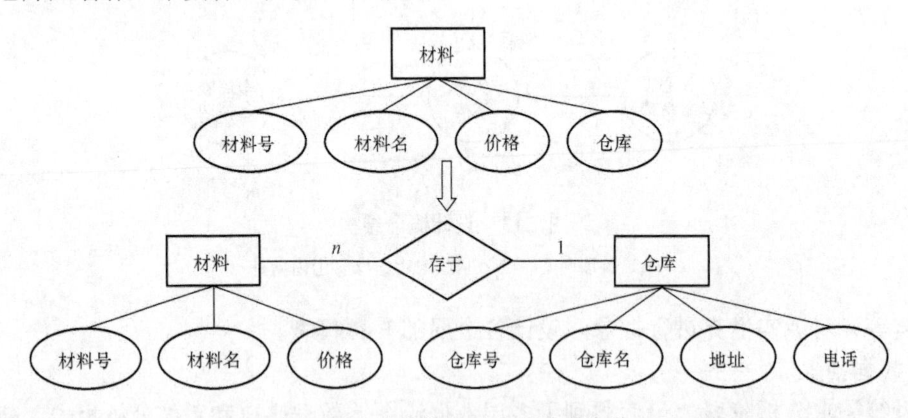

图 7.14　仓库作为一个属性或实体

一般说来，在给定的应用环境中，区别属性与实体要遵循下列两条原则：

（1）属性不能再具有需要描述的性质。即属性必须是不可分的数据项，不能再由另一些属性组成。

（2）属性不能与其他实体有联系。在 E-R 图中所有的联系必须是实体间的联系，而不能有属性与实体之间发生联系。

此外，要根据实际情况来决定，同一数据项，可能由于环境和要求不同，有时作为属性，有时则作为实体。一般情况下，凡能作为属性对待的，应尽量作为属性，以简化E-R图的处理。

下面举例说明局部E-R模型的设计。

在简单的生产管理系统中，有下列联系：

（1）一件产品可由多个零件组成，一个零件可以组装多件不同的产品，因此产品和零件是多对多联系。

（2）一件产品可以使用多种材料，一种材料可以用于多件不同的产品，因此产品和材料是多对多联系。

（3）一个仓库可以存放多种材料，一种材料只存于一个仓库中，因此仓库和材料是一对多联系。

根据上述约定，可以的得到如图7.15所示的生产部门的局部E-R图及图7.16供应部门的局部E-R图。形成局部E-R图之后，应该返回去征求用户意见，以求改进和完善，使之如实地反映现实世界。

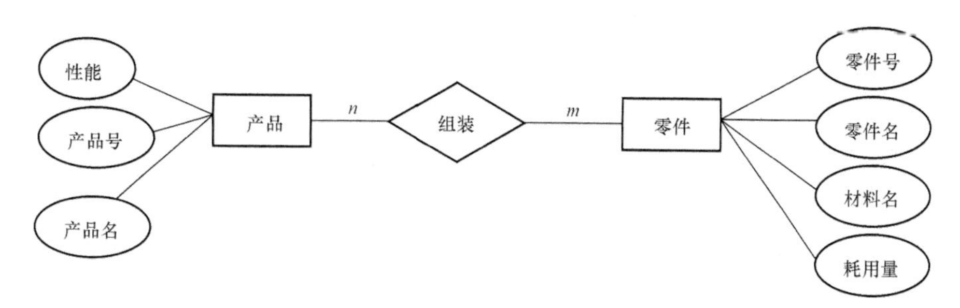

图7.15 生产部门的局部E-R图

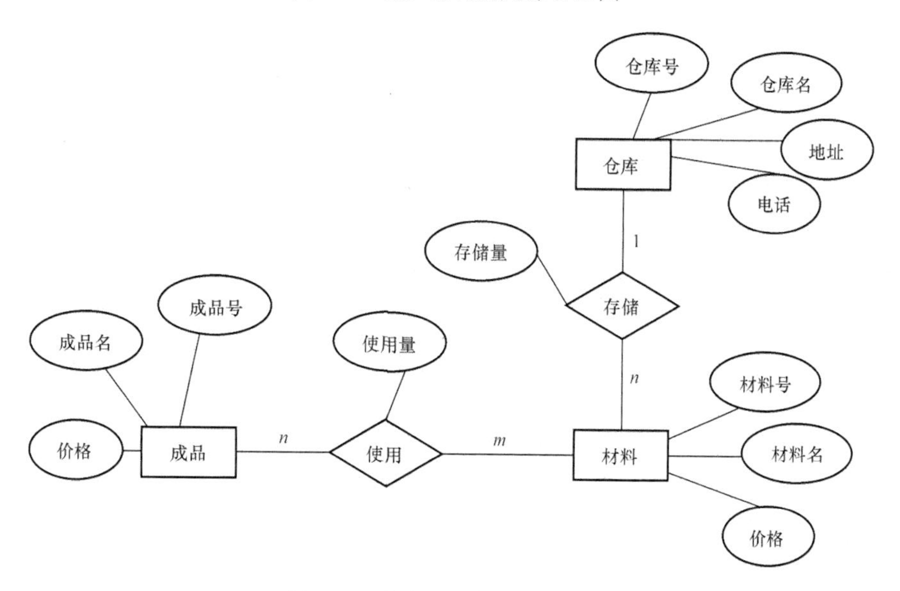

图7.16 供应部门的局部E-R图

7.3.4 全局E-R模型合成

各个局部视图即局部E-R图建立好后，还需要对它们进行合并，集成为一个整体的数据概念结构，形成全局 E-R 图，即视图的集成。视图集成的方法有两种：

（1）多元集成法，一次性将多个 E-R 图合并为一个全局 E-R 图。

（2）二元集成法，首先集成两个重要的局部视图，以后每次将一个新的局部视图集成进来。当然，如果局部视图比较简单，也可以采用多元集成法。一般情况下采用二元集成法，即每次只综合两个视图，这样可降低难度。

无论使用哪一种方法，视图集成均分成两个步骤：第一步是合并，消除局部 E-R 图之间的冲突，生成初步 E-R 图；第二步是优化，消除不必要的冗余，生成基本 E-R 图。

1. 合并局部 E-R 图，生成初步 E-R 图

各个局部应用所面向的问题不同，且通常是由不同的设计人员进行局部视图设计，这就导致各个局部 E-R 图之间必定会存在许多不一致的地方，因此合并局部 E-R 图时并不能简单地将各个局部 E-R 图画到一起，而是必须着力消除各个局部 E-R 图中的不一致，以形成一个能为全系统中所有用户共同理解和接受的统一的概念模型。合理消除各局部 E-R 图的冲突是合并局部 E-R 图的主要工作与关键所在。

各局部 E-R 图之间的冲突主要有三类：属性冲突、命名冲突和结构冲突。

（1）属性冲突。属性冲突又分为属性值域冲突和属性取值单位冲突。

1）属性值域冲突，即属性值的类型、取值范围或取值集合不同。例如，由于产品号是数字，因此某些部门（即局部应用）将产品号定义为整数形式，而由于产品号不用参与运算，因此另一些部门（即局部应用）将产品号定义为字符型形式。又如，某些部门（即局部应用）以 money 形式表示产品的价格，而另一些部门（即局部应用）用整数形式表示产品的价格。

2）属性取值单位冲突。例如，产品的价格，有的以百万元为单位，有的以万元为单位，有的则以元为单位。

属性冲突通常用讨论、协商等行政手段加以解决。

（2）命名冲突。命名不一致可能发生在实体名、属性名或联系名之间，其中属性的命名冲突更为常见。一般表现为同名异义和异名同义

1）同名异义，即不同意义的对象在不同的局部应用中具有相同的名字。例如，某局部应用 A 中将产品号称为序号，局部应用 B 中将仓库号也称为序号。

2）异名同义（一义多名），即同一意义的对象在不同的局部应用中具有不同的名字。例如，有的部门把工厂生产出来的东西称为产品，有的部门则把它称为成品。

命名冲突可能发生在实体、联系一级上，也可能发生在属性一级上。其中属性的命名冲突更为常见。处理命名冲突通常也像处理属性冲突一样，通过讨论、协商等行政手段加以解决。

（3）结构冲突。

1）同一对象在不同应用中具有不同的抽象，可能为属性，也可能为实体。例如图 7.16，“仓库”在某一局部应用中被当作属性，而在另一局部应用中则被当作实体。

解决方法通常是把属性变换为实体或把实体变换为属性，使同一对象具有相同的抽象。但变换时仍要遵循 7.3.3 中提及的两条原则。

2）同一实体在不同局部视图中所包含的属性不完全相同，或者属性的排列次序不完全相同。

这是很常见的一类冲突，原因是不同的局部应用关心的是该实体的不同侧面。解决方法

是使该实体的属性取各局部E-R图中属性的并集，再适当设计属性的次序。例如，假设在局部应用A中“产品”实体由产品号、产品名、性能三个属性组成；在局部应用B中“产品”实体由产品号、产品名、价格三个属性组成；则在合并后的 E-R 图中，“产品”实体的属性为：产品号、产品名、价格、性能。

3）实体之间的联系在不同局部视图中呈现不同的类型。例如，仓库和材料是一对多联系，但在一些比较大的工厂，仓库不止一个，那么一种材料可以存储在多个仓库中，合并后就该改为多对多联系。

解决方法是根据应用的语义对实体联系的类型进行综合或调整。

下面以生产管理系统中的两个局部E-R图：图7.15生产部门的局部E-R图和图7.16的供应部门的局部E-R图为例，来说明如何消除各局部E-R图之间的冲突，进行局部E-R模型的合并，从而生成初步E-R图。

首先，这两个局部E-R图中存在着命名冲突，生产部门的局部E-R图中的实体“产品”与供应部门的局部 E-R 图中的实体“成品”都是指“产品”，即所谓的异名同义，合并后统一改为“产品”，相应的成品号、成品名分别改为产品号、产品名。

其次，修改后就存在着结构冲突，两个部门中实体“产品”的属性组成不同，合并后其属性组成为原来局部E-R图中的两个部门产品的属性的并集。解决上述冲突后，合并两个局部E-R图，生成如图7.17所示的初步E-R图。

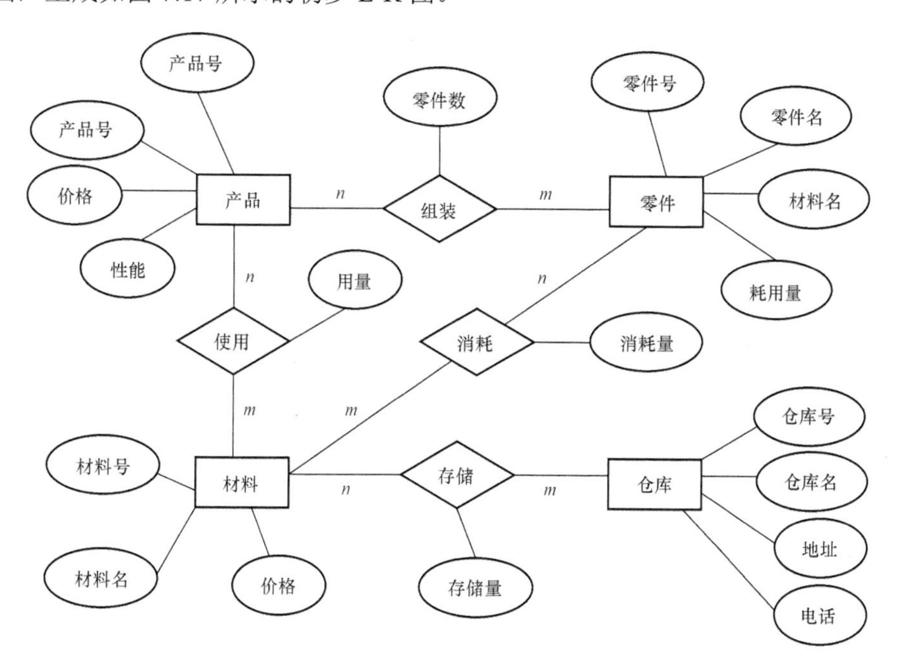

图7.17 生产管理系统的初步E-R图

2. 修改与重构，消除不必要的冗余，生成基本E-R图

局部E-R图经过合并生成的是初步E-R图。之所以称其为初步E-R图，是因为其中可能存在冗余的数据和冗余的实体间联系。所谓冗余的数据是指可由基本数据导出的数据，冗余的联系是指可由其他联系导出的联系。冗余数据和冗余联系容易破坏数据库的完整性，给数据库维护增加困难，因此得到初步E-R图后，还应当进一步检查E-R图中是否存在冗余，如

果存在则一般应设法予以消除。但并不是所有的冗余数据与冗余联系都必须加以消除，有时为了提高某些应用的效率，不得不以冗余信息作为代价。因此在设计数据库概念结构时，哪些冗余信息必须消除，哪些冗余信息允许存在，需要根据用户的整体需求来确定。消除不必要的冗余后的初步 E-R 图称为基本 E-R 图。

修改、重构初步 E-R 图以消除冗余主要采用分析方法，即以数据字典和数据流图为依据，根据数据字典中关于数据项之间逻辑关系的说明来消除冗余。

如果是为了提高效率，人为地保留了一些冗余数据，则应把数据字典中数据关联的说明作为完整性约束条件。

除分析方法外，还可以用规范化理论来消除冗余。

如图 7.17 所示的初步 E-R 图中，“零件”实体中的属性“材料名”可由“消耗”这个零件与材料之间的联系导出，而属性“耗用量”可由联系“组装”中的“零件数”表示出来，所以“零件”实体中的“材料名”、“耗用量”均属于冗余数据。

另外，“产品”和“材料”之间的联系“使用”，可以由“产品”和“零件”之间的“组装”联系与“零件”和“材料”之间的“消耗”联系推导出来，所以“使用”属于冗余联系。

这样，图 7.17 的初步 E-R 图在消除冗余数据和冗余联系后，便可得到基本的 E-R 模型，如图 7.18 所示。

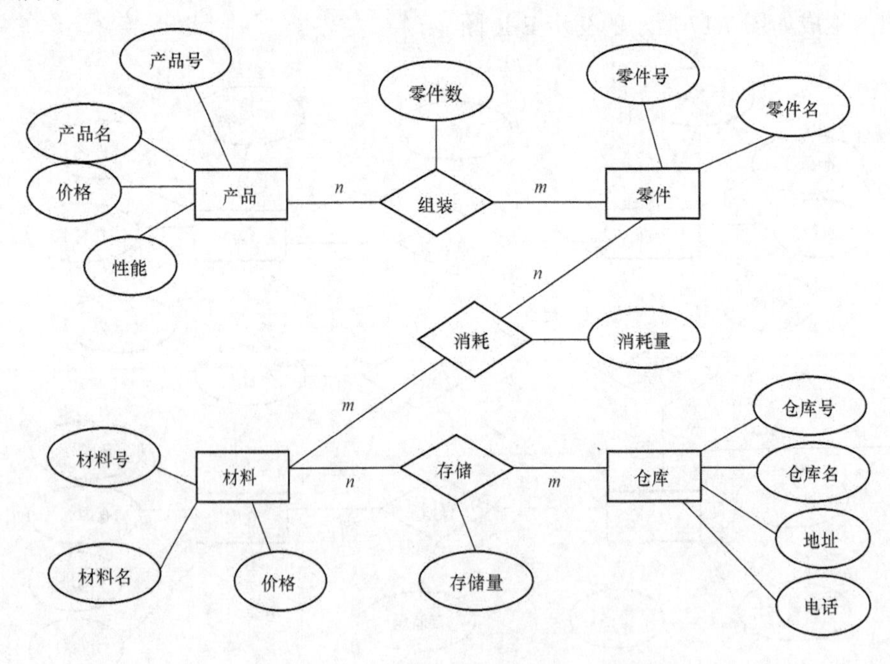

图 7.18　生产管理系统的基本 E-R 图

视图集成后形成一个整体的数据库概念结构，对该整体概念结构还必须进一步验证，确保它能够满足下列条件：

（1）整体概念结构内部必须具有一致性，即不能存在互相矛盾的表达。

（2）整体概念结构能准确地反映原来的每个视图结构，包括属性、实体及实体间的联系。

（3）整体概念结构能满足需求分析阶段所确定的所有要求。

整体概念结构最终还应该提交给用户，征求用户和有关人员的意见，进行评审、修改和优化，然后把它确定下来，作为数据库的概念结构，作为进一步设计数据库的依据。

7.3.5 事务的设计

数据库设计的目的是支持各种事务的运行。在数据库设计过程中，需要考虑所有事务的特点和要求，这样才能保证做设计的数据库包含各种事务所需要的信息。事务的各种特点和性能要求在物理数据库设计中也是非常重要的。当然，在概念结构设计阶段，我们不可能知道所有的事务。但是，数据库系统的重要事务常常是可以预先知道的。数据库设计应该以这些事务为依据。所以，事务的设计通常是与数据库设计同时进行的。在概念结构设计阶段，事务设计的任务是定义事务的功能。在概念级定义事务功能的方法是说明事务的输入信息、输出信息和功能。使用这种方法，事务的定义可以独立于任何数据库管理系统。

事务可以分为三类：第一类是数据查询型事务，这类事务查询数据库中的数据，进行各种数据处理；第二类是数据更新型事务，用于增加、修改和删除数据库中的数据；第三类是混合型事务，即具有查询功能也具有更新功能。

7.3.6 采用UML类图的概念对象建模

1. UML的产生和发展

面向对象建模语言在20世纪70年代中期开始出现，其后众多的面向对象方法学家都在尝试用不同的方法进行面向对象分析与设计。从1989年到1994年，面向对象建模语言的数量从不到10种增加到50多种。虽然每种建模语言的创造者都在努力推广自己的方法，并在实践中不断完善，但是，面向对象方法的用户并不了解不同建模语言的优缺点及它们之间的差异，很难在实际工作中根据应用的特点选择合适的建模语言，甚至爆发了一场“方法大战”。到了90年代中期，出现了第二代面向对象方法，其中最著名的是Booch提出的Booch 1993方法、Rumbaugh提出的OMT-2方法和Jacobson提出的OOSE方法。

1994年10月，Booch和Rumbaugh开始致力于统一建模语言的工作，他们首先把Booch 1993和OMT-2统一起来，并于1995年10月发布了第一个公开版本，称为“统一方法（Unified Method）”UM 0.8。1995年秋，Jacobson也加入到这项工作中，并贡献了他的用例思想。经过3个人的共同努力，于1996年6月和10月分别发布了两个版本，即UML 0.9 和UML 0.91，并把UM改名为“统一建模语言（Unified Modeling Language）”UML。

1997年1月，UML1.0被提交给对象管理组织OMG，作为标准化软件建模语言的候选者。1997年9月，UML1.1再次被提交给OMG组织，并于1997年11月17日正式被OMG采纳作为基于面向对象技术的标准建模语言。截止到1996年10月，在美国已有700多个公司表示支持采用UML作为建模语言，在1996年底，UML已稳占面向对象技术市场的85%，成为可视化建模语言事实上的工业标准。

2. UML类图

UML共有五类图（9种图形），分别是用例图、静态图（包括类图和对象图）、行为图（包括状态图和活动图）、交互图（包括顺序图和协作图）和实现图（包括构件图和配置图）。其中类图是构建其他图的基础。下面简单介绍类图中的图形符号和关联关系。

（1）类图中表示类的图形符号。

1）定义类。UML中类的可视化符号为一个长方形，长方形分为上、中、下三个区域（下面的两个区域可省略），上面区域中放类名，中间区域放类的属性，下面区域放类的操作，如图7.19所示。

类的名字
属性
操作

图 7.19 类的图形符号

为类命名时应该尽量使用应用领域中的术语，其含义应该明确、无歧义，以利于开发人员与用户之间的相互理解和交流。通常，类的名字是名词。

2）类的属性。类的属性描述该类对象的共同特征，选取属性时应遵循下述原则：

① 类的属性应能描述并区分该类的每个对象；

② 只有系统需要使用的那些特征才抽取出来作为类的属性；

③ 系统建模的目的也影响属性的选取。

UML 描述属性的语法格式为

可见性 属性名：类型名 ＝ 初值｛性质串｝

其中，属性名和类型名必须有，其他部分根据需要可有可无。

属性的可见性（即可访问性）通常分为三种：公有的（Public）、私有的（Private）和保护的（Protected），分别用加号（＋）、减号（－）和井号（#）表示。如果在属性名前面没有标注任何符号，则表示该属性的可见性尚未定义。注意，这里没有默认的可见性。

属性名和类型名之间用冒号（：）隔开。类型名表示该属性的数据类型，它可以是基本数据类型，如整数、实数、布尔型等，也可以是用户自定义的类型，一般来说，可用的类型由所涉及的程序设计语言决定。

属性的默认值用初值表示，类型名和初值之间用等号（＝）隔开。

最后是用花括号括起来的性质串，列出该属性所有可能的取值。

3）类的操作。操作用于修改、检索类的属性或执行某些动作，选取类的操作时应该遵循下述原则：

① 操作围绕类的属性数据所需要做的处理来设置，不设置与这些数据无关的操作；

② 只有系统需要使用的那些操作才抽取出来作为类的操作；

③ 选取操作时应该充分考虑用户的需求。

UML 描述操作的语法格式为

可见性 操作名（参数表）：返回值类型｛性质串｝

其中，可见性和操作名是不可缺少的。

操作的可见性通常分为公有和私有两种，其含义与属性可见性的含义相同。

参数表由若干个参数（用逗号隔开）构成。参数的语法格式为

参数名：参数类型名 ＝ 默认值

（2）类图中的关联关系。关联表示两个类之间存在某种语义上的联系，通常把两类对象之间的关联关系细分为一对一（1:1）、一对多（1:M）和多对多（M:N）三种基本类型。关联关系主要分为三大类，分别是普通关联、限定关联和聚集，聚集又可分为共享聚集和复合聚集。在 UML 的术语中，联系的实例被称为链（Link）。联系属性称为链属性（Links Attribute），置于方框中，该方框与关联之间通过一条虚线相连。在类图中还可以表示关联的数量关系，即参与关联的对象的个数。在 UML 中用重数说明数量或数量范围，例如：

0…1 表示 0 到 1 个对象

0 … *或* 表示0到多个对象

1+或1…* 表示1到多个对象

3 表示3个对象

图7.20是一个关联关系的例子，其中产品和零件的关系属于共享聚集关系，即一个产品由多个零件组成，同时每个零件又可以是另外一个产品的零件，共享聚集关系的图形符号都是在表示关联关系的直线末端紧挨着整体类的地方画一个空心菱形。

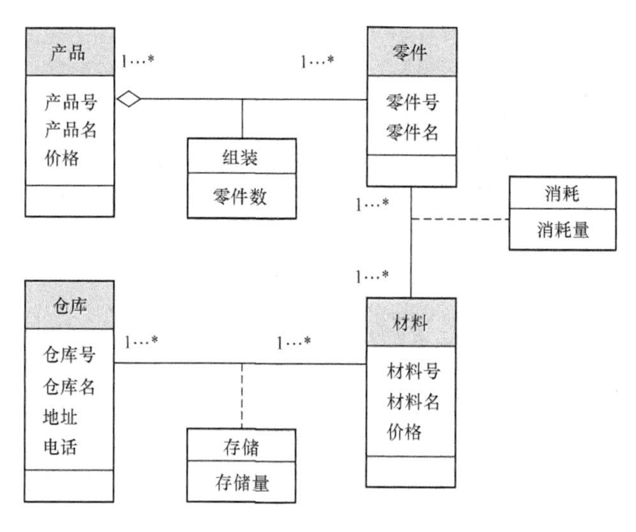

图7.20 关联关系示例

7.3.7 采用语义对象的建模

1. 语义建模的背景

自从20世纪70年代末期以来，语义建模就成了一个被研究的课题，这项研究的动力——研究者试图解决的问题，是典型的数据库系统对数据在数据库中的含义的理解是非常有限的：它们通常可以“理解”某些简单的数据值，以及这些值的某些简单约束，但是对其他方面的理解却很少（所有复杂的解释都要用户自己去完成）。显然，系统理解得越多越好，这样它们就会对用户的交互行为反应更智能化，并且会支持更复杂的用户界面。例如：SQL应该能明白零件的重量和发货的数量在含义上的区别。虽然这两个都是数字值，但在类型上是有差别的，即在语义上是不同的。因此，在这种情况下，如果对零件和发货量按照重量和数量相匹配的条件进行连接，那么它即使没有被立即拒绝也至少应该受到置疑。

2. 语义建模的四个总体步骤

（1）辨别一组语义概念，这些概念在非正式地讨论现实世界时看起来很有用。例如：

世界是由实体（Entity）组成的。实体可以划分为实体类型（Entity Type）。例如，所有的雇员都是雇员实体类型的实例（Instance）。这种分类的好处是所有给定类型的实体都有共同的特性（Property）。例如，所有的雇员都有薪水，因此这样可以明显地简化表述。例如，在关系中，共同点就可以被归到关系变量的标题（Heading）中。

每个实体都有一个用来识别自身的具体特性的标识（Identity）。

任何实体都可以通过联系（Relationship）来与其他的实体相关。但是注意：所有的这些术语（例如实体、实体类型、特性、联系等）都不是精确而形式化定义的，它们是“现实世界”的概念，而不是形式化的概念。第一步不是形式化的步骤，然而，下面的（2）～（4）步是形式化的。

（2）设计一组相应的符号化的对象来代表前面的语义概念（注意：“对象”并不代表任何已存在的含义）。例如，扩展的关系模型 RM/T 提供了一些特殊的关系类型称为 E 关系和 P 关系。严格地说，E 关系代表实体而 P 关系代表特性；如上面所讲的，实体和特性并不是形式化定义的，然而，E 关系和 P 关系却理所当然是形式化定义的。

（3）设计一组正规的、常用的完整性规则来搭配这些正规的对象。例如，RM/T 中包括一个称为特性完整性的规则，这个规则要求进入 P 关系必须有进入 E 关系的许可（数据库的每一个特性都必须是某些实体的特性，这个要求就反映了这个完整性规则）。

（4）设计一组用来操作这些正规对象的正规操作符。例如， RM/T 提供了一种属性操作符，这个操作符可以用来将 E 关系及其所有相关的 P 关系连接在一起，而不必知道有多少个这样的关系和这些关系的名字是什么。因此，可以将任意实体的所有特性都收集在一起。

上面（2）～（4）步中的对象、规则和操作符一起组成了一个扩展的数据模型——扩展模型，即这些构造确实是一个基本的模型如关系模型的超集；但是，在此上下文中并没有对于什么是扩展的、基本的作出明显区别的解释。请注意，规则和操作符与对象一样都是模型的一部分（就如它们在关系模型中一样）。另外，从数据库设计方面看，对象和规则比操作符更重要。

步骤（1）中包括辨别一组语义概念，这些概念谈论现实世界时是有用的。有几个这样的概念——实体、特性、关系和子类型，见表 7.3。表 7.3 中的例子是有意选取的，它显示了在现实世界中同样的对象可能会被一些人当作实体，而被另一些人当作特性，还会有人将其当作联系（这就说明了为什么不可能给实体这样的术语下一个准确的定义）。支持灵活的解释是语义建模的目标，一个不可能被完全达到的目标。

表 7.3 语义概念实例

概　念	非正式定义	举　例
ENTITY（实体）	可相互区别的对象	供应商，零件，发货
		雇员，部门
		人
		乐曲，协奏曲
		乐队，指挥
		购货订单，订货明细
PROPERTY（特性）	表示实体的一项信息	供应商号码
		发货数量
		雇员所在部门
		人的身高
		协奏曲类型
		订购日期

续表

概　　念	非正式定义	举　　例
RELATIONSHIP（联系）	充当两个或多个实体间联系的实体	发货（供应商—零件）
		分配（雇员—部门）
		录音（乐曲—乐队—指挥）
SUBTYPE（子类）	如果每一个Y必是一个X，则实体类型Y是实体类型X的子类	雇员是人的子类
		协奏曲是乐曲的子类

注意在下列术语之间很可能会出现冲突：

（1）语义层用到的术语，例如在表7.3中所列出的术语。

（2）在某些潜在形式，如关系模型中用到的术语。例如，许多语义建模方案中用到了属性一词来替代特性，但并不是这个属性与关系层的属性是同样的概念，也不意味着它是关系层属性的映射。实体类型在关系设计中很可能映射到关系变量中，所以它们并不与相关的属性类型（域）相一致。但是它们也并不与关系类型一致，因为：

1）一些基本关系类型有可能在语义层与联系类型（不是实体类型）相符合。

2）来自关系的类型并不与任何语义层的类型一致。层次之间的混乱，特别是在名词冲突中出现的混乱，在过去已经导致了巨大的错误。

7.3.8　采用XML方法的建模

1．XML概述

（1）什么是XML。XML（eXtensible Markup Language）即可扩展标记语言，它与HTML一样，都是SGML（Standard Generalized Markup Language，标准通用标记语言）。XML是Internet环境中跨平台的、依赖于内容的技术，是当前处理结构化文档信息的有力工具。XML是一种简单的数据存储语言，使用一系列简单的标记描述数据，而这些标记可以很方便的建立，虽然XML比二进制数据要占用更多的空间，但XML相对简单且易于掌握和使用。

（2）XML与HTML的主要区别。

1）XML不是HTML的替换，实际上XML可以看作对HTML的补充。

2）XML和HTML的设计目标不同：HTML的设计目标是显示数据，其焦点是数据的外观；而XML的设计目标是传输和存储数据，其焦点是数据的内容。

3）与HTML不同，XML允许创作者定义自己的标签和自己的文档结构；而HTML标记则是预定义的，只能使用在HTML标准中定义过的标签（例如<p>、<h1>等）。

4）XML语法比HTML严格，主要表现在以下几个方面：

a．开始和结束的标签相匹配

在HTML，经常会看到没有结束标签的元素：

```
<p>Hello,World !
```

在XML中，省略结束标签是非法的。所有元素都必须有结束标签：

```
<p>Hello,World ! </p>
```

b．XML标签对大小写敏感

在XML中，标签<Letter>与标签<letter>是不同的，必须使用相同的大小写来编写开始标签和结束标签：

```
<Message>这是错误的。</message>
<Message>这是正确的。</Message>
```

c．XML 必须正确地嵌套

在 HTML 中，常会看到没有正确嵌套的元素：

```
<b><i>Hello，World ! </b></i>
```

在 XML 中，所有元素必须彼此正确地嵌套：

```
<b><i>Hello，World ! </i></b>
```

在这里，正确嵌套的意思是：由于<i>元素是在<b>元素内打开的，那么它必须在<b>元素内关闭。

（3）XML 文档的特征化。XML 文档可以特征化为三种主要类型：

1）数据中心 XML 文档（Data-centric XML document）。这类文档有多个小的数据项，这些数据项遵循一种特定的结构，因此可以从结构化的数据库中抽取。它们被格式化为 XML 文档，从而在 Web 上交换或显示它们。

2）文档中心 XML 文档（Document-centric XML document）。这类文档带有大量文本，例如新闻文章或书籍。在这些文档中很少有结构化数据元素，甚至没有。

3）混合 XML 文档（Hybrid XML document）。这类文档可能有一部分是结构化数据，其他部分主要是文本或非结构化的数据。

有一点要特别注意，数据中心 XML 文档可以被认为是半结构化数据或者结构化数据。如果 XML 文档符合预定义的 XML 模式或者 DTD，可以把文档看作是结构化数据。另一方面，XML 允许文档不遵循任何模式，这样的文档可以看作是半结构化数据，也称为无模式 XML 文档。

2．关于 XML 的建模

提到 XML，我们会想到它的半结构化特征。XML 是典型的树形结构，这种结构包含了元数据和数据，是为了能让机器更好的理解。其定义语言的文本描述形式使读者阅读和理解起来都有不便，因此我们需要可视化和标准化的设计方法和工具。

目前常用的描述 XML 数据结构和内容的文档定义语言主要 DTD（Document Type Definition）和 XML Schema。作为 W3C 的推荐标准，XML Schema 虽然在确认 XML 文档上非常有用，但它并不能胜任需要理解所表现数据的语义的任务。而且，直接由 XML Schema 来定义 XML 文档结构的设计方法是以 XML 为中心的，这样会过早地陷于底层的结构实现，而好的设计应该以应用为中心。为了让设计者站在一个更高的角度，从更抽象的层面去关注应用领域，最好使用概念模型。

我们知道，数据库设计是数据库应用的基础和主要内容。关系数据库的设计方法学经过长期的发展已经非常成熟，它对我们设计 XML 数据库提供了很好的借鉴作用和指导意义。回顾关系数据库的建模可知，传统的关系数据库的设计方法大致如下：关系数据库的建模应该先从一个特定的应用领域分析入手，进行概念建模（Conceptual Modeling），得到概念模型（即 E-R 模型），然后，将 E-R 模型转换为关系模型，即逻辑模型，再生成物理模型，即实际存储的物理表结构。

而概念模型的设计是整个设计过程中一个相当重要的步骤，因为它独立于最终的开发平台和实现环境。对于不熟悉底层实现细节的用户来说，概念模型是一种容易理解、方便使用的表示形式，如数据库设计中的 E-R 图、软件开发中的数据流图（DFD）、面向对象设计中的 UML 图等。同时，一个好的概念模型的设计也会为其逻辑、物理模型的设计提供一个良好的基础。

3. XML 概念建模方法

XML 概念建模方法一般有三种：一种是采用 UML 来设计 XML 模式；另一种是基于扩展 E-R 模型，我们暂且称之为 XER，是用支持 XML 特性的扩展 E-R 模型来为 XML Schema 建模；还有一种办法则是另起炉灶，它是一套全新的专门针对 XML 的建模方法：AOM（Asset Oriented Modeling）方法。

（1）UML。作为较早出现的一种解决方案，UML 能为设计 XML 标准词汇（vocabulary）提供帮助，图 7.21 所示是一个最简单的 UML 类图，它为 XML Schema 的一个 Book 实体描述了概念模型。类 Book 含有图示的 3 个属性，类的属性名后的 [ ] 中表示的是该属性出现的次数。本例中的[1…*]就表示一本书可以有一到多个作者。

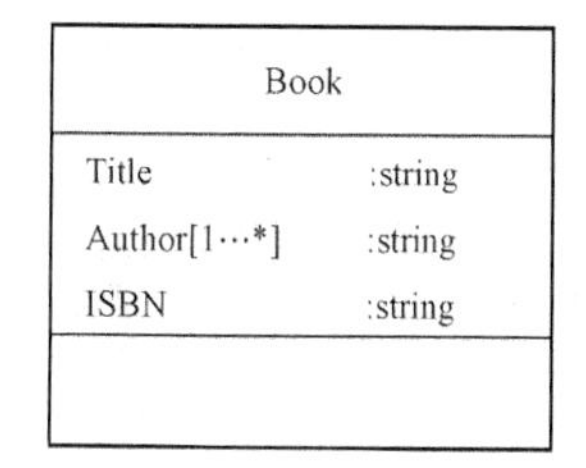

图 7.21 Book 的 UML 模型

由于本文关注的是概念建模，这里只简要介绍使用 UML 为 XML Schema 进行三层建模的方法。利用 UML 建模的过程分为三个部分：利用 UML 的类图进行概念建模、使用 UML Profile 进行逻辑建模、利用 UML Profile 到 XML Schema 的自动映射实现物理建模，即将 UML 模型转化成 XML Schema。由于 UML 使用 Profile 作为扩展机制，它就容易适应某些特定的领域。通过 Profile，用户针对 XML Schema 可以定义和使用自己的元素。这就允许用户能针对 XML 的特性来改进和扩展 UML 的描述能力。

从图 7.21 这个简单例子可以看出，Book 的属性看不出顺序之分，但在 XML Schema 中，排序却是重要的特性，要使 UML 支持它需要一些技巧。而且，在此 UML 图中也不能明显区分元素和属性。结合实际，假如再给 Book 添加一个自定义为复杂类型的 Chapter 元素，UML 默认的数据类型也不支持，UML 的表达中还需要引入新实体和联系。另外，UML 还缺乏针对 XML 的一些重要概念，如名称空间、键等。

可见，UML 无法涵盖 XML Schema 所提供的全部功能和丰富内容，对 XML 的建模细节处理不完整。但是，在 XML 模式设计领域，如能适当地扩展 UML Profile，将弥补基本 UML 模型中的差距。

（2）XER。XER 是一种以 E-R 模型为基础的支持 XML 可视化概念建模的方法。由于它基于扩展的 E-R 模型，参照 E-R 的组成部分，这种 XER 的组成部分也包括实体和联系等。具体来说，结合 XML 的特性，XER 的实体包括有序实体、无序实体、混合实体；XER 联系则与 XML Schema 中元素的 minOccurs、maxOccurs 取值有关；另外 XER 也支持泛化、聚合等概念。可以用代表不同 XML 特征的图元来表示这些概念。本例中，在由 XER 表达的概念模型图 7.22 中，Book 是一个复杂类型，它包含一个为复杂类型的 Chapter 元素，这里的 XER 联系的两端表达了这样的关系：一个 Book 包含一到多个 Chapter（1:*M*），而每一个 Chapter 都属于一个 Book（1:1）。我们可以看到，由于 XER 在原 E-R 的图元上加入很多新特性，增强了 E-R 基本图元的描述能力，能更好地支持对 XML Schema 的表达，它比 UML 的表达能力更丰富一些，对排序、区分元素与属性和对键的支持更强一些。

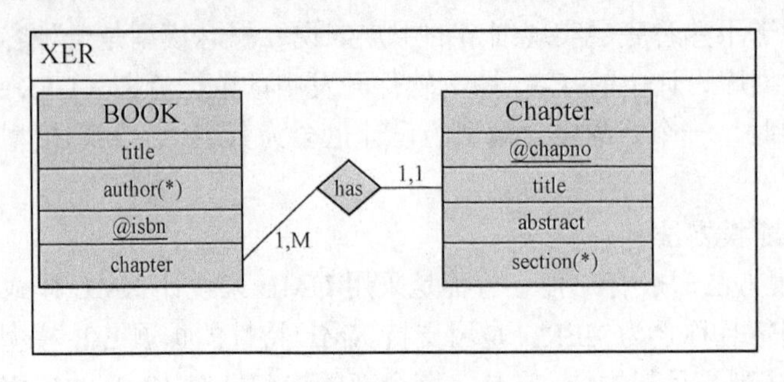

图 7.22 XER 关系图—概念层

XER 方法的实现工具可以是 Visio，PowerDesigner 等能绘制 E-R 模型的工具，但由于 XER 引入了新的图元，也需要对这些建模工具的图元进行扩展。目前，PowerDesigner 也提供了基于 Eclipse 的插件版本，以利于扩展。

（3）AOM。AOM（Assert Oriented Modeling）是一种全新的建模方法。它的特点是表达能力强、图形简洁和模块化。虽然提出的时间较短，但发展很快，已基本形成了自己的体系。在 AOM 方法中，引入了一个重要概念 Asset，用它来统一表示关系数据库中严格区分的实体和联系，即实体和联系都用 Asset 来表示。联系则用弧表示。它同样也定义了一系列自己的图元，以支持 XML 的特性，包括刚提到的 Asset、弧等基本图元，还支持属性、注释、约束、键、操作等概念，AOM 模型还区分层次，支持命名空间。这里给出它的一个简单图例，足以显示它较强的表达能力，如图 7.23 所示。

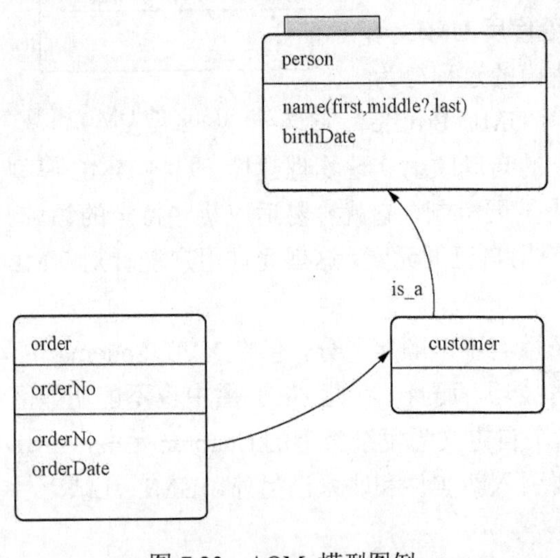

图 7.23 AOM 模型图例

AOM 不仅有自己的理论，还有配套的图形化建模工具 KLEEN。KLEEN 已被实现为 Eclipse 平台上的一个插件，它支持基于 Asset 的模型的创建及确认，并能从概念模型生成代码。

7.4 逻辑结构设计

7.4.1 逻辑结构设计的任务和步骤

概念结构设计阶段得到的 E-R 模型是用户需求的形式化，它独立于任何一种数据模型，也不为任何一个具体的 DBMS 所支持。数据库逻辑结构设计的任务就是将概念结构转化成某个 DBMS 所支持的数据模型。

从理论上讲，设计逻辑结构应该选择最适于描述与表达相应概念结构的数据模型，然后对支持这种数据模型的各种 DBMS 进行比较，综合考虑性能、价格等各种因素，从中选出最合适的 DBMS。但在实际当中，往往是已给定了某台机器，设计人员没有选择 DBMS 的余地。目前 DBMS 产品一般只支持关系、网状、层次三种模型中的某一种，对某一种数据模型，各个机器系统又有许多不同的限制，提供不同的环境与工具。所以设计逻辑结构时一般要分三步进行，如图 7.24 所示。

（1）将概念结构转化为一般的关系、网状、层次模型。

（2）将转化来的关系、网状、层次模型向特定 DBMS 支持下的数据模型转换。

（3）对数据模型进行优化。

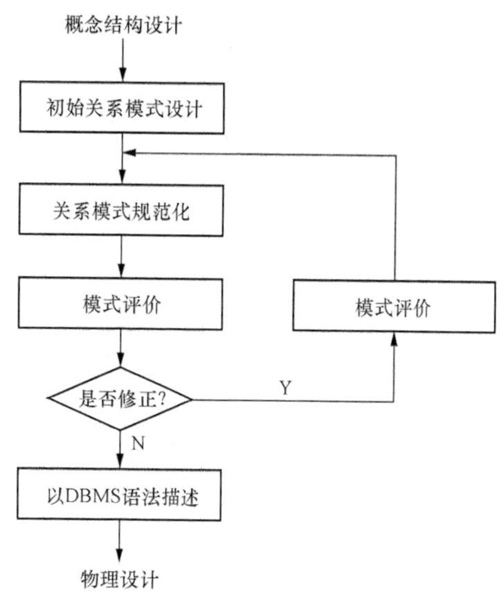

图 7.24　逻辑结构设计的三个步骤

7.4.2　E-R 图向数据模型的转换

关系模型的逻辑结构是一组关系模式的集合。而 E-R 图则是由实体、实体的属性和实体之间的联系三个要素组成的。所以将 E-R 图转换为关系模型实际上就是要将实体、实体的属性和实体之间的联系转化为关系模式，这种转换一般遵循如下原则：

（1）一个实体转换为一个关系模式。实体的属性就是关系的属性，实体的码就是关系的码。

例如，以图 7.17 生产管理系统的基本 E-R 图为例，四个实体分别转换成四个关系模式：

产品（产品号，产品名，价格，性能）

零件（零件号，零件名）

材料（材料号，材料名，价格）

仓库（仓库号，仓库名，地址，电话）

其中，有下划线的为码。

（2）一个联系转换为一个关系模式。与该联系相连的各实体的码以及联系的属性均转换为该关系的属性。该关系的码有三种情况：

1）如果联系为 1:1，则每个实体的码都是关系的候选码；

2）如果联系为 1:n，则 n 端实体的码是关系的码；

3）如果联系为 n:m，则各实体码的组合是关系的码或关系码的一部分。

例如，在图 7.17 的 E-R 图中，三个联系也分别转换成三个关系模式：

组装（产品号，零件号，零件数）

消耗（零件号，材料号，消耗量）

存储（材料号，仓库号，存储量）

（3）三个或三个以上实体间的一个多元联系转换为一个关系模式。与该多元联系相连的各实体的码以及联系本身的属性均转换为关系的属性。而关系的码为各实体码的组合。

例如，在图 7.25 的 E-R 图中，三个实体间的一个多元联系转换成一个关系模式，即供应商、产品和零件之间的 E-R 图。

供应（供应商号，产品号，零件号，供应量）

7.4.3　数据模型的优化

数据库逻辑设计的结果不是唯一的。为了进一步提高数据库应用系统的性能，还应该适当地修改、调整数据模型的结构，这就是数据模型的优化。关系数据模型的优化通常以规范化理论为指导。

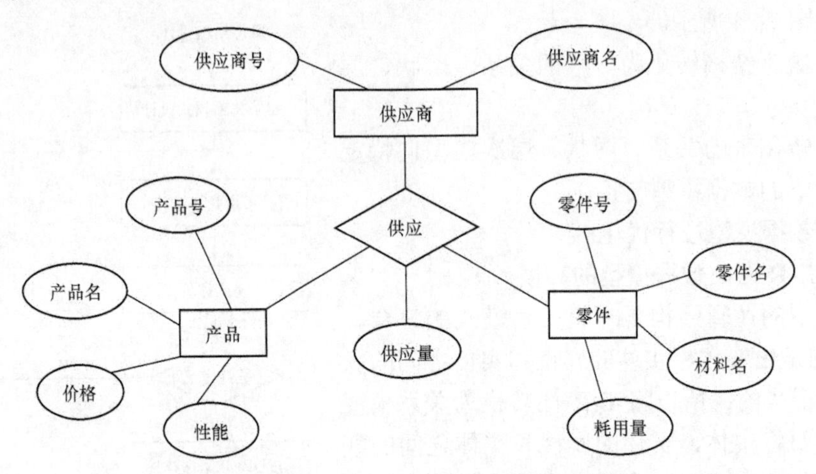

图 7.25 供应商、产品和零件之间的 E-R 图

1. 确定范式级别

考查关系模式的函数依赖关系，确定范式等级，逐一分析各关系模式，考查是否存在部分函数依赖，传递函数依赖等，确定它们分别属于第几范式。

2. 实施规范化处理

确定范式级别后，利用第 5 章的规范化理论，逐一考察各个关系模式，根据应用要求，判断它们是否满足规范要求，可用已经介绍过的规范化方法和理论将关系模式规范化。

综合以上数据库的设计过程，规范化理论在数据库设计中有如下几方面的应用：

（1）在需求分析阶段，用数据依赖概念分析和表示各个数据项之间的联系。

（2）在概念结构设计阶段，以规范化理论为指导，确定关系码，消除初步 E-R 图中冗余的联系。

（3）在逻辑结构设计阶段，从 E-R 图向数据模型转换过程中，用模式合并与分解方法达到规范化级别。

3. 模式评价与改进

（1）模式评价。关系模式的规范化不是目的而是手段，数据库设计的目的是最终满足应用需求。因此，为了进一步提高数据库应用系统的性能，还应该对规范化后产生的关系模式进行评价、改进，经过反复多次的尝试和比较，最后得到优化的关系模式。

模式评价的目的是检查所设计的数据库模式是否满足用户的功能要求、效率，确定加以改进的部分。模式评价包括功能评价和性能评价。

1）功能评价。功能评价指对照需求分析的结果，检查规范化后的关系模式集合是否支持用户所有的应用要求。关系模式必须包括用户可能访问的所有属性。在涉及多个关系模式的应用中，应确保连接后不丢失信息。如果发现有的应用不被支持，或不完全被支持，则应该改进关系模式。发生这种问题的原因可能是在逻辑结构设计阶段，也可能是在系统需求分析或概念结构设计阶段。是哪个阶段的问题就返回到哪个阶段去，因此有可能对前两个阶段再进行评审，解决存在的问题。

在功能评价的过程中，可能会发现冗余的关系模式或属性，这时应对它们加以区分，搞清楚它们是为未来发展预留的，还是某种错误造成的，比如名字混淆。如果属于错误处置，进行改正即可，而如果这种冗余来源于前两个设计阶段，则也要返回重新进行评审。

2）性能评价。对于目前得到的数据库模式，由于缺乏物理设计所提供的数量测量标准和相应的评价手段，所以性能评价是比较困难的，只能对实际性能进行估计，包括逻辑记录的存取数、传送量以及物理设计算法的模型等。美国密执安大学的 T.Teorey 和 J.Fry 于 1980 年提出的逻辑记录访问（Logical Record Access，简称 LRA）方法是一种常用的模式性能评价方法。LRA 方法对网状模型和层次模型较为实用，对于关系模型的查询也能起一定的估算作用。

有关 LRA 方法读者可以参考有关书籍。

（2）模式改进。根据模式评价的结果，对已生成的模式进行改进。如果因为系统需求分析、概念结构设计的疏漏导致某些应用不能得到支持，则应该增加新的关系模式或属性。如果因为性能考虑而要求改进，则可采用合并或分解的方法。

1）合并。如果有若干个关系模式具有相同的主码，并且对这些关系模式的处理主要是查询操作，而且经常是多关系的查询，那么可对这些关系模式按照组合使用频率进行合并。这样便可以减少连接操作而提高查询效率。

2）分解。为了提高数据操作的效率和存储空间的利用率，最常用和最重要的模式优化方法就是分解，根据应用的不同要求，可以对关系模式进行垂直分解和水平分解。

水平分解是把关系的元组分为若干子集合，定义每个子集合为一个子关系。对于经常进行大量数据的分类条件查询的关系，可进行水平分解，这样可以减少应用系统每次查询需要访问的记录数，从而提高查询性能。

例如，有产品关系（产品号，产品名，价格，性能），其中产品按价格可分为 5 万元以上和 5 万元以下两种情况。如果多数查询一次只涉及其中的一种产品，就应该把整个产品关系水平分割为一个价格在 5 万元以上的关系和一个价格在 5 万元及以下的关系。

垂直分解是把关系模式的属性分解为若干子集合，形成若干子关系模式。垂直分解的原则是把经常一起使用的属性分解出来，形成一个子关系模式。

例如，上述产品关系（产品号，产品名，价格，性能），如果经常查询的仅是前三项，而后一项很少使用，则可以将产品关系进行垂直分割，得到两个产品关系：

产品关系 1（产品号，产品名，价格）

产品关系 2（产品号，性能）

这样，便减少了查询的数据传递量，提高了查询速度。

垂直分解可以提高某些事务的效率，但也有可能使另一些事务不得不执行连接操作，从而降低了效率。因此是否要进行垂直分解要看分解后的所有事务的总效率是否得到了提高。垂直分解要保证分解后的关系具有无损连接性和函数依赖保持性。相关的分解算法已经在第 5 章进行了详细介绍。

经过多次的模式评价和模式改进之后，最终的数据库模式得以确定。逻辑设计阶段的结果是全局逻辑数据库结构。对于关系数据库系统来说，就是一组符合一定规范的关系模式组成的关系数据库模型。

数据库系统的数据物理独立性特点消除了由于物理存储改变而引起的对应程序的修改。标准的 DBMS 例行程序应适用于所有的访问，查询和更新事务的优化应当在系统软件一级上实现。这样，逻辑数据库确定之后，就可以开始进行应用程序设计了。

7.4.4 设计用户子模式

前面根据用户需求设计了局部应用视图，这种局部应用视图只是概念模型，用 E-R 图表示。在将概念模型转换为逻辑模型后，即生成了整个应用系统的模式后，还应该根据局部应用需求，结合具体 DBMS 的特点，设计用户的外模式。

目前关系数据库管理系统一般都提供了视图概念，支持用户的虚拟视图。可以利用这一功能设计更符合局部用户需要的用户外模式。

定义数据库模式主要是从系统的时间效率、空间效率、易维护等角度出发。由于用户外模式与模式是独立的，因此在定义用户外模式时应该更注重考虑用户的习惯与方便。

（1）使用更符合用户习惯的别名。在合并各局部 E-R 图时，曾做了消除命名冲突的工作，以使数据库系统中同一关系和属性具有唯一的名字。这在设计数据库整体结构时是非常必要的。

（2）针对不同级别的用户定义不同的外模式，以满足系统对安全性的要求。

（3）简化用户对系统的使用。如果某些局部应用中经常要使用某些很复杂的查询，为了方便用户，可以将这些复杂查询定义为视图，用户每次只对定义好的视图进行查询，以使用户使用系统时感到简单直观、易于理解。

7.5 数据库物理设计

数据库最终是要存储在物理设备上的。数据库在物理设备上的存储结构与存取方法称为数据库的物理结构，它依赖于给定的计算机系统。对于给定的逻辑数据模型，选取一个最适合应用环境的物理结构的过程，称为数据库的物理设计。此阶段是以逻辑设计的结果作为输入，结合具体 DBMS 的特点与存储设备特性进行设计，选定数据库在物理设备上的存储结构和存取方法。数据库的物理设计可分为三步：

（1）分析影响物理数据库设计的因素；

（2）确定物理结构，在关系数据库中主要指存取方法和存储结构；

（3）评价物理结构，评价的重点是时间和空间效率。如果评价结果满足原设计要求，则可以进行物理实施；否则应该重新设计或修改物理结构，有时甚至要返回逻辑设计阶段修改数据模型。

7.5.1 分析影响物理数据库设计的因素

物理设计的目的不仅要提供存储数据的合适结构，而且要以合适的方式对性能提高保证。对于某个给定的概念模式来说，在给定的 DBMS 中存在着多种物理设计方案。直到明确了将要在数据库上运行的查询、事务和应用之后，才可能制定出有意义的物理设计方案和性能分析。必须对这些应用的预期调用频率、执行时间的约束以及更新操作的预期频率等进行分析。下面对此逐一进行讨论。

1. 分析数据库查询和事务

（1）查询存取的文件；

（2）查询的选择条件涉及的属性；

（3）查询的连接条件、连接多个表或对象的条件所涉及的属性；

（4）其值将要被查询检索的属性。

第（2）、（3）条中列出的属性将被用于存取结构的定义。对于每个更新事务或操作，应当确定下述信息：①将要被更新的文件；②每个文件上的操作类型（插入、更新或删除）；③删除或更新的选择条件所涉及的属性；④其值将要被更新操作改变的属性。

同样，第（3）条列出的属性将要被用于存取结构的定义。另外，第（4）条列出的属性避免使用存取结构，因为修改它们将会要求更新该存取结构。

2. 分析查询和事务的调用频率

除了确定查询和事务的特性外，还必须考虑它们的期望调用频率。这个频率信息以及从每个查询和事务收集到的属性信息，将被用于创建所有查询和事务被使用的期望频率的累积列表。对于所有的查询和事务，频率信息可被表达为在每个文件中将每个属性用作选择属性或者连接属性的期望频率。一般来讲，非形式化的“80—20 规则”适用于涉及大量处理的系统，含义为大约 80%的处理仅由 20%的查询或事务引起。因此，在现实情况下，不必对所有查询和事务的统计和调用频率进行详尽的收集，只需确定出 20%左右最重要的查询即可。

3. 分析查询和事务的时间约束

有些查询和事务具有苛刻的性能约束。例如，某个事务可能具有如下的约束：95%的调用情况下 5s 内中断，并且执行时间不可超过 20s。这样的性能约束给那些用于存取路径的属性进一步增加了优先级。具有时间约束的查询和事务用到的选择属性成为用于主存取结构的高优先级候选属性。

4. 分析更新操作的期望频率

对于经常被更新的文件，应当为该文件指定最小数目的存取路径，因为更新存取路径本身会影响更新操作的效率。

5. 分析属性的唯一性约束

应当确定所有候选码属性（或属性集）的存取路径，这些属性或者是主码，或者具有唯一性约束。如果存在索引（或其他存取路径），当检查约束时可只对索引进行搜索，这是由于属性的所有值都会出现在索引的叶结点上。

一旦搜集了上述信息，就可以对物理数据库的设计策略进行讨论，主要是确定数据库的物理结构。

7.5.2 确定数据库的物理结构

设计人员必须深入了解给定的 DBMS 的功能，DBMS 提供的环境和工具、硬件环境，特别是存储设备的特征。另外也要了解应用环境的具体要求，如各种应用的数据量、处理频率和响应时间等。只有知己知彼才能设计出较好的物理结构。

1. 存储记录结构的设计

在物理结构中，数据的基本存取单位是存储记录。存储记录是属性值的集合，主关系码可以唯一确定一个记录，而其他属性的一个具体值不能唯一确定是哪个记录。在主关系码上应该建立唯一索引，这样不但可以提高查询速度，还能避免关系码重复值的录入，确保了数据的完整性。有了逻辑记录结构以后，就可以设计存储记录结构，一个存储记录可以和一个或多个逻辑记录相对应。存储记录结构包括记录的组成、数据项的类型和长度，以及逻辑记录到存储记录的映射。某一类型的所有存储记录的集合称为“文件”，文件的存储记录可以是定长的，也可以是变长的。

文件组织或文件结构是组成文件的存储记录的表示法。文件结构应该表示文件格式、逻辑次序、物理次序、访问路径、物理设备的分配。物理数据库就是指数据库中实际存储记录的格式、逻辑次序和物理次序、访问路径、物理设备的分配。

决定存储结构的主要因素包括存取时间、存储空间和维护代价三个方面。设计时应当根据实际情况对这三个方面进行综合权衡。一般，DBMS 也提供一定的灵活性可供选择，包括聚簇和索引。

（1）聚簇（Cluster）。聚簇就是为了提高查询速度，把在一个（或一组）属性上具有相同值的元组集中地存放在一个物理块中。如果存放不下，可以存放在相邻的物理块中。其中，这个（或这组）属性称为聚簇码。

许多关系型 DBMS 都提供了聚簇功能。聚簇有两个作用：

1）使用聚簇以后，聚簇码相同的元组集中在一起了，因而聚簇值不必在每个元组中重复存储，只要在一组中存储一次即可，因此可以节省存储空间。

2）聚簇功能可以大大提高按聚簇码进行查询的效率。例如，假设学生关系按所在系建有索引，现在要查询学生关系中计算机系的学生名单，设计算机系有 600 名学生。在极端情况下，这些学生的记录会分布在 600 个不同的物理块中，这时如果要查询计算机系的学生，就需要做 600 次的 I/O 操作，这将影响系统查询的性能。如果按照系别建立聚簇，使同一个系的学生记录集中存放，则每做一次 I/O 操作，就可以获得多个满足查询条件和记录，从而显著地减少了访问磁盘的次数。

（2）索引。索引是对数据库表中一列或多列的值进行排序的一种结构，使用索引可快速访问数据库表中的特定信息。索引文件对存储记录重新进行内部链接，从逻辑上改变了记录的存储位置，从而改变了访问数据的入口点。关系中数据越多索引的优越性也就越明显。

建立多个索引文件可以缩短存取时间，但是增加了索引文件所占用的存储空间以及维护的开销。因此，应该根据实际需要综合考虑。

2. 访问方法的设计

访问方法是为存储在物理设备（通常指辅存）上的数据提供存储和检索能力的方法。一个访问方法包括存储结构和检索机构两个部分。存储结构限定了可能访问的路径和存储记录；检索机构定义了每个应用的访问路径，但不涉及存储结构的设计和设备分配。

存储记录是属性的集合，属性是数据项类型，可用作主码或辅助码。主码唯一地确定了一个记录。辅助码是用作记录索引的属性，可能并不唯一确定某一个记录。

访问路径的设计分成主访问路径与辅访问路径的设计。主访问路径与初始记录的装入有关，通常是用主码来检索的。首先利用这种方法设计各个文件，使其能最有效地处理主要的应用。一个物理数据库很可能有几套主访问路径。辅访问路径是通过辅助码的索引对存储记录重新进行内部链接，从而改变访问数据的入口点。用辅助索引可以缩短访问时间，但增加了辅存空间和索引维护的开销。设计者应根据具体情况作出权衡。

3. 数据存放位置的设计

为了提高系统性能，应该根据应用情况将数据的易变部分、稳定部分、经常存取部分和存取频率较低部分分开存放。对于有多个磁盘的计算机，可以采用下面几种存放位置的分配方案。

（1）将表和索引分别存放在不同的磁盘上，在查询时，由于两个磁盘驱动器并行工作，可以提高物理读写的速度。

（2）将比较大的表分别放在两个磁盘上，以加快存取速度，在多用户环境下效果更佳。

（3）将备份文件、日志文件与数据库对象（表、索引等）备份等放在不同的磁盘上。

（4）对于经常存取或存取时间要求高的对象（表、索引等）应放在高速存储设备（如硬盘）上，对于存取频率小或存取时间要求低的对象（数据库的数据备份、日志文件备份等，只在数据库发生故障进行恢复时才使用），如果数据量很大，可以存放在低速存储设备（如磁带）上，以改进整个系统的性能。

由于各个系统所能提供的对数据进行物理安排的手段、方法差异很大，因此设计人员必须仔细了解给定的DBMS提供的方法和参数，再针对应用环境的要求，对数据进行适当的物理安排。

4. 系统配置的设计

DBMS产品一般都提供了一些系统配置变量、存储分配参数，供设计人员和DBA对数据库进行物理优化。系统为这些变量设定了初始值，但是这些值不一定适合每一种应用环境，在物理设计阶段，要根据实际情况重新对这些变量赋值，以满足新的要求。

系统配置变量和参数很多，例如，同时使用数据库的用户数、同时打开的数据库对象数、内存分配参数、缓冲区分配参数（使用的缓冲区长度、个数）、存储分配参数、数据库的大小、时间片的大小、锁的数目等，这些参数值影响存取时间和存储空间的分配，在物理设计时要根据应用环境确定这些参数值，以期改进系统性能。

7.5.3 评价物理结构

和前面几个设计阶段一样，在确定了数据库的物理结构之后，要进行评价，重点是时间和空间的效率。评价物理数据库的方法完全依赖于所选用的DBMS，主要是从定量估算各种方案的存储空间、存取时间和维护代价入手，对估算结果进行权衡、比较，选择出一个较优的合理的物理结构。如果该结构不符合用户需求，则需要修改设计。如果评价结果满足设计要求，则可进行数据库实施。实际上，往往需要经过反复测试才能优化物理设计。

7.6 数据库实施

数据库实施是指根据逻辑设计和物理设计的结果，在计算机上建立起实际的数据库结构、装入数据、进行测试和试运行的过程。数据库实施主要包括：建立实际数据库结构、装入数据、应用程序编码与调试、数据库试运行和整理文档。

7.6.1 建立实际数据库结构

DBMS提供的数据定义语言（DDL）可以定义数据库结构。可使用第3章所讲的SQL定义语句中的CREATE TABLE语句定义所需的基本表，使用CREATE VIEW语句定义视图。

7.6.2 装入数据

装入数据又称为数据库加载（Loading），是数据库实施阶段的主要工作。在数据库结构建立好之后，就可以向数据库中加载数据。

由于数据库的数据量一般都很大，它们分散于一个企业（或组织）各个部门的数据文件、报表或多种形式的单据中，它们存在着大量的重复，并且其格式和结构一般都不符合数据库的要求，必须把这些数据收集起来加以整理，去掉冗余并转换成数据库所规定的格式，这样处理之后才能装入数据库。因此，需要耗费大量的人力、物力，是一种非常单调乏味而又意义重大的工作。

由于应用环境和数据来源的差异，所以不可能存在普遍通用的转换规则，现有的 DBMS 并不提供通用的数据转换软件来完成这一工作。

对于一般的小型系统，装入的数据量较少，可以采用人工方法来完成。首先将需要装入的数据从各个部门的数据文件中筛选出来，转换成符合数据库要求的数据格式，然后输入到计算机中，最后进行数据校验，检查输入的数据是否有误。但是，人工方法不仅效率低，而且容易产生差错。对于数据量较大的系统，应该由计算机来完成这一工作。通常是设计一个数据输入子系统，其主要功能是从大量的原始数据文件中筛选、分类、综合和转换数据库所需的数据，把它们加工成数据库所要求的结构形式，最后装入数据库中。

为了防止不正确的数据输入到数据库内，应当采用多种方法多次对数据进行校验。由于要入库的数据格式或结构与系统要求不完全一样，有的差别可能还比较大，所以向计算机内部输入数据时会发生错误，数据转换过程中也有可能出错。数据输入子系统要充分重视这部分工作。

如果在数据库设计时，原来的数据库系统仍在使用，则数据的转换工作是将原来老系统中的数据转换成新系统中的数据结构。同时还要转换原来的应用程序，使之能在新系统下有效地运行。

数据的转换、分类和综合常常需要多次才能完成，因而输入子系统的设计和实施是很复杂的，需要编写许多应用程序。由于这一工作需要耗费较多的时间，为了保证数据能够及时入库，应该在数据库物理设计的同时编制数据输入子系统，而不能等物理设计完成后才开始。

7.6.3 应用程序编码与调试

数据库应用程序的设计属于一般的程序设计范畴，但数据库应用程序有自己的一些特点。例如，大量使用屏幕显示控制语句、形式多样的输出报表、重视数据的有效性和完整性检查、有灵活的交互功能。

为了加快应用系统的开发速度，一般选择第四代语言开发环境，利用自动生成技术和软件复用技术，在程序设计编写中往往采用工具（CASE）软件来帮助编写程序和文档，如目前普遍使用的 PowerBuilder、Delphi 以及由北京航空航天大学研制的 863/CM/S 支持的数据库开发工具 OpenTools 等。

数据库结构建立好之后，就可以开发编制与调试数据库的应用程序，这时由于数据入库尚未完成，调试程序时可以先使用模拟数据。

7.6.4 数据库试运行

应用程序编写完成，并有了一小部分数据装入后，应该按照系统支持的各种应用分别试验应用程序在数据库上的操作情况，这就是数据库的试运行阶段，或者称为联合调试阶段。在这一阶段要完成两方面的工作。

（1）功能测试。实际运行应用程序，测试它们能否完成各种预定的功能。

（2）性能测试。测量系统的性能指标，分析其是否符合设计目标。

系统的试运行对于系统设计的性能检验和评价是很重要的，因为有些参数的最佳值只有在试运行后才能找到。如果测试的结果不符合设计目标，则应返回到设计阶段，重新修改设计和编写程序，有时甚至需要返回到逻辑设计阶段，调整逻辑结构。

重新设计物理结构甚至逻辑结构，会导致数据重新入库。由于数据装入的工作量很大，所以可分期分批的组织数据装入，先输入小批量数据做调试用，待试运行基本合格后，再大批量输入数据，逐步增加数据量，逐步完成运行评价。

数据库的实施和调试不可能一次完成，需要有一定的时间。在此期间由于系统还不稳定，随时可能发生硬件或软件故障，加之数据库刚刚建立，操作人员对系统还不熟悉，对其规律缺乏了解，容易发生操作错误，这些故障和错误很可能破坏数据库中的数据，这种破坏很可能在数据库中引起连锁反应，破坏整个数据库。因此必须做好数据库的转储和恢复工作，一旦故障发生，能使数据库尽快恢复，尽量减少对数据库的破坏。

7.6.5 整理文档

在程序的编码调试和试运行中，应该将发现的问题和解决方法记录下来，将它们整理存档作为资料，供以后正式运行和改进时参考。全部的调试工作完成之后，应该编写应用系统的技术说明书和使用说明书，在正式运行时随系统一起交给用户。完整的文件资料是应用系统的重要组成部分，这一点不能忽视。必须强调这一工作的重要性，引起用户与设计人员的充分注意。

7.7 数据库运行和维护

数据库试运行合格后，就可投入正式运行，进入运行和维护阶段。数据库系统投入正式运行，标志着数据库应用开发工作的基本结束，但并不意味着设计过程已经结束。由于应用环境不断发生变化，用户的需求和处理方法不断发展，数据库在运行过程中的存储结构也会不断变化，从而必须修改和扩充相应的应用程序。数据库运行和维护阶段的主要任务包括以下三项内容：

（1）维护数据库的安全性与完整性；

（2）监测并改善数据库性能；

（3）重新组织和构造数据库。

7.7.1 维护数据库的安全性与完整性

按照设计阶段提供的安全规范和故障恢复规范，DBA 要经常检查系统的安全是否受到侵犯，根据用户的实际需要授予用户不同的操作权限。数据库在运行过程中，由于应用环境发生变化，对安全性的要求也可能发生变化，DBA 要根据实际情况及时调整相应的授权和密码，以保证数据库的安全性。同样数据库的完整性约束条件也可能会随应用环境的改变而改变，这时 DBA 也要对其进行调整，以满足用户的要求。

另外，为了确保系统在发生故障时，能够及时地进行恢复，DBA 要针对不同的应用要求定制不同的转储计划，定期对数据库和日志文件进行备份，以使数据库在发生故障后恢复到某种一致性状态，保证数据库的完整性。

7.7.2 监测并改善数据库性能

目前许多 DBMS 产品都提供了监测系统性能参数的工具，DBA 可以利用系统提供的这些工具，经常对数据库的存储空间状况及响应时间进行分析评价；结合用户的反应情况确定改进措施；及时改正运行中发现的错误；按用户的要求对数据库的现有功能进行适当的扩充。但要注意在增加新功能时应保证原有功能和性能不受损害。

7.7.3 重新组织和构造数据库

数据库建立后，除了数据本身动态变化以外，随着应用环境的变化，它也必须变化以适应应用要求。

数据库运行一段时间后，由于记录的不断增加、删除和修改，会改变数据库的物理存储结构，使数据库的物理特性受到破坏，从而降低数据库存储空间的利用率和数据的存取效率，使数据库的性能下降。因此，需要对数据库进行重新组织，即重新安排数据的存储位置，回收垃圾，减少指针链，改进数据库的响应时间和空间利用率，提高系统性能。这与操作系统对“磁盘碎片”的处理的概念相类似。数据库的重组只是使数据库的物理存储结构发生变化，而数据库的逻辑结构不变，所以根据数据库的三级模式，可以知道数据库重组对系统功能没有影响，只是为了提高系统的性能。

数据库应用环境的变化可能导致数据库的逻辑结构发生变化，例如，增加新的应用或新的实体，取消某些已有应用，改变某些已有应用，这些都会导致实体及实体间的联系也发生相应的变化，使原有的数据库设计不能很好地满足新的需求，必须对原来的数据库重新构造，适当调整数据库的模式和内模式，比如要增加新的数据项，增加或删除索引，修改完整性约束条件等。

DBMS 一般都提供了重新组织和构造数据库的应用程序，以帮助 DBA 完成数据库的重组和重构工作。

只要数据库系统在运行，就需要不断地进行修改、调整和维护。一旦应用变化太大，数据库重新组织也无济于事，这就表明数据库应用系统的生命周期结束，应该建立新系统，重新设计数据库。从头开始数据库的设计工作，标志着一个新的数据库应用系统生命周期的开始。

小　　结

本章详细介绍了数据库设计的六个阶段：系统需求分析、概念结构设计、逻辑结构设计、物理设计、数据库实施、数据库运行与维护。详细讨论了每一个阶段的任务、方法和步骤。同时介绍了一些技术，如数据库设计工具 PowerDesigner、采用 XML 方法的建模等。

需求分析是整个设计过程的基础，需求分析做得不好，可能会导致整个数据库设计返工重做。

概念结构设计将需求分析所得到的用户需求抽象为信息结构即概念模型。概念结构设计是整个数据库设计的关键，包括局部 E-R 图的设计、合并成初步 E-R 图以及 E-R 图的优化。

逻辑结构设计将独立于 DBMS 的概念模型转化成相应的数据模型，包括初始关系模式设计、关系模式的规范化，模式的评价与改进。

物理设计则为给定的逻辑模型选取一个合适应用环境的物理结构，物理设计包括确定物理结构和评价物理结构两部分。

根据逻辑结构设计和物理设计的结果，在计算机上建立起实际的数据库结构，装入数据，进行应用程序的设计，并试运行整个数据库系统，这是数据库实施阶段的任务。

数据库的运行与维护是数据库设计的最后阶段，包括维护数据库的安全性与完整性，监测并改善数据库性能，必要时需要进行数据库的重新组织和构造。

习　　题

一、解释下列术语

数据流图、数据字典。

二、单项选择

1．需求分析阶段设计数据流图通常采用（　　）。

A．面向对象的方法　　B．回溯的方法

C．自底向上的方法　　D．自顶向下的方法

2．数据收集人员与客户之间沟通信息的桥梁是（　　）。

A．程序流程图　　B．实体联系图

C．模块结构体　　D．数据结构图

3．在数据库的物理结构中，将具有相同值的元组集中存放在连续的物理块中，称为（　　）存储方法。

A．Hash　　B．B^+树索引　　C．聚簇　　D．其他

4．概念结构设计是整个数据库设计的关键，它通过对用户需求进行综合、归纳与抽象，形成一个独立于具体 DBMS 的（　　）。

A．数据模型　　B．概念模型　　C．层次模型　　D．关系模型

5．数据库物理设计完成后，进入数据库实施阶段，下述工作中，（　　）一般不属于实施阶段的工作。

A．建立库结构　　B．系统调试　　C．加载数据　　D．扩充功能

6．在关系数据库设计中，设计关系模式是数据库设计中（　　）阶段的任务。

A．逻辑设计阶段　　B．概念设计阶段

C．物理设计阶段　　D．需求分析阶段

三、填空

1．数据库设计包括____________和____________两方面的内容。

2．数据库设计分为以下六个阶段____________、____________、____________、____________、____________和____________。

3．需求分析中的数据字典通常包含以下 5 个部分：____________、____________、____________、____________和____________。

4．概念结构设计的四种方法是：____________、____________、____________和____________。

5．数据库的物理设计可分为两步：____________、____________。

6．数据库实施阶段主要包括____________、____________、____________、____________和____________。

7．数据库运行和维护阶段的主要任务包括以下三项：____________、____________

和____________。

四、简答

1．数据库设计中六个阶段的主要内容分别是什么？

2．在数据库设计中，需求分析阶段的设计目标是什么？

3．视图集成的两种方法分别是什么？

4．什么是数据库的逻辑结构设计？试述把 E-R 图转换为关系模式的转换原则。

第8章　数据库事务管理

8.1　事务与事务管理

8.1.1　事务的概念

1. 事务的定义

事务（Transsction）是构成数据库处理逻辑单元的可执行程序，由用户定义的一组操作序列（包括插入、删除、修改或检索等操作）组成，序列中的操作要么全做要么全不做，是一个不可分割的工作单位。

事务和程序是两个概念，一般而言，一个数据库应用程序由若干个事务组成，每个事务可以看做是数据库的一个状态，形成了某种一致性，而整个应用程序的操作过程则是通过不同事务使得数据库由某种一致性不断转换到新的一致性的过程。

2. 事务的特性

为了保证事务并发执行或发生故障时数据的完整性，事务应具有原子性、一致性、隔离性和持续性 4 个特性，这些特性通常被称为 ACID 特性。

（1）原子性（Atomicity）。一个事务中的所有操作是不可分割的，要么全部执行，要么全部不执行，这就是事务的原子性。当一事务执行失败时，DBMS 能够保证那些部分执行的操作不被反映到数据库中去。保证事务的原子性是 DBMS 事务管理子系统的职责。

（2）一致性（Consistency）。一个被成功执行的事务，必须能使数据库从一个一致性状态变为另一个一致性状态。

（3）隔离性（Isolation）。当多个事务并发执行时，任一事务的执行不会受到其他事务的干扰，多个事务并发执行的结果与分别执行单个事务的结果是完全一样的，这就是事务的隔离性。事务的隔离性是由 DBMS 的并发控制子系统保证的。

破坏隔离性的原因是并发执行的事务可能访问相同的数据项。例如，在银行转账业务中，假设转账事务 T1 在 A 账户余额已减去转账金额，而 B 账户余额未加上转账金额时，另一事务 T2 读取了 A 和 B 账户余额总和时，此时将产生不一致的值。事务的隔离性则可确保事务 T2 执行过程中，要么 T1 已经执行完毕，要么 T1 还没开始执行，使得 T2 不会在 T1 事务执行过程中访问 T1 处理的中间结果。显然，事务的串行执行一定能保证事务的隔离性。

（4）持续性（Durability）。事务被提交后，不管 DBMS 发生什么故障，该事务对数据库的所有更新操作都会永远被保留在数据库中，不会丢失。事务的持续性是由 DBMS 的事务管理子系统和恢复管理子系统完成的。

8.1.2　可串行性理论

DBMS 对并发事务不同的调度会产生不同的结果，那么怎么样的调度是正确的？显然，串行调度是正确的。执行结果等价于串行调度的调度也是正确的。这样的调度称为可串行化调度。

定义：多个事务的并发执行是正确的，当且仅当其结果与按其一次序串行地执行这些事务时的结果相同，称这种调度策略为可串行化（Serializable）的调度。可串行性是并发事务正确调度的准则。按这个准则规定一个给定的并发调度，当且仅当它是可串行化的，才认为是正确调度。

对于调度 S 中的每个事务 T，如果 T 中所有的操作在调度中都是连续执行的，那么就称调度 S 是串行的；否则调度 S 是非串行的。因此在串行调度中，同一时刻只有一个事务处于活动状态，当前事务的提交（或撤消）将会启动下一个事务的执行。串行调度中不会发生不同事务的交替操作。包含事务 T1、T2 的串行和非串行调度如图 8.1 所示。

T1	T2
X=R(X)−N	
W(X)	
Y=R(Y)+N	
W(Y)	
	X=R(X)+M
	W(X)

（a）

T1	T2
	X=R(X)+M
	W(X)
X=R(X)−N	
W(X)	
Y=R(Y)+N	
W(Y)	

（b）

T1	T2
X=R(X)−N	
	X=R(X)+M
W(X)	
	W(X)
Y=R(Y)+N	
W(Y)	

（c）

T1	T2
X=R(X)−N	
W(X)	
	X=R(X)+M
	W(X)
Y=R(Y)+N	
W(Y)	

（d）

图 8.1　包含事务 T1、T2 的串行和非串行调度

（a）串行调度 A：T2 跟随 T1；（b）串行调度 B：T1 跟随 T2；

（c）非串行调度 C；（d）非串行调度 D

以图 8.1 的调度为例，假定最初数据相对值为 X＝90，Y＝90，N＝3，M＝2。在事务 T1 和 T2 执行完成后，调度 A 和 B 的结果都是 X＝89，Y＝93。可是调度 C 得到的结果是 X＝92，Y＝93，调度 D 的结果和调度 A、B 的结果一致。按照事务的定义，毫无疑问串行化调度 A 或 B 的结果是对的。

如果具有 *n* 个事务的调度 S 等价于某个具有相同 *n* 个事务的串行调度，那么 S 就是可串行化调度。

称非串行调度是可串行化的，即它是正确的，因为它等价于一个被认为是正确的串行调度。那么，具有什么性质的调度是可串行化调度呢？如何判断是可串行化调度，这里介绍判断可串行化调度的充分条件：冲突可串行化调度。

首先介绍冲突操作的概念。

冲突操作是指不同的事务对同一个数据的“读/写”操作和“写/写”操作，其他操作时不冲突。不同事务的冲突操作和同一事务的两个操作是不能交换的。

一个调度 S 在保证冲突操作的次序不变的情况下，通过交换两个事务不冲突或同一事务

不冲突操作的次序得到另一个调度 S'，如果 S'是串行的，称调度 S 为冲突可串行化的调度。一个调度是冲突可串行化，一定是可串行化的调度。因此，我们可以用这个方法来判断一个调度是不是可串行化。

【例 8.1】 有两个调度：事务 T1＝R_1（A）W_1（A）R_1（B）W_1（B），事务 T2＝R_2（A）W_2（A）R_2（B）W_2（B）；调度 S1＝R_1（A）W_1（A）R_2（A）W_2（A）R_1（B）W_1（B）R_2（B）W_2（B）。

解 R_2（A）W_2（A）与 R_1（B）W_1（B）这两组操作的对象不是同一对象，因此不是冲突操作，故把 R_2（A）W_2（A）与 R_1（B）W_1（B）交换得到：

S2＝R_1（A）W_1（A）R_1（B）W_1（B）R_2（A）W_2（A）R_2（B）W_2（B）。

S2 等价于一个串行调度 T1T2，所以 S1 是冲突可串行化调度。

注意：冲突可串行化调度是可串行化调度的充分条件，不是必要条件。还有不满足冲突可串行化条件的可串行化调度。

【例 8.2】 有三个调度：T1＝W_1（Y）W_1（X），T2＝W_2（Y）W_2（X），T3＝W_3（X）。

解 调度 D1＝W_1（Y）W_1（X）W_2（Y）W_2（X）W_3（X）是一个串行调度。

调度 D2＝W_1（Y）W_2（Y）W_2（X）W_1（X）W_3（X）不满足冲突可串行化调度，但是调度 D2 是可串行化调度的，因为 D2 执行的结果与 D1 相同，*Y* 的值等于 T2 的值，*X* 的值等于 T3 的值。

8.1.3 事务基本操作与活动状态

1. 事务操作的组成

事务操作可以看做由若干部分组成：

（1）事务开始（BEGIN TRANSACTION）：事务开始执行；

（2）事务读写操作（READ / WRITE TRANSACTION）：事务进行数据操作；

（3）事务提交（COMMIT TRANSACTION）：事务完成所有数据操作，同时保存操作结果，它标志着事务成功完成；

（4）事务回滚（ROLLBACK TRANSACTION）：事务未完成所有数据操作，重新返回到事务开始状态，标志着事务的撤消。

2. 事务的活动状态

根据事务的这些基本操作，可以得到事务的基本状态或活动过程。

（1）使用 BEGIN TRANSACTION 命令显式说明一个事务开始，它说明了对数据库进行操作的一个单元的起始点。在事务完成之前出现任何操作错误和故障，都可以撤消事务，使事务回滚到这个起始点。事务用命令 COMMIT 或 ROLLBACK 结束。

（2）在事务开始执行后，它不断地做 READ 或 WRITE 操作，但是，此时所做的 WRITE 操作，仅将数据写到磁盘缓冲区，而非真正写入磁盘内。

（3）在事务执行过程中会产生两种状况，一是顺利执行，此时事务继续正常执行其后的内容；二是由于产生故障等原因而终止执行，此时根据事务的原子性，事务需要返回开始处重新执行，这种情况称为事务回滚（Rollback）。在一般情况下，事务正常执行直至全部操作执行完成，在执行事务提交（Commit）后整个事务即宣告结束。事务提交即是将所有事务执行过程写在磁盘缓冲区的数据真正地写入磁盘内，从而完成整个事务。

（4）SQL 标准还支持“事务保存点”技术，所谓“事务保存点”就是在事务的过程中插入若干标记，这样当发现事务中有操作错误时，可以不撤消整个事务，只是撤消部分事务，即将事务回滚到某个事务保存点。

事务的整个活动状态如图 8.2 所示。

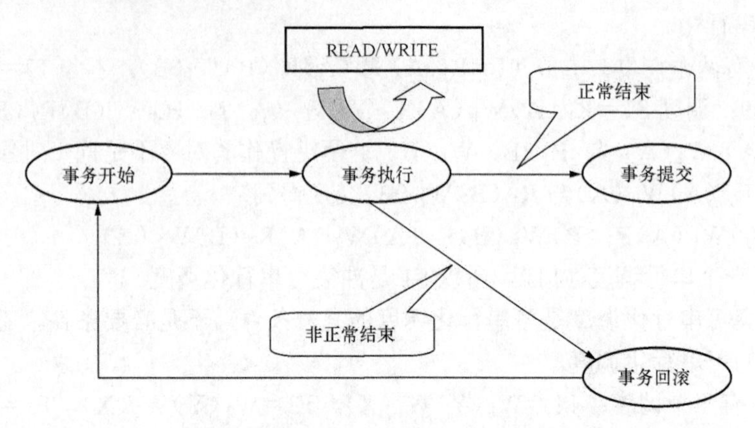

图 8.2　事务活动状态

8.1.4　SQL 对事务管理的支持

标准 SQL 规定事务的开始一般是隐含的，而事务的结束一般使用 COMMIT TRANSACTION、ROLLBACK TRANSACTION 语句。其中，COMMIT TRANSACTION 表示提交事务，执行该语句后，事务对数据库的更新结果将被写入物理磁盘数据库；而 ROLLBACK TRANSACTION 表示回滚事务，执行该语句后，DBMS 将撤消事务对数据库所作的全部操作，就像事务没有被执行一样。

【例 8.3】 假设某公司在华东地区设立了一个配送中心，负责向其在上海、杭州和南京的分公司输送原料。现在要从配送中心发送数量为 Quantity、编号为 Gno1 的商品到其在上海的分公司。设配送中心的商品库存信息存放在 CenterInventory（Gno，QTY…）关系中，而上海分公司的商品库存信息存放在 ShanghaiInventory（Gno，QTY…）关系中，其中 Gno 和 QTY 属性分别代表商品编号及其库存量。试编写一事务 Tl 完成相关操作。

解 …

```
/* 读出配送中心关于商品 Gno1 的库存量 QTY */
EXEC SQL SELECT QTY
    INTO:MQTY
    FROM CenterInventory
    WHERE Gno=:Gno1;
/* 从配送中心商品库存信息 CenterInventory 表中减去 Gno1 商品的库存量*/
EXEC SQL UPDATE CenterInventory
    SET QTY=QTY - :Quantity
    WHERE Gno=:Gno1;
IF （MQTY<Quantity）
{ print("库存不足,不能配送 !");
ROLLBACK TRANSACTION;                /* 恢复事务，撤消所有操作串 */
}
ELSE
{/* 从上海商品库存信息 ShanghaiInventory 表中增加 Gno1 商品的库存量 */
EXEC SQL UPDATE ShanghaiInventory
    SET QTY=QTY+:Quantity
    WHERE Gno=:Gno1;
    COMMIT TRANSACTION;             /* 提交事务 */
}
```

8.2 并发控制与封锁机制

8.2.1 并发操作与数据的不一致性

在多用户共享系统中，许多事务可能同时对同一数据进行操作，此时可能会破坏数据库的完整性。即使每个事务单独执行时是正确的，但当多个事务并发执行时，如果系统不加以控制，仍会破坏数据库的一致性，或者用户读到了不正确的数据。数据库的并发操作通常会带来3个问题，通过下面的例子来说明并发操作带来的数据不一致性问题。

【例8.4】 在一个飞机订票系统中，可能会出现下列的一些业务活动序列：

解

（1）甲售票点读航班X的机票余额数为A＝25；

（2）乙售票点读同一航班X的机票余额数A＝25；

（3）甲售票点卖出一张机票，然后修改机票余额数A＝A－1为24，并把A写回数据库；

（4）乙售票点也卖出一张机票，同样接着修改机票余额数A－A－1为24，并把A写回数据库。

到此时，实际上卖出了两张机票，但数据库中机票余额数却只减少了1。假设上述的甲售点对应于事务T1，乙售票点对应于事务T2，则上述事务过程的描述如图8.3所示。

时间	T1事务	T2事务	数据库中的A值
t0			25
t1	read(A)		
t2		read(A)	
t3	A:=A-1		
t4	write(A)		
t5			24
t6		A:=A-1	
t7		write(A)	
t8			24

图8.3 并发操作引例（丢失修改示例）

仔细分析上述的飞机订票系统的运行机制可知，并发操作可能带来的数据不一致性情况有三种：丢失修改、读过时数据和读“脏”数据。

（1）丢失修改。两个事务T1和T2读入同一数据并修改，T2提交的结果破坏了T1提交的结果，导致T1的修改被丢失，上述飞机订票的例子就属于此类。

（2）不可重复读。两个事务T1和T2读入同一数据并进行处理，事务T1读取后，事务T2进行了更新操作，使T1无法再现前一次读取结果。具体地讲，包括三种情况：

1）事务T1读取某一数据后，事务T2对其进行了修改，事务T1再次读该数据时，得到与前一次不一致的数据，如图8.4所示。

2）事务T1按条件读取某些数据后，事务T2删除了其中部分数据，导致事务T1再次读这些数据时，部分数据消失了。

3）事务T1按条件读取某些数据后，事务T2插入了一些新数据，导致事务T1再次读这些数据时，多出了部分记录。

时间	T1事务	T2事务	数据库中的A值
t0			25
t1	read(A)		
t2		read(A)	
t3		A:=A−10	
t4		write(A)	
t5	read(A)		15

图 8.4　不可重复读示例

（3）读“脏”数据。事务 T1 读某数据，并对其进行了修改，在还未提交时，事务 T2 又读了同一数据。但由于某种原因 T1 接着被撤消，撤消 T1 的结果是把已修改过的数据值恢复成原来的数据值，结果就形成 T2 读到的数据与数据库中的数据不一致。这种情况称为 T2 读了“脏”数据，即不正确的数据，这类情况的一个事务过程描述如图 8.5 所示。

时间	T1事务	T2事务	数据库中的A值
t0			25
t1	read(A)		
t2		read(A)	
t3	A:=A−10		15
t4		write(A)	
t5	rollback		
t6			25

图 8.5　读“脏”数据示例

产生上述三类数据不一致性的主要原因是并发操作破坏了事务的隔离性。并发控制就是要通过正确的调度方式，使一个用户事务的执行不受其他事务干扰，从而避免造成数据的不一致性，并发控制的主要技术是锁（Locking）机制。

8.2.2　封锁

所谓封锁就是事务 T 在对某个数据对象如关系、元组等进行查询或更新操作以前，应先向系统发出对该数据对象进行加锁的请求，否则就不可以进行相应的操作，而事务在获得了对该数据对象的锁以后，其他的事务就不能查询或更新此数据对象，直到相应的锁被释放为止。

按事务对数据对象的封锁程度来分，封锁有两种基本类型：排他锁和共享锁。在利用这两种基本封锁类型对数据对象进行加锁时，需约定一些协议，下面分别介绍这两种基本封锁及相应的封锁协议。

1. 排他锁和共享锁

排他锁和共享锁是最基本的封锁方式。如果事务 T 对数据对象 Y 加了排他锁（记为 X 锁），那么 T 既可以读取 Y，也可以更新 Y。如果事务 T 对数据对象 Y 加了共享锁（记为 S 锁），那么 T 可以读取 Y，但不能更新 Y。

在给数据对象加排他锁或共享锁时应遵循如图 8.6 所示的锁相容矩阵。如果一事务对某一数据对象加了共享锁，其他任何事务只能对该数据对象加共享锁，但不能加排他锁，直到相应锁被释放。如果一事务对某一数据对象加上了排他锁，其他任何事务不可以再对该数据对象加任何类型的锁，直到相应锁被释放。

T1 / T2	S	X	—
S	TRUE	FALSE	TRUE
X	FALSE	FALSE	TRUE
—	TRUE	TRUE	TRUE

图 8.6 锁相容矩阵

被封锁的数据对象的范围可大可小，可以是属性、元组，也可以是关系、数据库等。一次加锁锁住的数据单位大小被称为锁的粒度（Granularity），如果数据单位比较小，我们说锁是细（Fine）粒度的，否则就说锁是粗（Coarse）粒度的。

2. 封锁协议

所谓封锁协议就是在对数据对象加锁、持锁和释放锁时所约定的一些规则。不同的封锁规则形成了不同的封锁协议，下面分别介绍三级封锁协议。

（1）一级封锁协议。一级封锁协议规定事务 T 在更新数据对象以前，必须对该数据对象加排他锁，并且直到事务 T 结束时才可以释放该锁。

利用一级封锁协议可以防止丢失更新问题的发生。例如，图 8.6 中多个事务的并发调度遵守了一级封锁协议，防止了图 8.2 中的丢失更新问题。

在图 8.7 中，由于事务 T1 对数据对象 X 要进行更新操作，故 T1 在 t0 时刻对数据对象 X 提出了加 X 锁的申请并获得了锁，该锁直到 t6 时刻事务 T1 结束后才被释放，因此当事务 T2（也需更新 X）在 t2 时刻申请对 X 加 X 锁时被拒绝，T2 只能等待，一直到 t7 时刻事务 T1 已结束并释放了对 X 的 X 锁后，T2 才获得了相应的锁，此后 T2 读到的 X 的值已经是被 T1 更新过的值 27 了，在该值的基础上，T2 将 X 的值进一步更新为 22。这样，事务 T1 对数据对象 X 的更新就没有被丢失。

时刻	事务T1	事务T2	数据库X的值
t0	Xlock(X)		
t1	Read(X)		X=30
t2		Xlock(X)	
t3	X:=X−3	wait	
t4	write(X)	wait	X=27
t5	Commit	wait	
t6	Unlock(X)	wait	
t7		(重新)Xlock(X)	
t8		Read(X)	X=27
t9		X:=X−5	
t10		Write(X)	X=22

图 8.7 使用一级封锁协议防止丢失更新问题

上面的分析清楚地表明一级封锁协议可以防止丢失更新问题。但是，一级封锁协议不能解决不可重复读问题，如图 8.8 所示，也不能解决读“脏”数据问题，如图 8.9 所示，这是因为一级封锁协议并没有要求读数据时也要加锁。下面的二级封锁协议就是在一级封锁协议的基础上增加了对读取数据时的封锁规定。

时刻	事务T1	事务T2	数据库X的值
t0	Read(X)		X=30
t1		Xlock (X)	
t2		Read(X)	X=30
t3		X:=X+10	
t4		Write(X)	X=40
t5	Read(X)与上一次读取数据不一致		

图 8.8 一级封锁协议不能解决不可重复读问题

（2）二级封锁协议。二级封锁协议规定事务 T 在更新数据对象以前必须对数据对象加 X 锁，且直到事务 T 结束时才可以释放该锁，还规定事务 T 在读取数据对象以前必须先对其加 S 锁，读完后即可释放 S 锁。

时刻	事务T1	事务T2	数据库X的值
t0	Xlock(X)		
t1	Read(X)		X=10
t2	X:=X*X		
t3	Write(X)		X=100
t4		Read(X) 读了一个未提交的数据	X=100
t5	ROLLBACK		

图 8.9 一级封锁协议不能防止未提交依赖问题

二级封锁协议是在一级封锁协议的基础上又增加了一些限制，所以肯定可以防止丢失更新问题，除此之外还可以防止读“脏”数据问题，但却不能解决不可重复读问题。请读者自行分析原因。（提示：主要原因就是对数据对象的 S 锁在读完数据后就被释放了）

下面的三级封锁协议在二级封锁协议的基础上再规定 S 锁必须在事务结束后才释放的要求。

（3）三级封锁协议。三级封锁协议规定事务 T 在更新数据对象以前，必须对数据对象加 X 锁，且直到事务 T 结束时才可以释放该锁，还规定事务 T 在读取数据对象以前必须先对其加 S 锁，该 S 锁也必须在事务 T 结束时才可释放。

三级封锁协议是在二级封锁协议的基础上又增加了一些限制，所以肯定可以防止丢失更新和未提交依赖问题，此外还可以防止不一致性分析问题的发生。请读者自行分析原因。

尽管利用三级封锁协议可以解决并发事务在执行过程中遇到的三种数据的不一致性问题：丢失更新、读“脏”数据和不可重复读问题。但是，却带来了其他的问题：活锁和死锁。

3. 活锁和死锁

（1）活锁。在多个事务并发执行的过程中，可能会存在某个尽管总有机会获得锁的事务却永远也没得到锁，这种现象称为活锁。例如：事务 T1 对某一项数据持有共享锁，另一事务 T2 申请对该数据项加排他锁。显然，事务 T2 必须等待事务 T1 释放共享锁。如果事务 T3 申请对该数据项加共享锁，由于该加锁请求与授予 T1 对该数据项所加的锁是相容的，因此，T3 可以被授权加共享锁。此时，T1 可能释放锁，但 T2 还必须等待 T3 完成。可是，可能又有一个新的事务 T4 申请对该数据项加共享锁，并在 T3 完成前被授予锁。如果接下去又有 T4、T5、T6…请求加共享锁，可见事务 T2 总是没有得到锁。采用“先来先服务”的策略可以预防活锁的发生。

（2）死锁。在多个事务并发执行的过程中，还会出现另外一种称为死锁的现象，即多个并发事务处于相互等待的状态，其中的每一个事务都在等待它们中的另一个事务释放封锁，这样才可以继续执行下去，但任何一个事务都没有释放自己已获得的锁，也无法获得其他事务已拥有的锁，所以只好相互等待下去，死锁的情形如图 8.10 所示。

时刻	事务T1	事务T2
t0	Xlock(X)	
t1		Xlock(Y)
t2		
t3		
t4	Xlock(Y)	
t5	Wait	Xlock(X)
t6	Wait	wait
t7	Wait	wait

图 8.10 死锁

图 8.10 中，事务 T1 和 T2 分别在 t0 和 t1 时刻锁住了数据对象 X 和 Y，而后在 t4 时刻 T1 又申请对数据对象 Y 加锁，t5 时刻 T2 也申请对数据对象 X 加锁，而这两个数据对象都已分别被对方事务控制且没有释放，所以双方事务只好相互等待。这样，双方因为得不到自己想要的锁，所以无法继续往下执行，也就没有机会释放已得到的锁，所以对方事务的等待是永久性的，这就是死锁。

（3）死锁的预防（Deadlock Prevention）。数据库中预防死锁的方法有两种。第一种方法是要求每个事务必须一次性地将所有要使用的数据加锁或必须按照一个预先约定的加锁顺序对使用到的数据加锁。第二种方法是每当处于等待状态的事务有可能导致死锁时，就不再等待下去，强行回滚该事务。

假设对图 8.10 中的并发调度采用第一种方法，事务 T1、T2 必须一次性对数据对象 X、Y 加锁，假设事务 T1 先对 X、Y 加锁并获得锁，这样 T1 就可以继续执行下去，T2 处于等待状态。事务 T1 结束并释放对 X、Y 的锁后，T2 就获得了相应的锁并得以继续执行下去，这样就避免了死锁的发生。或者预先约定加锁顺序：先对数据对象 X 加锁，再对数据对象 Y 加锁。如果事务 T1 先于 T2 对数据对象 X 加了锁，那么在事务 T1 释放 X 的锁以前，T2 对 X 的加锁请求必遭拒绝，而 T2 在未获得对 X 的锁以前也得不到对 Y 的锁，因此，当 T1 再申请对 Y 加锁时就可以获得锁并得以继续执行下去。T2 仍处于等待状态，直到事务 T1 结束并释放对 X、Y 的锁后，T2 就获得了相应的锁，并继续执行下去，这样也就避免了死锁的发生。

将第二种方法运用在图 8.10 中的并发调度中，当处于等待状态的事务有可能导致死锁时，就不再等待下去，强行回滚该事务，只要其中的一个事务被回滚，那么另一个事务就可以执行下去了。

（4）死锁检测（Deadlock Detection）。可以利用如图 8.11 所示“事务依赖图”的方法，进行死锁的检测。其中，每个结点表示事务，带箭头的线表示事务间的依赖关系，例如，结点 T1 和 T2 之间的连线就表示事务 T1 所需要的数据对象 W 已被事务 T2 封锁，其他的连线分别表示事务 T2 所需要的数据对象 X 已被事务 T3 封锁，事务 T3 所需要的数据对象 Y 已被事务 T4 封锁，事务 T4 所需要的数据对象 Z 已被事务 T1 封锁，这样图中的 4 个事务之间就存在着相互等待的问题，表明死锁发生了，而图 8.11 沿箭头方向也正好形成了一个回路。因此，只要检测事务依赖图中有无回路就可以判断是否发生了死锁。

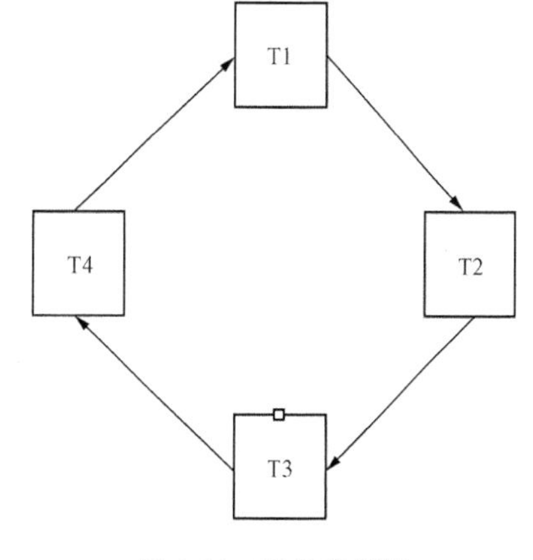

图 8.11　事务依赖图

（5）死锁恢复（Deadlock Recovery）。当系统中存在死锁时，一定要解除死锁。具体的方法是从发生死锁的事务中选择一个回滚代价最小的事务，将其彻底回滚，或回滚到可以解除死锁处，释放该事务所持有的锁，使其他的事务可以获得相应的锁而得以继续运行下去。

8.2.3　基于时标的并发控制技术

在加锁技术中，是根据操作冲突的对象和结果来解决冲突问题的，这种处理方法实现上简洁可行，但也存在着死锁等一些较严重的问题。时标技术是用于并发控制的另一种技术，由于时标技术不采用封锁，因此不存在死锁问题。

事务Ti运行时，有唯一的时间标记，称为时戳，用TS（Ti）表示，时标技术的基本思想是：

（1）每个事务开始执行时，系统为这个事务赋予一个时标（一般为当前时间），称之为启动时间，用TS（Ti）标识。

（2）每个事务所进行的每个读写操作，均具有时标属性。

（3）系统标识并保存每个有数据项Q的最近读时标R_TM（Q）和写时标W_TM（Q）。

（4）某个事务T执行到某一读写操作时，比较事务T的时标TS（Ti）与操作对象Q的最近读写时标：

若是读操作，如果TS（Ti）＜W_TM（Q），则拒绝进行读操作，并将T的时标赋一个新值（一般为当前时间），重新启动T；否则执行读操作，并修改Q的读时标，使得R_TM（Q）＝max（t，R_TM（Q））。

若是写操作，如果TS（Ti）＜R_TM（Q）或TS（Ti）＜W_TM（Q），则拒绝读操作，并将T的时标赋一个新值（一般为当前时间），重新启动T；否则执行读操作，并修改Q的写时标，使得W_TM（Q）＝TS（Ti）。

时标技术不同于加锁技术，它是基于时标的大小来解决操作冲突，保证冲突的操作按照时间顺序来执行。按照时标技术的思想，如果一个事务试图对被较早事务修改过的数据进行读操作，或者试图对被较早事务读或修改过的数据进行修改时，这个事务会以一个新的时标重新启动。

【例8.5】 两个事务T1：read（Q）、write（Q）；T2：read（Q）、write（Q），它们具有时标TS（T1）＜TS（T2）。数据项Q的时标变化和T1、T2执行顺序则可能如图8.12所示。

解

数据的读时标 R_TM(Q)	数据的写时标 W_TM(Q)	操作序列
0	0	
t1	0	T1：read(Q)
t2	0	T2：read(Q)
t2	0	T1：write(Q)，由于t1＜t2被拒绝，T1以新时标(t3＞t2)重新启动
t2	t2	T2：write(Q)
t3	t2	T1：read(Q)
t3	t3	T1：write(Q)

图8.12　时标变化

在时标技术中，由于事务不进行加锁，不会因为资源竞争而处于等待状态，因此不会产生死锁，但这是以重新启动为代价的，它是时标技术的一个主要缺点。重新启动事务的次数过多就会造成系统资源的浪费，降低系统效率。

为了减少重新启动事务的次数，可以弱化某些条件。例如，当事务T进行write（Q）时，若事务的时标TS（T）＜W_TM（Q），则忽略这次操作，而不是重新启动这个事务。因为TS（T）＜W_TM（Q）是表示在T修改Q之后，已经由另一个事务T（较晚操作）修改过了，有理由认为T的write（Q）肯定会将事务T的写操作覆盖，因此可以忽略T的write 操作。但是必须注意这个忽略行为的另一个条件是T在此之前没有读，也就是说T在执行写操作之后的值与原有值无关。

8.2.4　SQL Server 事务和封锁机制

SQL Server 系统通过使用事务和锁机制，提供数据库中并发操作的解决方案。通过使用事物和锁，系统可以防止其他用户修改另外一个还没有完成的事物中的数据，保证数据修改的完整性和可恢复性。在 Microsoft SQL Server 系统中提供了多种类型的锁，这些锁可以锁定的资源粒度包括：数据库、表、区域、页面和码值等，允许不同的事务使用不同类型的锁来锁定不同的资源。下面介绍 Microsoft SQL Server 的事务和封锁机制。

1. 事务

（1）事务的类型。在 Microsoft SQL Server 系统中，可以把事务分成两种类型：一种是系统提供的事务；另一种是用户定义的事务。

系统提供的事务是指在执行某些 Transact-SQL 语句时，一条语句就是一个事务。这时要注意，一条语句的对象既可能是表中的一行数据，也可能是表中的多行数据，甚至是表中的全部数据。

（2）事务的工作原理。在 Microsoft SQL Server 系统中，事务可以确保数据的一致性和可恢复性。事务的工作原理如图 8.13 所示。

事务开始之后，事务所有的操作都陆续写到事务日志中。写到日志中的操作，一般有两种：一种是针对数据的操作，另 种是针对任务的操作。针对数据的操作，例如插入、删除和修改，这是典型的事务操作，这些操作的对象是大量的数据。有些操作是针对任务的，例如创建索引，这些任务操作在事务日志中记录一个标志，用于表示执行了这种操作。当取消这种事务时，系统自动执行这种操作的反操作，保证系统的一致性。系统自动生成一个检查点机制，这个检查点周期地发生。检查点的周期是系统根据用户定义的时间间隔和系统活动的频度由系统自动计算出来的时间间隔。检查点周期地检查事务日志，如果在事务日志中，事务全部完成，那么检查点将事务日志中的事务提交到数据库中，并且在事务日志中做一个检查点提交标记。如果在事务日志中，事务没有完成，那么检查点不将事务日志中的事务提交到数据库中，且回滚该事务，并且在事务日志中做一个检查点未提交标记。

这种事务的提交和回滚以及检查点保护系统的完整和可恢复的过程机制，可以使用如图 8.14 示意说明。

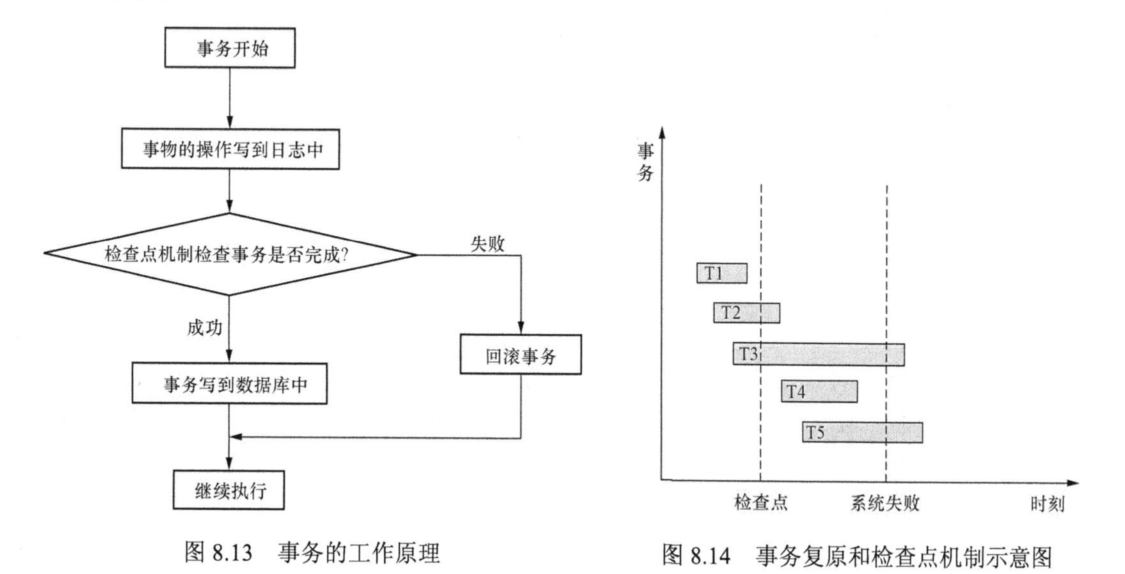

图 8.13　事务的工作原理

图 8.14　事务复原和检查点机制示意图

在图 8.14 中，有五个事务：T1、T2、T3、T4 和 T5。方框表示事务从开始到完成提交的时间段。横坐标表示时间，纵坐标表示事务。检查点表示在某一时刻发生检查点机制，系统失败表示在某一时刻由于断电、系统软件失败等原因而发生的系统失败。T1 的完成时刻发生在检查点发生时刻之前，所以 T1 被提交到数据库中。T2 和 T4 的完成时刻发生在系统失败时刻之前，所以这两个事务可以被系统向前滚动提交到数据库中。T3 和 T5 由于在系统失败时没有完成，于是这两个事务被回滚。

2. 封锁机制

（1）封锁类型。在数据库中除了可以对不同的资源加锁，还可以使用不同程度的加锁方式，下面主要介绍 SQL Server 中常见的几种封锁模式。

1）共享锁。共享锁是非独占的，允许多个并发事务读取其锁定的资源。通常情况下，数据被读取后，SQL Server 立即释放共享锁。例如，执行查询 SELECT 命令时，首先锁定第一页，读取之后释放对第一页的锁定，然后锁定第二页。这样，就允许在读操作过程中修改未被锁定的第一页。

2）修改锁。修改锁在修改操作的初始化阶段用来锁定可能要被修改的资源，这样可以避免使用共享锁造成的死锁现象。因为使用共享锁时，修改数据的操作分为两步，首先获得一个共享锁读取数据，然后将共享锁升级为独占锁再执行修改操作。这样如果同时有两个或多个事务对一个事务申请了共享锁，在修改数据的时候，这些事务都要将共享锁升级为独占锁。这时，这些事务都不会释放共享锁而是一直等待对方释放，这样就造成了死锁。如果一个数据在修改前直接申请修改锁，在数据修改的时候再升级为独占锁，就可以避免死锁。修改锁与共享锁是兼容的，即一个资源被共享锁锁定后，允许再用修改锁锁定。

3）独占锁。独占锁是为修改数据而保留的。它所锁定的资源，其他事务不能读取也不能修改。

4）意向锁。意向锁说明 SQL Server 有在资源的低层获得共享锁或独占锁的意向。例如，表级的共享意向锁说明事务意图将独占锁释放到表中的页或者行。意向锁又可以分为共享意向锁、独占意向锁和共享式独占意向锁。共享意向锁说明事务意图在共享意向锁所锁定的低层资源上放置共享锁来读取数据，独占意向锁说明事务意图在共享意向锁所锁定的低层资源上放置独占锁来修改数据，共享式独占锁说明事务允许其他事务使用共享锁来读取顶层资源，并意图在该资源低层上放置独占锁。

（2）锁冲突及其防止办法。在 SQL Server 中，系统能够自动定期搜索和处理死锁问题。系统在每次搜索中标识等待锁定请求的进程会话，如果在下一次搜索中该被标识的进程仍处于等待状态，SQL Server 就开始递归死锁搜索。当搜索检测到锁定请求环时，系统将根据各进程会话的死锁优先级别来结束一个优先级最低的事务，此后，系统“回滚”该事务，这样，其他事务就有可能继续运行了。死锁优先级的设置语句为：

```
SET  DEADLOCK_PRIORITY{LOW|NORMAL}
```

其中 LOW 说明该进程会话的优先级较低，在出现死锁时，可以首先中断该进程的事务。

另外，各进程中通过设置 LOCK TIMEOUT 选项设置进程处于锁定请求状态的最长等待时间。该设置的语句：

```
SET LOCK_TIMEOUT{timeout_period}
```

其中，timeout_period 以毫秒为单位。

使用尽可能低的隔离性级别。隔离性级别是指为保证数据库数据的完整性和一致性而使多用户事务隔离的程度，在 SQL Server 中定义了四种隔离性级别：未提交读、提交读、可重复读和可串行。如果选择过高的隔离性级别，如可串行，虽然系统可以因实现更好隔离性而更大程度上保证数据的完整性和一致性，但各事务间冲突而死锁的机会大大增加，大大影响了系统性能。

（3）手工加锁。SQL Server 系统中建议让系统自动管理锁，但在 SQL Server 中，封锁操作可以通过 SELECT、INSERT、DELETE、UPDATE 支持显式加锁。这些语句中进行显示设置封锁时，在指定选择表的同时指定对表所实施的封锁（在 FROM 子句中），并且保持到事务结束时再释放封锁，下面仅以 SELECT 语句为例，给出语法格式：

```
SELECT * FROM <table name>[< 封锁类型 >[HOLDLOCK]]
```

其中：HOLDLOCK 说明封锁将保持到事务结束。与封锁有关的关键字如下。

1）NOLOCK：不添加共享锁和排他锁。当这个选项生效后，可能读到未提交读的数据或“脏”数据，这个选项仅仅应用于 SELECT 语句。

2）PAGLOCK：指定添加页面锁（否则通常可能添加表锁）。

3）READCOMMITTED：设置事务为读提交隔离性级别。

4）READPAST：跳过已经加锁的数据行。READPAST 仅仅应用于 READ COMMITTED 隔离性级别下事务操作中的 SELECT 语句操作。

5）READUNCOMMITTED：等同于 NOLOCK 。

6）RPEATABLEREAD：设置事务为可重复读隔离性级别。

7）ROWLOCK：指定使用行级锁。

8）SERIALIZABLE：设置事务为可串行的隔离性级别。

9）TABLOCK：指定使用表级锁，而不是使用行级或页面级的锁。SQL Server 在该语句执行完后释放这个锁，而如果同时指定了 HOLDLOCK，该锁一直保持到这个事务结束。

10）TABLOCKX：指定在表上使用排他锁，这个锁可以阻止其他事务读或更新这个表的数据，直到这个语句或整个事务结束。

11）UPDLOCK：指定在读表中数据时设置修改锁（Update Lock）而非共享锁，该锁一直保持到这个语句或整个事务结束。使用 UPDLOCK 的作用是允许用户先读取数据（而且不阻塞其他用户读数据），并且保证在后来再更新数据前的这一段时间内这些数据没有被其他用户修改。

由上可见，在 SQL Server 中可以灵活多样地为 SQL 语句显式加锁，适当使用完全可以完成一些程序的特殊要求，保证数据的一致性和完整性。

8.3 数据库恢复

尽管数据库系统中采取了各种保护措施来保证数据库的安全性和完整性，保证并发事务能够正确执行，但硬件的故障、系统软件和应用软件的错误、操作员的失误以及恶意的破坏仍然是不可避免的。这些故障轻则造成运行事务非正常中断，影响数据库中数据的正确性，重则破坏数据库，使数据库中数据部分或全部丢失。因此，DBMS 必须具有把数据库从错误状态恢复到某种逻辑一致的状态（也称为正确状态或完整状态）的功能，这就是数据库的恢复功能。现有各种数据库系统运行情况表明，数据库系统所用来的恢复技术是否行之有效，不仅对系统的可靠程度起着决定性作用，而且对系统的运行效率也有很大影响，是衡量系统性能优劣的重要指标。

8.3.1 数据库恢复的原理及其实现技术

事务是数据库的基本工作单位。一个事务中包含的操作要么全部完成，要么全部不做。即每个运行事务对数据库的影响或者都反映在数据库中，或者都不反映在数据库中，二者必居其一。如果数据库中只包含成功事务提交的结果，就说此数据库处于一致性状态。保证数据一致性是对数据库的最基本的要求。数据库恢复的基本原理十分简单，就是利用数据的冗余。数据库中任何被破坏或不正确的数据可以利用存储在系统其他地方的冗余数据来修复。因此恢复系统应该提供两种类型的功能：一种是生成冗余数据，即对可能发生的故障作某些准备；另一种是冗余重建，即利用这些冗余数据恢复数据库。

生成冗余数据最常用的技术是数据备份和登记日志文件，在实际应用中，这两种方法常结合起来一起使用。

1. 数据备份

备份也称作转储。数据备份（Data Dump）是指定期地将整个数据库复制到多个存储设备（如磁带、磁盘）上保存起来的过程，它是数据库恢复中采用的基本手段。备份的数据称为后备副本或后援副本，当数据库遭到破坏后就可利用后援副本把数据库有效地加以恢复。备份是十分耗费时间和资源的，不能频繁地进行，应该根据数据库的使用情况确定一个适当的备份周期。

数据备份可以分为完全备份和差异备份两种方式。完全备份是指每次备份全部数据库。差异备份是指每次只备份上次备份后被更新过的数据。上次备份以来对数据库的更新修改情况记录在日志文件中，利用日志文件就可进行这种备份，将更新过的那些数据重新写入上次备份的文件中，就完成了备份操作，这与备份整个数据库的效果是一样的，但花的时间要少得多，代价也小一些。从管理角度看，使用完全备份得到的后备副本进行恢复一般说来会更方便些。但如果数据库很大，事务处理又十分频繁，则差异备份方式更实用更有效。

按照备份状态，备份又可分为静态备份和动态备份。数据备份操作可以动态进行，也可以静态进行。

静态备份也称为离线备份，是在系统中无事务运行时进行的备份操作。即备份操作开始的时刻，数据库处于一致性状态，而备份期间不允许（或不存在）对数据库有任何存取、修改活动。显然，静态备份得到的一定是一个数据一致性的副本。静态备份的优点是简单，但是由于备份时系统不能运行其他事务，降低了数据库的可用性。

动态备份也称作为在线备份，是指备份操作与用户事务并发进行，备份期间允许对数据库进行存取或修改。动态备份期间不用等待正在运行的用户事务结束，也不会影响新事务的运行，提高了系统的可用性。但它不能保证副本中的数据正确有效。例如，在备份期间的某个时刻 T_c，系统把数据 $A=300$ 备份到磁带上，而在下一时刻 T_d，某一事务将 A 改为 200。备份结束后，后备副本上的 A 已是过时的数据了。

因此，为了能够利用动态备份得到的副本进行故障恢复，还需要把动态备份期间各事务对数据库的修改活动登记下来，建立日志文件。动态备份的后备副本加上日志文件就能把数据库恢复到某一时刻的正确状态。

从恢复角度看，希望后备副本越接近故障发生点，恢复起来越方便、越省时。所以应经常进行数据备份，制作后备副本。但另一方面，备份又是十分耗费时间和资源的，不能频繁进行。所以 DBA 应该根据数据库使用情况确定适当的备份周期和备份方法。例如某一银行数据库系统的备份策略是：每天 20:00 进行一次动态差异备份，每周周日 24:00 进行一次动态完全备份，每月最后一天的 23:00 进行一次静态完全备份。

2. 登记日志文件

日志文件（Logging）是用来记录事务对数据库的更新操作的文件。对数据库的每次修改，都将被修改项目的原始值和新值写在一个叫做运行日志的文件中，目的是为数据库的恢复保留详细的数据。

不同数据库系统采用的日志文件格式并不完全一样。概括起来日志文件主要有两种格式：以记录为单位的日志文件和以数据块为单位的日志文件。

对于以记录为单位的日志文件，日志文件中需要登记的内容包括：

（1）各个事务的开始标记（BEGIN TRANSACTION）；

（2）各个事务的结束标记（COMMIT 或 ROLLBACK）；

（3）各个事务的所有更新操作。

这里每个事务开始的标记、每个事务的结束标记和每个更新操作均作为日志文件中的一个日志记录（Logrecord）。

每个日志记录的内容主要包括：

（1）事务标识（标明是哪个事务）；

（2）操作的类型（插入、删除或修改）；

（3）操作对象；

（4）更新前数据的旧值（对于插入操作，没有原始值）；

（5）更新后数据的新值（对于删除操作，没有新值）；

（6）事务处理中的各个关键时刻（事务的开始、结束及其真正回写的时间）。

对于以数据块为单位的日志文件，只要某个数据块中有数据被更新，就要将整个块更新前和更新后的内容放入日志文件中。图 8.15 是一个日志文件的示例。

日志文件在数据库恢复中起着非常重要的作用。可以用来进行事务故障恢复和系统故障恢复，并协助后备副本进行介质故障恢复。

日志文件是系统运行的历史记载，必须高度可靠。所以一般都是双副本的，并且独立写在两个不同类型的设备上。日志的信息量很大，一般保存在外存储器上。

```
<T1，Begin >
<T1，Insert，teacher，…，NULL >
<T2，Begin >
<T2，Update，salary，… >
<T1，Update，teacher，… >
…
<T2，End >
<T1，End >
```

图 8.15　日志文件示例

对数据库进行修改时，在运行日志中要写入一个表示此修改的运行记录。为了防止两个操作之间发生故障，运行日志中没有记录下这个修改，以后也无法撤消这个修改。为保证数据库是可恢复的，登记日志文件必须遵循两条原则：

（1）至少要等到相应运行记录的撤消部分已经写入日志文件中以后，才允许该事务向数据库中写入记录。

（2）直到事务的所有运行记录的撤消和重做两部分都已写入日志文件中以后，才允许事务完成提交处理。

这两条原则称为日志文件的先写原则。该先写原则表明：如果系统出现故障，只可能在日志文件中登记所做的修改，但没有修改数据库，这样在系统重新启动进行恢复时，只是撤消或重做因发生事故而没有做过的修改，并不会影响数据库的正确性。而如果先进行了数据库修改，而在运行记录中没有登记这个修改，则以后就无法恢复这个修改。所以为了安全，一定要先写日志文件，后进行数据库的修改。

8.3.2 数据库的故障和恢复策略

数据库运行过程中可能发生的故障主要有三类：事务故障、系统故障和介质故障。不同的故障其恢复方法也不一样。

1. 事务故障（Transaction Failure）及其恢复

事务故障是由非预期的、不正常的程序结束所造成的。造成程序非正常结束的原因包括输入数据错误、运算溢出、违反存储保护和并行事务发生死锁等。

发生事务故障时，被迫中断的事务可能已对数据库进行了修改，为了消除该事务对数据库的影响，要利用日志文件中所记载的信息，强行回滚（ROLLBACK）该事务，将数据库恢复到修改前的初始状态。为此，要检查日志文件中由这些事务所引起变化的记录，取消这些没有完成的事务所做的一切改变。这类恢复操作称为事务撤消（UNDO），具体做法如下：

（1）反向扫描文件日志（即从最后向前扫描日志文件），查找该事务的更新操作。

（2）对该事务的更新操作执行逆操作。即将日志记录中“更新前的值”写入数据库。这样，如果记录中是插入操作，则相当于做删除操作（因为此时“更新前的值”为空）。若记录中是删除操作，则做插入操作（因为此时“更新后的值”为空）；若是修改操作，则相当于用修改前的值代替修改后的值。

（3）继续反向扫描日志文件，查找该事务的其他更新操作，并做同样处理。

（4）如此处理下去，直至读到此事务的开始标记，完成事务故障恢复。

事务故障的恢复是由系统自动完成的，不需要用户干预。

因此，一个事务是一个工作单位，也是一个恢复单位。事务越短，越便于对它进行撤消操作。如果一个应用程序运行时间较长，则应该把该应用程序分成多个事务，用明确的COMMIT语句结束各个事务。

2. 系统故障（System Failure）及其恢复

系统故障是指系统在运行过程中，由于某种原因，造成系统停止运转，致使所有正在运行的事务都以非正常方式终止，要求系统重新启动。引起系统故障的原因可能有：硬件错误（CPU故障）、操作系统或DBMS代码错误、突然断电等。这时，内存中数据库缓冲区的全部内容丢失，存储在外部存储设备上的数据库并未破坏，但内容不可靠。

系统故障造成数据库不一致状态的原因有两个，一是一些未完成事务对数据库的更新已写入数据库，这样在系统重新启动后，要强行撤消（UNDO）所有未完成事务，清除这些事务对数据库所做的修改。这些未完成事务在日志文件中只有BEGIN TRANSCATION标记，而无 COMMIT 标记。另一种情况是有些已提交的事务对数据库的更新结果还保留在缓冲区中，尚未写到磁盘上的物理数据库中，这也使数据库处于不一致状态，因此应将这些事务已提交的结果重新写入数据库。这类恢复操作称为事务的重做（REDO）。这种已提交事务在日志文件中既有BEGIN TRANSCATION标记，也有COMMIT标记。

因此系统故障的恢复要完成两方面的工作，既要撤消故障发生时未完成的事务，还需要重做已完成的事务。具体做法如下。

（1）正向扫描日志文件（即从头扫描日志文件），找出在故障发生前已经提交的事务，将其事务标识记入重做（REDO）队列。同时还要找出故障发生时尚未完成的事务，将其事务标识记入撤消（UNDO）队列。

（2）对撤消队列中的各个事务进行撤消（UNDO）处理。进行 UNDO 处理的方法是，反向扫描日志文件，对每个 UNDO 事务的更新操作执行逆操作，即将日志记录中“更新前的值”写入数据库。

（3）对重做队列中的各个事务进行重做（REDO）处理。进行 REDO 处理的方法是：正向扫描日志文件，对每个 REDO 事务重新执行登记的操作。即将日志记录中“更新后的值”写入数据库。

3. 介质故障（Media Failure）及其恢复

介质故障是指系统在运行过程中，由于辅助存储器介质受到破坏，使存储在外存储器中的数据部分丢失或全部丢失。这类故障比事务故障和系统故障发生的可能性要小，但这是最严重的一种故障，破坏性很大，磁盘上的物理数据和日志文件可能被破坏。解决此问题需要装入发生介质故障前最新的后备数据库副本，然后利用日志文件重做该副本所运行的所有事务，具体方法如下：

（1）装入最新的数据库副本，使数据库恢复到最近一次转储的可用状态。

（2）装入最新的日志文件副本，根据日志文件中的内容重做已完成的事务。装入方法如下：首先正向扫描日志文件，找出发生故障前已提交的事务，将其记入重做队列。再对重做队列中的各个事务进行重做处理，方法是正向扫描日志文件，对每个重做事务重新执行登记操作，即将日志文件中数据已更新后的值写入数据库。

通过以上对三类故障的分析，可以看出故障发生后对数据库的影响有两种可能性：

（1）数据库没有被破坏，但数据可能处于不一致状态。这是由事务故障和系统故障引起的，这种情况在恢复时，不需要重新装入数据库副本，可直接根据日志文件，撤消故障发生时未完成的事务，并重做已完成的事务，使数据库恢复到正确的状态。这类故障的恢复是系统在重新启动时自动完成的，不需要用户干预。

（2）数据库本身被破坏。这是由介质故障引起的，这种情况在恢复时，把最近一次转储的数据装入，然后借助于日志文件，再在此基础上对数据库进行更新，从而重建了数据库。这类故障的恢复不能自动完成，需要 DBA 的介入，方法是先由 DBA 重装最近转储的数据库副本和相应的日志文件的副本，再执行系统提供的恢复命令，具体的恢复操作由 DBMS 来完成。

此外，随着网络技术的不断发展，数据库面临的被恶意破坏的现象也越来越多，如黑客入侵、病毒、恶意流氓软件等引起的事务异常结束、篡改数据等引起的不一致。该类故障主要通过数据库的安全机制、审计机制等实现对数据的授权访问和保护。

8.3.3 SQL Server 2005 中数据的备份与恢复

SQL Server 2005 可以将数据库备份到很安全的地方，当数据库被破坏时，就可以利用备份好的数据恢复数据库。SQL Server 2005 提供了四种数据库备份与恢复的方式：

（1）全库备份：备份整个数据库。

（2）日志备份：备份日志文件。

（3）差异备份：仅备份自上次全库备份后被修改过的数据页。

（4）文件或文件组备份：对组成数据库的文件或文件组进行单独的备份。

下面举例说明如何利用 Transact-SQL 语句进行数据库的备份和恢复。

【例 8.6】 添加了一个名为 myBak 的磁盘备份设备，其物理名称为 C:\Program Files\ Microsoft SQL Server\MSSQL\BACKUP\SClass.bak。

解

```
USE master        /*在主数据库 master 中执行 */
EXEC sp_addumpdevice 'disk', 'myBak',
  'C:\Program Files\Microsoft SQL Server\MSSQL\BACKUP\SClass.bak'
GO
/*创建一逻辑磁盘设备 myBak，并指定备份文件存放的绝对路径*/
```

【例 8.7】 对"学生选课"数据库做一次全库备份，备份的名字为"学生选课 backup"，备份设备是"myBak"逻辑磁盘设备，此备份将覆盖以前所有的备份。

解 备份（BACKUP）语句如下：

```
BACKUP  DATABASE 学生选课      /* 对"学生选课"数据库进行备份 */
TO  myBak                     /* 备份设备是 前面创建的 myBak 逻辑磁盘设备 */
WITH  INIT,                   /* 此备份将覆盖以前所有的备份 */
NAME= '学生选课 backup'        /* 备份的名字为"学生选课 backup" */
```

【例 8.8】 对"学生选课"数据库做一次差异备份，备份的名字为"学生选课 backup"，备份设备是［例 8.6］中创建的"myBak"逻辑磁盘设备，新备份的数据将添加到备份设备上原备份内容的后面。

解 备份（BACKUP）语句如下：

```
BACKUP  DATABASE 学生选课      /* 对"学生选课"数据库进行备份 */
TO  myBak                     /* 备份设备是前面创建的"myBak"逻辑磁盘设备*/
WITH  DIFFERENTIAL,           /* 差异备份 */
NOINIT,                       /* 新备份的数据将添加到备份设备上原备份内容的后面 */
NAME='学生选课 backup'         /* 备份的名字为"学生选课 backup"  */
```

【例 8.9】 对"学生选课"数据库做一次日志备份，备份的名字为"学生选课 backup"，备份设备是"myBak"逻辑磁盘设备，新备份的数据将添加到备份设备上原备份内容的后面。

解 备份（BACKUP）语句如下：

```
BACKUP  LOG 学生选课           /* 对学生选课进行日志备份 */
TO  myBak                     /* 备份设备是前面创建的"myBak"逻辑磁盘设备*/
WITH  NOINIT,                 /* 新备份的数据将添加到备份设备上原备份内容的后面 */
NAME='学生选课 backup'         /* 备份的名字为"学生选课 backup" */
```

【例 8.10】 假设"学生选课"数据库在"myBak"逻辑磁盘设备上做了 3 次备份（一次全库备份、一次差异备份和一次日志备份）后发生了介质故障，要求用 RESTORE 语句恢复该数据库。

解 本例的数据库恢复可以使用如下的一组语句：

```
RESTORE  DATABASE  学生选课
FROM  myBak
WITH
FILE=1,                        /* 从磁盘设备的第一个备份恢复数据 */
NORECOVERY

RESTORE  DATABASE  学生选课
FROM  myBak
WITH
FILE=2,                        /* 从磁盘设备的第二个备份恢复数据 */
NORECOVERY

RESTORE LOG  学生选课
FROM  myBak
WITH
FILE=3,                        /* 从磁盘设备的第三个备份恢复数据 */
RECOVERY
```

数据库恢复的基本原理就是利用数据的冗余，实现的方法比较明确，但真正实现起来相当复杂，实现恢复的程序非常庞大，常常占整个系统代码的10%以上。数据库系统所采用的恢复技术是否行之有效，不仅对系统的可靠程度起着决定性作用，而且对系统的运行效率也有很大的影响，它是衡量系统性能优劣的重要指标。

小　　结

本章详细介绍了数据库的事务及事务管理、并发控制和数据库恢复技术。

事务是数据库的逻辑工作单位，由用户定义的一组操作序列组成，序列中的操作要么全做要么全不做，是一个不可分割的工作单位。

事务和程序是两个概念，一般而言，一个数据库应用程序由若干个事务组成，每个事务可以看做是数据库的一个状态，形成了某种一致性，而整个应用程序的操作过程则是通过不同事务使得数据库由某种一致性不断转换到新的一致性的过程。

并发控制是为了防止多个用户同时存取同一数据，造成数据库的不一致。事务是数据库进行并发控制的基本单位，多个事务的并发调度会带来一些问题，如丢失更新、不一致性分析和未提交依赖等问题。实现并发操作的方法主要是封锁技术，基本的封锁类型有排他锁和共享锁两种，三个级别的封锁协议可以有效解决并发操作的一致性问题。在封锁过程中还会发生活锁和死锁现象，死锁一旦发生，可以选择一个处理死锁代价最小的事务将其撤消。

习　　题

一、解释下列术语

事务、事务故障、封锁。

二、单项选择

1．事务是一个（　　）。

A．程序　B．进程　C．操作序列　D．完整性规则

2．数据恢复的主要依据是（　　）。

A．DDA　B．DD　C．文档　D．事务日志

3．“日志”文件主要保存于（　　）。

A．程序运行的过程　B．数据操作

C．程序执行结果　D．对数据库的更新操作

4．在 DB 技术中，“脏”数据是指（　　）。

A．未回退的数据　B．未提交的数据

C．回退的数据　D．未提交随后又被销毁的数据

5．数据库中数据的正确性、有效性和相容性称为（　　）。

A．恢复　B．并发控制　C．完整性　D．安全性

6．下列不属于并发操作带来的问题是（　　）。

A．丢失修改　B．不可重复读　C．死锁　D．读“脏”数据

7．DBMS 普遍采用（　　）方法来保证调度的正确性。

A．索引　B．授权　C．封锁　D．日志

8．设事务 T1 和 T2，对数据库中的数据 A 进行操作，可能有如下几种情况，请问哪一种不会发生冲突操作（　　）。

A．T1 正在写 A，T2 要读 A

B．T1 正在写 A，T2 也要写 A

C．T1 正在读 A，T2 要写 A

D．T1 正在读 A，T2 也要读 A

9．如果有两个事务，同时对数据库中同一数据进行操作，不会引起冲突的操作是（　　）。

A．一个是 DELETE，一个是 SELECT

B．一个是 SELECT，一个是 DELETE

C．两个都是 UPDATE

D．两个都是 SELECT

三、填空

1．事务处理技术主要包括__________技术和__________技术。

2．并发控制的主要方法是采用封锁技术，常用的封锁技术有__________和__________两种。

3．要使数据库具有可恢复性的基本原则是数据的__________。

4．在 SQL 语言中，定义事务控制的语句主要有__________、__________和__________。

5．数据库系统中可能发生各种各样的故障，大致可以分为__________、__________、__________和__________等。

四、简答

1．如果数据库系统对事务的并发操作不加控制，有可能带来哪些问题？

2．什么是封锁？封锁的基本类型有哪几种？

3．什么是事务日志？它有什么用途？

4．什么是数据库的恢复？恢复的基本原则是什么？恢复是如何实现的？

第9章　数据库的安全性与完整性

为了保证数据库中数据的安全可靠和正确有效，DBMS 必须提供一套有效的数据库安全保护措施。数据库的安全保护主要包括数据的安全性和数据的完整性。本章主要介绍数据库的安全性、完整性以及触发器的知识。

9.1　数据库的安全性

9.1.1　数据库安全性

数据库的安全性是指保护数据库，防止因用户非法使用数据库造成数据泄露、更改或破坏。非法使用是指不具有数据操作权的用户进行了越权的数据操作。DBMS 通过种种防范措施以防止用户越权使用数据库，其安全措施是否有效是衡量数据库系统优劣的重要性能指标。

数据库安全性体现在下面两点：①数据库系统中大量数据集中存放，许多用户直接共享；②系统安全保护措施是否有效是数据库系统的主要性能指标之一。

安全性问题有许多方面，其中包括：

（1）法律、社会和伦理方面的问题，例如请求查询信息的人是不是有合法的权力。

（2）物理控制方面的问题，例如计算机机房是否应该加锁或用其他方法加以保护。

（3）政策方面的问题，如确定存取原则，允许指定用户存取指定数据。

（4）运行方面的问题，如使用口令时，如何使口令保密。

（5）硬件控制方面的问题，如 CPU 是否提供任何安全性方面的功能。

（6）操作系统安全性方面的问题，如在主存储器和数据文件用过以后，操作系统是否把它们的内容清除掉。

（7）数据库系统本身的安全性方面的问题。本章主要讨论数据库系统本身的安全性问题，主要考虑安全保护的策略，尤其是控制访问的策略。

9.1.2　数据库安全控制的一般方法

用户非法使用数据库可以有很多种情况，例如，用户编写一段合法的程序绕过 DBMS 及其授权机制，通过操作系统直接存取、修改或备份数据库中的数据；编写应用程序执行非授权操作；通过多次合法查询数据库从中推导出一些保密数据等。这些破坏安全性的行为可能是无意的，也可能是故意的，甚至可能是恶意的。安全性控制就是要尽可能地杜绝所有可能的数据库非法访问，不管它们是有意的还是无意的。

由于数据库中存放了大量数据，并为许多用户直接共享，使安全性问题更为突出。所以，在一般计算机系统中，安全措施是层层设置的。图 9.1 是常见的计算机系统安全模型。

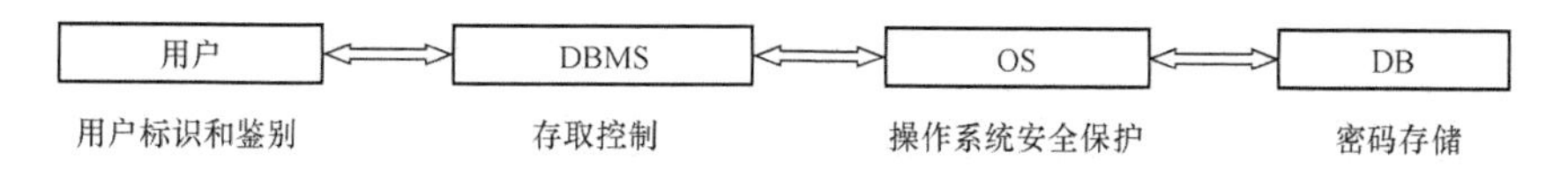

图 9.1　计算机系统的安全模型

在图 9.1 的安全模型中，用户要求进入计算机系统时，系统首先根据输入的用户标识进行用户身份鉴定，只有合法的用户才准许进入计算机系统。对已进入系统的用户，DBMS 还要进行存取控制，只允许用户执行合法操作。在一个系统中，安全性保护措施是很多的，一般采用的方法有以下几种。

1. 用户标识和鉴定

用户标识和鉴定（Identification & Authentication）是系统提供的最外层安全保护措施。只有在 DBMS 成功注册了的人员才是该数据库的用户，才能访问数据库。注册时，每个用户都有一个与其他用户不同的用户标识符。任何数据库用户要访问数据库时，都需提供自己的用户标识符。系统内部记录着所有合法用户的标识，每次用户要求进入系统时，由系统将用户提供的身份标识与系统内部记录的合法用户标识进行核对，通过鉴定后才提供数据库使用权。用户标识和鉴定的方法有很多种，而且在一个系统中往往是多种方法并举，以获得更强的安全性。

标识和鉴定用户最常用的方法是用用户名（User Name）或用户标识号来标明用户身份，系统鉴别此用户是否是合法用户，若是，则可进入下一步的核实；若不是，则不能使用计算机。

为了进一步核实用户，系统常常要求用户输入口令（Password），然后系统核对口令以鉴别用户身份。为保密起见，口令由合法用户自己定义并可以随时变更。为防止口令被人窃取，不把口令的内容显示在屏幕上，而用字符“*”替代其内容。

通过用户名和口令来鉴定用户的方法简单易行，但用户名与口令容易被人窃取，因此还可以用更复杂的方法。例如，利用用户的个人特征。用户的个人特征包括指纹、签名、声纹波等。这些鉴别方法效果不错，但需要特殊的鉴别装置。还可以通过回答对随机数的运算结果表明用户身份。通常的做法是：每个用户都预先约定好一个计算过程或者函数，鉴别用户身份时，系统提供一个随机数，用户根据自己预先约定的计算过程或者函数进行计算，系统根据用户计算结果是否正确进一步鉴定用户身份。例如算法为“输出结果＝随机数立方的后两位”，出现随机数 12，则用户身份识别码为 28。

2. 存取控制

用户标识和鉴定解决了用户是否合法的问题，但是合法用户的存取权限是不相同的。在数据库系统中，为了保证用户只能访问其有权存取的数据，必须预先对每个用户定义存取权限。存取权限是由两个要素组成的：数据对象和操作类型。定义一个用户的存取权限就是定义这个用户可以在哪些数据对象上进行哪些类型的操作。在数据库系统中，定义存取权限称为授权（Authorization）。这些授权定义经过编译后存放在数据字典中。对于获得上机权后又进一步发出存取数据库操作的用户，DBMS 查找数据字典，根据其存取权限对操作的合法性进行检查，若用户的操作请求超出了定义的权限，系统将拒绝执行此操作，这就是存取控制。

在关系数据库系统中，数据库管理员 DBA 可以把建立、修改基本表的权限授予用户，用户一旦获得此权限后可建立和修改基本表，同时还可创建所建表的索引和视图。因此，关系数据库系统中存取控制的数据对象不仅有数据本身，如表、属性列等，还有模式、外模式、内模式等数据字典中的内容，见表 9.1。

授权编译程序和合法权检查机制一起组成了安全性子系统。表 9.2 就是一个授权表的例子。

衡量授权机制是否灵活的一个重要指标是授权粒度，即可以定义的数据对象的范围。授权定义中数据对象的粒度越细，即可以定义的数据对象的范围越小，授权子系统就越灵敏。

表 9.1　**关系数据库系统中的存取权限**

数据对象		操作类型
模式	模式	建立、修改、检索、删除
	外模式	建立、修改、检索、删除
	内模式	建立、删除、检索
数据	表	查找、插入、修改、检索
	属性列	查找、插入、修改、检索

表 9.2　**授权表的例子（一）**

用户名	数据对象名	允许的操作类型
张山	关系 S	SELECT
李波涛	关系 SC	SELECT
李波涛	关系 SC	INSERT
王燕	关系 S	ALL
王燕	关系 C	ALL
王燕	关系 SC	UPDATE
…	…	…

在关系数据库系统中，实体以及实体间的联系都用单一的数据结构即表来表示，表由行和列组成，所以在关系数据库中，授权的数据对象粒度包括表、属性列、行（记录）。

表 9.2 就是一个授权粒度很粗的表，它只能对整个关系授权，如用户张山拥有对关系 S 的 SELECT 权；用户李波涛可以查询 SC 关系以及向 SC 关系中插入新记录；用户王燕拥有对关系 S 和 C 的一切权限，以及对 SC 的 UPDATE 权限。

表 9.3 中的授权表则精细到可以对属性列授权，用户王燕拥有对关系 S 和 C 的一切权限，但只能查询 SC 关系和修改 SC 关系的 Score 属性；李波涛只能查询 SC 关系的 Snum 属性和 Cnum 属性。

表 9.3　**授权表的例子（二）**

用户名	数据对象名	允许的操作类型
张山	关系 S	SELECT
李波涛	列 SC.Snum	SELECT
李波涛	列 SC.Cnum	SELECT
王燕	关系 C	ALL
王燕	列 SC. Score	UPDATE
…	…	…

表9.2和表9.3中的授权定义均独立于数据值，用户能否执行某个操作与数据内容无关。而表9.4中的授权表则不但可以对属性列授权，还可以提供与数值有关的授权，即可以对关系中的一组记录授权。比如，张山只能查询男学生的数据。提供与数据有关的授权，要求系统必须能支持存取谓词。

表9.4　　授权表的例子（三）

用户名	数据对象名	允许的操作类型	存取谓词
张山	关系S	SELECT	Ssex='男'
李波涛	列SC.Snum	SELECT	
李波涛	列SC.Cnum	SELECT	
王燕	关系S	ALL	
王燕	关系C	ALL	
王燕	关系SC	SELECT	
王燕	列SC.Score	UPDATE	
…	…	…	

可见，授权粒度越细，授权子系统就越灵活，能够提供的安全性就越完善。但另一方面，因数据字典变大变复杂，系统定义与检查权限的开销也会相应地增大。

DBMS一般都提供了存取控制语句进行存取权限的定义。例如，在第3章中介绍的SQL语言就提供了GRANT和REVOKE语句实现授权和收回所授权力。

3. 视图机制

进行存取权限的控制，不仅可以通过授权与收回权力来实现，还可以通过定义用户的外模式来提供一定的安全保护功能。在关系数据库系统中，就是为不同的用户定义不同的视图，通过视图机制把用户无权存取的需要保密的数据隐藏起来，从而自动地对数据提供一定程度的安全保护。但视图机制更主要的功能在于提供数据独立性，其安全保护功能太不精细，往往远不能达到应用系统的要求，因此，在实际应用中通常是视图机制与授权机制配合使用，首先用视图机制屏蔽掉一部分保密数据，然后在视图上面再进一步定义存取权限。

4. 审计

用户识别和鉴定、存取控制、视图等安全性措施均为强制性机制，都可将用户操作限制在规定的安全范围内，但实际上任何系统的安全性措施都不是绝对可靠的，窃密者总有办法打破这些控制。对于某些高度敏感的保密数据，必须以审计作为预防手段。审计功能是一种监视措施，它跟踪记录有关数据的访问活动。

审计追踪把用户对数据库的所有操作自动记录下来，存放在一个特殊文件中，即审计日志（Audit Log）中。记录的内容一般包括：操作类型（如修改、查询、删除等），操作终端标识与操作者标识，操作日期和时间，操作所涉及的相关数据（如基本表、视图、记录、属性）等。利用这些信息，可以重现导致数据库现有状况的一系列事件，以进一步找出非法存取数据的人、时间和内容等。

审计功能一般主要用于安全性要求较高的部门。审计通常是很费时间和空间的，所以

DBMS 往往都将其作为可选特征，允许 DBA 根据应用对安全性的要求，灵活地打开或关闭审计功能。

例如，可使用如下 SQL 语句打开对表 S 的审计功能，对表 S 的每次成功的查询、增加、删除和修改操作都作审计追踪：

AUDIT SELECT、INSERT、DELETE、UPDATE、ON S WHENEVER SUCCESSFUL

要关闭对表 S 的审计功能可以使用如下语句：

NO AUDIT ALL ON S

5. 操作系统安全保护

通过操作系统提供的安全措施来保证数据库的安全性。

6. 数据加密（data encryption）

对于高度敏感性数据，例如，财务数据、军事数据、国家机密，除以上安全性措施外，还可以采用数据加密技术，以密码形式存储和传输数据。这样可以防止通过不正常渠道获取数据，例如，利用系统安全措施的漏洞非法访问数据，或者在通信线路上窃取数据，那么只能看到一些无法辨认的二进制代码。用户正常检索数据时，首先要提供密码钥匙，由系统进行译码后，才能得到可识别的数据。

数据加密是防止数据库中的数据在存储和传输中失密的有效手段。加密的基本思想是根据一定的算法将原始数据即明文（Plaintext）变换为不可直接识别的格式即密文（Ciphertext），从而使得不知道解密算法的人无法获得数据的内容。加密方法主要有两种：

（1）替换方法。该方法使用密钥（Encryption Key）将明文中的每一个字符转换为密文中的字符。

（2）置换方法。该方法仅将明文的字符按不同的顺序重新排列。

单独使用这两种方法的任意一种都是不够安全的。但是将这两种结合起来就能提高相当高的安全程度。

由于数据加密是比较费时的操作，而且数据加密会占用大量系统资源，因此数据加密功能通常也作为可选特征，允许用户自由选择，只对高度机密的数据加密。

9.1.3 SQL Server 的用户与安全性管理

Microsoft SQL Server 主要以 Windows Server 为运作平台。在访问 Microsoft SQL Server 的数据库之前，必须通过 Microsoft SQL Server 的鉴别，任何未被授权的访问企图都会被系统拒之门外。同时 Microsoft SQL Server 安全机制还担负着保护不同用户的信息不被彼此访问到的任务。Microsoft SQL Server 的安全性是通过层层关卡来实现的。同其他数据库管理系统相比，Microsoft SQL Server 安全性有以下特点。

（1）同 Windows Server 紧密连接。这一特点使得 SQL Server 在 Windows Server 下能最大限度地发挥它的性能，并能利用 Windows Server 的安全机制为自己服务。同时，Microsoft SQL Server 也提供了同其他操作系统及数据库管理系统的接口。

（2）全方位多层次的鉴别机制。从进入 Windows Server 开始，到用户能访问数据库中的对象为止，Microsoft SQL Server 提供了一系列的措施保护用户信息的安全。

Microsoft SQL Server 的安全性是非常牢靠的，任何用户企图访问数据库中的数据之前，必须要通过四道关卡，图 9.2 表示出了这四个环节。

图 9.2 SQL Server 的四个环节

1. 进入 Microsoft SQL Server 服务器

用户必须具备一个有效的账户，至于如何确认账户要取决于 Microsoft SQL Server 的设置。Microsoft SQL Server 有两种鉴别模式：Windows 身份验证和 Microsoft SQL Server 鉴别。

在 Windows 身份验证下，Microsoft SQL Server 将用户的 Windows 账号同它自己设置的有效账号列表进行比较，若找到此账号则允许进入。此时用户鉴别实际上由 Windows 完成，用户无需输入密码。由于 Windows 的安全性达到 C2 级标准，有安全确认、口令加密、口令有效期保护、非法登录时账号锁定等功能，因此 Windows 身份验证具有较高的安全性。当不能使用 Windows 身份验证时，用 Microsoft SQL Server 鉴别，此时的安全完全由 Microsoft SQL Server 自己保证，因而安全性不如 Windows 身份验证高。

两种鉴别方法给用户提供了选择的余地。当通过 Microsoft 网络访问 Microsoft SQL Server 时，可设置 Windows 身份验证来加强安全性；当通过异种网络访问 Microsoft SQL Server 时，只有选择 Microsoft SQL Server 鉴别。相应于两种鉴别模式存在两种安全模式：Windows 身份验证安全模式和 Microsoft SQL Server 混合鉴别安全模式。前者只能使用 NT 鉴别，后者既可用 Windows 身份验证，也可用 Microsoft SQL Server 鉴别。

2. 访问 Microsoft SQL Server 数据库

一般来说，访问 Microsoft SQL Server 数据库需经过以下三个步骤。

（1）在 Microsoft SQL Server 服务器上建立服务器登录标识。访问数据库之前必须首先登录到 Microsoft SQL Server 服务器上。即首先在 Microsoft SQL Server 服务器上为用户创建一个登录标识，并在必要时设立一个密码，用户通过这一登录标识及密码进入 Microsoft SQL Server 服务器。

（2）在数据库中建立用户账号、角色并设置用户访问权限。拥有服务器登录标识并不意味着能访问 Microsoft SQL Server 服务器里的数据库。通常，一个 Microsoft SQL Server 服务器可以管理着多个相互独立的 Microsoft SQL Server 数据库。

在访问某个 Microsoft SQL Server 数据库前必须拥有该数据库的用户账号（通常该用户账号同服务器登录标识是一样的，但 Microsoft SQL Server 并不要求两者必须一样），此账号保存在数据库的系统表中，当访问数据库的请求发生时，Microsoft SQL Server 将用户账号同系统表中保存的用户账号比较，若符合则允许访问数据库，否则将拒绝用户的访问请求。

至此，用户还不能对 Microsoft SQL Server 数据库执行操作，因为此时用户还不具有访问权限。在谈到访问权限之前，先介绍 Microsoft SQL Server 中角色的概念。角色是数据库访问权限的管理单位，其成员继承角色的访问权限。角色共分两种：服务器角色和数据库角色。服务器角色负责整个 Microsoft SQL Server 服务器的访问权限，而数据库角色只负责某个数据库的访问权限。数据库角色可再往下分为三类：固定数据库角色、公共角色和自定义数据库角色，而服务器角色只包含固定服务器角色。同一用户账号可属于多个角色。角色的作用是为了方便管理，将对权限要求相同的成员纳入同一角色，再为此角色分配需求的权限，此做法极大地减少了管理人员的工作量，更有利于安全管理。下面简要介绍各种角色的作用。

1）固定服务器角色。Microsoft SQL Server 包括七种固定服务器角色，每种角色有不同的权限，其作用范围是整个服务器。这些角色如下：

SYSTEM ADMINISTRATORS（sysadmin）：该角色权限最大，能执行任何操作，包括否决其他固定服务器角色。

DATABASE CREATORS （dbcreator）：该角色能创建和修改数据库。

DISK ADMINISTRATORS （diskadmin）：该角色负责管理磁盘文件。

PROCESS ADMINISTRATORS（processadmin）：该角色管理运行在 Microsoft SQL Server 上的不同进程。

SECURITY ADMINISTRATORS（securityadmin）：该角色管理服务器注册。

SERVER ADMINISTRATORS（serveradmin）：该角色设置服务器配置。

SETUP ADMINISTRATORS（setupadmin）：该角色安装 Microsoft SQL Server 同步复制和管理扩展过程。

这些服务器角色的提供体现了权限分散的原则，使得系统管理员可将一部分管理工作交给他人去完成，而不用过分担心服务器的安全。

2）固定数据库角色。Microsoft SQL Server 预定义了九个固定数据库角色，每一种角色的作用范围是单个的数据库。下面列举常用的四种角色：

DATABASE OWNER （db_owner）：该角色拥有某个数据库的所有权限，能执行其他数据库角色的操作。

DATABASE ACCESS ADMINISTRATOR（db_accessadmin）：该角色管理某个数据库的用户账号。

DATABASE SECURITY ADMINISTRATOR （db_securityadmin）：该角色管理数据库的用户账号和角色以及语句和对象权限。

DATABASE BACKUP OPERATOR（db_dumpoperator）：该角色负责备份数据库的工作。

3）公共角色。每一个数据库都有一个公共角色，每创建一个新的用户账号时，此账号自动拥有该角色。不能对该角色添加或修改用户账号，对其唯一的操作是为它分配权限。该角色的权限自动分配给该数据库中的所有用户。公共角色为管理所有用户的权限提供了一个非常便捷的途径。

4）自定义数据库角色。自定义数据库角色同固定数据库角色一样，管理多个用户的相同权限。唯一的区别在于前者是用户自己定义的，而后者是数据库本身提供的。当固定数据库角色不能满足用户的需求时就需用到自定义数据库角色。

5）应用程序角色。Microsoft SQL Server 还设置有一种非常特殊的角色：应用程序角色。该角色不分配给任何用户，而是分配给某一个运行在 Microsoft SQL Server 上的应用程序。设置应用程序角色的原因有两点：一是限制访问数据库所使用的应用程序；二是提高 Microsoft SQL Server 服务器的运行性能，避免在此服务器上运行其他程序。应用程序角色同其他角色相比，有自己的特点，如：应用程序角色不包含任何用户；默认情况下该角色无效，只有在使用系统存储过程 sp_setapprole 激活后该角色才有效；在该角色的作用下，其他角色的访问权限设置失效，即不论连接的用户是否有权限，Microsoft SQL Server 只根据分配给用户程序的访问权限判断应用程序操作的合法性。

（3）设置语句和对象权限。权限用来指定允许哪些用户访问哪些数据库对象，以及能对这些对象执行什么操作。给用户分配何种权限，取决于用户要对 Microsoft SQL Server 中的数据执行什么操作。对数据库操作的权限是相互独立的，如果用户想访问多个不同数据库中的对象，就必须在每个数据库中分别给用户分配权限。用户可获得的权限主要有：

1）对象权限。

关系：SELECT、UPDATE、DELETE、INSERT、REFERENCES （REFERENCES 权限是允许创建新关系时，可以引用其他关系的关键字作为外关键字）；

元组：SELECT、UPDATE；

视图：SELECT、UPDATE、DELETE、INSERT；

存储过程：EXECUTE。

2）语句权限。语句权限使用户拥有执行特定 TRANSACT-SQL 语句的能力。这些语句用来创建数据库对象、备份数据库和日志。

创建数据库：CREATE DATABASE；

创建关系属性的默认值：CREATE DEFAULT；

创建存储过程：CREATE PROCEDURE；

创建关系中属取值性规则：CREATE RULE；

创建视图：CREATE VIEW；

备份数据库：BACKUP DATABASE；

备份事务日志：BACKUP TRANSACTION。

3. 安全性控制命令

安全性控制命令主要是创建用户和用户组。如果选用的是集成模式，则在 Windows NT 下创建的用户就是 SQL Server 的用户，否则就必须在 SQL Server 下创建用户和用户组。这些工作可以在 SQL Server Enterprise Manager（企业管理器）中完成，也可以利用 sp_addgroup、sp_addlogin、sp_adduser 等系统存储过程以命令交互方式来完成。

SQL Server 在安装之后，有两个用户：一个是 sa，sa 作为系统管理员或数据库管理员，在 SQL Server 上有至高无上的权利，可以做任何事情；另一个是 guest（系统安装时创建的一个可以对样板数据库作最基本查询的用户）。

（1）增加 SQL Server 用户。可以执行系统存储过程 sp_add1ogin，它的格式如下：

```
sp_addlogin login_id[, passwd[, defdb[, deflanguage]]]
```

其中，login_id 为注册标识或 SQL Server 用户名，passwd 为口令，默认口令是 NULL（即不需要口令）。用户可以在任何时候使用 sp_password 系统存储过程改变自己的口令。defdb 为指定用户在注册时连接到的默认数据库，如果没有指定默认数据库，则其是 master。deflanguage 说明用户注册到 SQL Server 时使用的默认语言代码。

（2）增加数据库用户。数据库拥有者可以将访问或连接到自己数据库的权限授予新用户，即为自己的数据库增加新的用户。这可以用系统存储过程 sp_adduser 来完成，它的格式是：

```
sp_adduser  login_id[,username[,grpname]]
```

（3）创建用户组。创建用户组的系统存储过程是 sp_addgroup，它的格式是：

```
sp_addgroup  grpname
```

（4）用户口令。用户口令用来确认一个注册用户名是否正确，只有通过注册名和口令的验证才可以登录到 SQL Server 并连接到数据库。系统管理员在创建 SQL Server 用户时可以同时为之分配一个口令。用户可以在任何时候利用系统存储过程 sp_password 来修改自己的口令，它的格式是

```
sp_password  old_passwd,new_passwd[,login_id]
```

9.2 完整性控制

9.2.1 数据库完整性的含义

数据库的完整性是指数据的正确性、有效性和相容性，防止错误的数据进入数据库造成无效操作。比如月份只能用 1～12 的正整数表示；年龄属于数值型数据，只能含 0，1，…，9 的数字，不能含字母或特殊符号；性别只能取“男”和“女”；一个学生只能有一个学号，并且学号是唯一的。显然，维护数据库的完整性非常重要，数据库中的数据是否具备完整性关系到数据能否真实地反映现实世界。

数据的完整性与安全性是数据库保护的两个不同方面。安全性是防止用户非法使用数据库，包括恶意破坏数据和越权存取数据。完整性则是防止合法用户使用数据库时向数据库中加入不合语义的数据。也就是说，安全性措施的防范对象是非法用户和非法操作，完整性措施的防范对象是不合语义的数据。

为维护数据库的完整性，DBMS 必须提供一种机制来检查数据库中的数据，看其是否满足语义规定的条件。这些加在数据库数据之上的语义约束条件称为数据库完整性约束条件，它们作为模式的一部分存入数据库中。而 DBMS 中检查数据是否满足完整性条件的机制称为完整性检查，若发现用户违背了完整性约束条件，应采取一定的操作，如拒绝操作等。

9.2.2 完整性规则的组成

为了实现完整性控制，数据库管理员（DBA）应向 DBMS 提出一组完整性规则，来检查数据库中的数据，看其是否满足语义约束。这些语义约束构成了数据库的完整性规则，这组规则作为 DBMS 控制数据完整性的依据。它定义了何时检查、检查什么、查出错误怎样处理等事项。具体讲，完整性规则主要由以下三部分构成。

（1）触发条件：规定系统什么时候使用规则来检查数据。

（2）约束条件：规定系统检查用户发出的操作请求违背了什么样的完整性约束条件。

（3）违约响应：规定系统如果发现用户的操作请求违背了完整性约束条件，应该采取一定的动作来保证数据的完整性，即违约时要做的事情。

根据完整性检查的时间不同，可把完整性约束（Integrity Constraint）分为立即执行约束（Immediate Constraints）和延迟执行约束（Deferred Constraints）。立即执行约束是指在执行用户事务过程中，某一条语句执行完成后，系统立即对此数据进行完整性约束条件检查；延迟执行约束是指在整个事务执行结束后，再对约束条件进行完整性约束条件检查。

例如，银行数据库中“借贷总金额应平衡”的约束就应该是延迟执行的约束，从账号 A 转一笔钱到账号 B 为一个事务，从账号 A 转出去钱后，账就不平了，必须等转入账号 B 后，账才能重新平衡，这时才能进行完整性检查。

对于立即执行约束，如果发现用户操作请求违背了完整性约束条件，系统将拒绝该操作；对于延迟执行约束，如果发现用户操作请求违背了完整性约束条件，而又不知道是哪个事务的操作破坏了完整性，则只能拒绝整个事务，把数据库恢复到该事务执行前的状态。

一条完整性规则可以用一个五元组（D，O，A，C，P）来形式化地表示。其中：

D（data）代表约束作用的数据对象；

O（operation）代表触发完整性检查的数据库操作，即当用户发出什么操作请求时需要检查该完整性规则，是立即检查还是延迟检查；

A（assertion）代表数据对象必须满足的断言或语义约束，这是规则的主体；

C（condition）代表选择 A 作用的数据对象值的谓词；

P（procedure）代表违反完整性规则时触发执行的操作过程。

例如，在“学生性别为‘男’”的约束中：

D：约束作用的对象为性别 Ssex 属性；

O：当用户插入或修改数据时触发完整性检查；

A：Ssex 为男；

C：无，A 可作用于所有记录的 Ssex 属性；

P：拒绝执行用户请求。

又如，在“教授工资不得低于 1200 元”的约束中：

D：约束作用的对象为工资 Tsalary 属性；

O：当用户插入或修改数据时触发完整性检查；

A：Tsalary 不能小于 1200；

C：A 仅作用于职称 Ttitle 属性值为教授的记录上；

P：拒绝执行用户请求。

在关系数据库系统中，最重要的完整性约束是实体完整性和参照完整性，其他完整性约束条件则可以归入用户定义的完整性。目前许多关系数据库系统都提供了定义和检查实体完整性、参照完整性和用户定义的完整性的功能。对于违反实体完整性规则和用户定义的完整性规则的操作一般都是采用拒绝执行的方式进行处理。而对于违反参照完整性的操作，并不都是简单地拒绝执行，有时还需要采取另一种方法，即接受这个操作，同时执行一些附加的操作，以保证数据库的状态仍然是正确的。

9.2.3 完整性约束条件的分类

1. 值的约束和结构的约束

（1）值的约束。完整性约束从约束条件使用的对象可分为值的约束和结构的约束。值的约束即对数据类型、数据格式、取值范围和空值等进行规定。

1）对数据类型的约束，包括数据的类型、长度、单位和精度等。例如：规定学生姓名的数据类型应为字符型，长度为 8。

2）对数据格式的约束。例如：规定出生日期的数据格式为 YY.MM.DD。

3）对取值范围的约束。例如：月份的取值范围为 1～12，日期的取值范围为 1～31。

4）对空值的约束。空值表示未定义或未知的值，它与零值和空格不同。有的列值允许空值，有的则不允许。例如：学号和课程号不可以为空值，但成绩可以为空值。

（2）结构的约束。结构的约束即对数据之间联系的约束。数据库中同一关系的不同属性之间，应满足一定的约束条件，同时，不同关系的属性之间也有联系 ，也应满足一定的约束条件。常见的结构约束有如下四种。

1）函数依赖约束。函数依赖约束说明了同一关系中不同属性之间应满足的约束条件。如：2NF、3NF、BCNF 这些不同的范式应满足不同的约束条件。大部分函数依赖约束都是隐含在关系模式结构中的，特别是对于规范化程度较高的关系模式，都是由模式来保持函数依赖。

2）实体完整性约束。实体完整性约束说明了关系键的属性列必须唯一，其值不能为空或部分为空。

3）参照完整性约束。参照完整性约束说明了不同关系的属性之间的约束条件，即外部键的值应能够在参照关系的主键值中找到或取空值。

4）统计约束。统计约束规定某个属性值与一个关系多个元组的统计值之间必须满足某种约束条件。

例如：规定系主任的奖金不得高于该系的平均奖金的 40%，不得低于该系的平均奖金的 20%。这里该系平均奖金的值就是一个统计计算值。

其中，实体完整性约束和参照完整性约束是关系模型的两个极其重要的约束，被称为关系的两个不变性。统计约束实现起来开销很大。

2. 静态约束和动态约束

完整性约束从约束对象的状态可分为静态约束和动态约束。

（1）静态约束。静态约束是指对数据库每一个确定状态所应满足的约束条件，是反映数据库状态合理性的约束，这是最重要的一类完整性约束。上面介绍的值的约束和结构的约束均属于静态约束。

（2）动态约束。动态约束是指数据库从一种状态转变为另一种状态时，新旧值之间所应满足的约束条件，动态约束反映的是数据库状态变迁的约束。例如：学生年龄在更改时只能增长，职工工资在调整时不得低于其原来的工资。

9.2.4 触发器（Trigger）

触发器是用户定义在关系表上的一类由事件驱动的特殊过程，是近年来在关系数据库管理系统中应用得比较多的一种完整性保护措施，其功能一般比完整性约束要强得多。一般而言，在完整性约束功能中，当系统检查出数据中有违反完整性约束条件时，则仅给出必要提示以通知用户，仅此而已。而数据库触发器（database triggers）是响应插入、更新或删除等数据库事件而执行的过程，可用于管理复杂的完整性约束，或监控对关系的修改，或通知其他程序关系已发生修改。需要注意的是不同的 RDBMS 实现的触发器语法有所不同，这里以 Microsoft SQL Server 为例来介绍触发器的组成、类型、创建与管理等方面的内容。

1. 触发器组成

触发器定义了当一些数据库相关事件发生时应采取的动作，是自动由系统执行对数据库修改的语句，因此触发器有时也称主动规则（Active Rule）或事件—条件—动作规则（Event—Condition—Action Rule，ECA 规则）。它由三个部分构成：

（1）事件。事件指对执行某个数据库操作的请求，如插入、删除、修改等。触发器可以响应这些事件，在适合的条件及恰当的时间内执行指定的动作。

（2）条件。触发器测试给定的条件，若条件成立，则执行相应的动作，否则什么也不执行。

（3）动作。动作是一系列的操作，这些操作可以撤消触发器发生的事件，可以是与事件相关的操作，也可以是与事件无关的其他操作。

2. 触发器的作用

触发器的主要作用是实现由主码和外码所不能保证的、复杂的参照完整性和数据的一致性。除此之外，触发器还有其他许多不同的功能。

（1）强化约束（Enforce Restriction）。触发器可以监测数据库内的操作，从而禁止数据库中未经许可的更新和变化。

（2）级联操作（Cascaded Operation）。触发器可以监测数据库内的操作，自动监测基本关系与依赖关系的数据变化，并可影响整个数据库的各项内容。例如：某个关系上的触发器包含对另外一个关系的数据操作（如删除、更新、插入），而该操作又导致此关系上的触发器被触发。

（3）存储过程的调用（Stored Procedure Invocation）。为了响应数据库更新，触发器可以调用一个或多个存储过程，甚至可以通过外部过程的调用而在 DBMS 之外进行操作。

由此可见，触发器可以解决高级形式的业务规则或更复杂行为的限制，以及实现定制记录等问题。例如：触发器能够找出某一关系在数据修改前后状态发生的差异，并根据这些差异执行一定的操作。此外，一个关系的同一类型（INSERT、UPDATE、DELETE）的多个触发器能够对同一种数据操纵采取多种不同的操作。

但是，触发器性能通常比较低。当运行触发器时，系统处理的大部分时间花费在参照其他关系的处理上，因为这些关系既不在内存中也不在数据库设备上，而被删除的关系和要插入的关系总是位于内存中。可见触发器所参照的其他关系的位置决定了操作要花费时间的长短。触发器可以用于数据参照完整性和以下一些场合。

（1）触发器可以通过级联的方式对相关的关系进行修改。如：对基本关系的修改，可以引起对依赖关系的一系列修改，从而保证数据的一致性和完整性。

（2）触发器可以禁止或撤消违反参照完整性的修改。

（3）触发器可以实现比 CHECK 约束更加复杂的限制。

3. 触发器类型

从触发的元组来分有语句级触发器和元组级触发器。语句触发器可以在语句执行前或执行后被触发，元组级触发器对每个触发语句影响的元组触发一次。

从触发的时间来分有 Before 和 After 的两种形式，分别在 Insert、update 及 delete 之前或之后执行。除此之外还有一种 Instead Of 形式，这种触发器并不执行定义在关系上的 Insert、Update 及 Delete 操作。

Microsoft SQL Server 支持两种触发器：After 触发器与 Instead of 触发器。由于在一个关系上针对同一种操作可以建立多个触发器，这就要指明各个触发器触发的先后次序，通常在 Microsoft SQL Server 中由系统存储过程 sp_settriggerorder 来指定。

4. 比较触发器与约束

约束和触发器在特殊情况下各有优势。触发器的主要好处在于它们可以包含使用 Transact-SQL 代码的复杂处理逻辑。因此，触发器可以支持约束的所有功能；但它在所给出的功能上并不总是最好的方法。实体完整性总应在最低级别上通过索引进行强制，这些索引或是 PRIMARY KEY 和 UNIQUE 约束的一部分，或是在约束之外独立创建的。假设功能可以满足应用程序的功能需求，域完整性应通过 CHECK 约束进行强制，而引用完整性（RI）则应通过 FOREIGN KEY 约束进行强制。在约束所支持的功能无法满足应用程序的功能要求时，触发器就极为有用。

下面以 SQL Server 2005 为例，介绍用 Transact-SQL 定义触发器的方法。

定义触发器的基本语法

```
CREATE TRIGGER〈触发器名〉
ON {〈表名〉 | 〈视图名〉}
{FOR|AFTER|INSTEAD OF}{ [ INSERT ] [,] [ UPDATE ] [,] [ DELETE ] }
[WITH APPEND]
[NOT  FOR REPLICATION]
AS
〈 SQL 语句〉
```

【例 9.1】 创建一个名 Ins_sex 的触发器，要求在向“学生”表插入元组后引发该触发器，检查所插入的元组中性别，如果在性别取值不为“男”或“女”，则提示用户“性别输入有误”，并且回滚事务。

解

```
CREATE TRIGGER Ins_sex
   ON S
   AFTER INSERT                    /*触发器在插入元组后被引发*/
   AS
   IF (SELECT *
   FROM Inserted                   /*触发器里的临时 Inserted 表*/
   WHERE sex NOT IN ('男','女'))
   BEGIN
   PRINT '性别输入有误!'
   ROLLBACK TRANSACTION
   END
```

为了验证我们创建的触发器是否发挥作用，可以再写一条 SQL 语句来插入一条新的学生信息，并故意将该学生的性别设置为“阳”，插入数据的 SQL 语句如下：

```
INSERT INTO S
VALUES('S011','王朝','阳','20','87609876',)
```

执行结果：

```
性别输入有误!
```

可见我们创建的触发器 Ins_sex 正常地发挥了作用。

【例 9.2】 建立一个名为 Upd_S1 的触发器 ，在向“学生”表更改学生的学号时引发该触发器，希望该学生的课程记录同时也得到相应的修改。

解

```
CREATE TRIGGER Upd_S1
   On S                            --在 S 表中创建触发器
   FOR UPDATE                      /*为什么事件触发*/
   AS                              /*事件触发后所要做的事情*/
   IF UPDATE(Snum)
```

```
BEGIN

UPDATE SC
SET Snum=i.Snum
FROM SC，Deleted  d,Inserted i        /*Deleted和 Inserted临时表*/
WHERE SC.Snum=d.Snum
PRINT '相应的课程表中的学生学号相应修改'
END
```

更改学生表中某个学生的学号，测试该触发器的 SQL 语句如下：

```
UPDATE S
SET Snum = 'S200'
WHERE Snum = 'S010'                    /*假设学生表中原来有一个学生的学号是 1*/
```

执行结果：

相应的课程表中的学生学号相应修改！

再观察 SC 表，看到结果得到相应的修改。可见，触发器 Upd_S1 也正常地发挥了作用。

小　　结

本章详细介绍了数据库的安全性、完整性。

数据库的安全性是指保护数据库，防止因用户非法使用数据库造成数据泄露、更改或破坏。实现数据库系统安全性的方法有用户标识和鉴定、存取控制、视图机制、审计和数据加密等。

数据库的完整性是指数据的正确性、有效性和相容性，防止错误的数据进入数据库造成无效操作。完整性和安全性是两个不同的概念，安全性措施的防范对象是非法用户和非法操作，完整性措施的防范对象是合法用户的不合语义的数据。这些语义约束构成了数据库的三条完整性规则，即触发条件、约束条件和违约响应。完整性约束条件从使用对象分为值的约束和结构的约束，从约束对象的状态又可分为静态约束和动态约束。触发器是在关系数据库管理系统中应用得比较多的一种完整性保护措施。

习　　题

一、解释下列术语

数据库的安全性、完整性规则、触发器。

二、单项选择

1．约束“年龄限制在 18～30 岁”属于 DBMS 的哪种功能（　　）。

A．安全性　　B．并发控制　　C．完整性　　D．恢复

2．“撤消”和“授权”是 DBS 采用的（　　）措施。

A．完整性　　B．安全性　　C．并发控制　　D．恢复

3．以下（　　）不属于实现数据库系统安全性的主要技术和方法。

A．存取控制技术　　B．视图机制

C．审计技术　　　　　　　　　　　　D．出入机房等记和价防盗门

4．SQL 中的视图机制提高了数据库系统的（　　）。

A．完整性　　B．并发控制　　C．隔离性　　D．安全性

5．SQL 语言的 GRANT 和 REVOKE 语句主要是用来维护数据库的（　　）。

A．完整性　　B．可靠性　　C．安全性　　D．一致性

6．在数据库的安全控制中，授权的数据对象的（　　），授权系统就越灵活。

A．范围越小　　B．约束越细致　　C．范围越大　　D．约束范围越大

三、填空

1．数据库完整性的静态约束条件分为 ＿＿＿＿＿＿和结构的约束。

2．触发器由 ＿＿＿＿＿、＿＿＿＿＿和＿＿＿＿＿ 三个部分组成。

3．数据库的安全性是指保护数据库以防止不合法的使用所造成的＿＿＿＿＿、＿＿＿＿＿或＿＿＿＿＿＿。

4．用户标识和鉴别的方法有很多种，而且在一个系统中往往是多种方法并举，以获得更强的安全性。常用的方法有通过输入＿＿＿＿＿＿和＿＿＿＿＿＿来鉴别用户。

5．在数据库系统中，定义存取权限称为＿＿＿＿＿＿。SQL 语言用＿＿＿＿＿＿语句向用户授予对数据的操作权限，用＿＿＿＿＿＿语句收回授予的权限。

6．数据加密的方法主要有＿＿＿＿＿＿和＿＿＿＿＿＿两种。

四、简答

1．试叙述完整性规则的组成。

2．试叙述实现数据库安全性控制的常用方法和技术。

3．什么是数据库中的自主存取控制方法和强制存取控制方法？

4．什么是数据库的审计功能，为什么要提供审计功能？

第10章　数据库新技术

数据库技术始于20世纪60年代中后期，虽然至今只有不到50年的历史，但它的发展速度和在各行各业的应用程度是相当惊人的。数据库技术已经成为计算机科学的一个重要分支，是信息科学技术的最重要的领域之一。随着数据库技术的发展和应用的深入，出现了新的数据模型、新的技术内容、新的应用领域，在数据模型方面，出现了面向对象数据模型，在此基础上出现了面向对象数据库、对象—关系数据库等；数据库技术不断与其他技术相结合、相渗透，出现了分布式数据库系统、多媒体数据库系统、嵌入式数据库系统等；数据库技术不断在新领域得到应用，出现了数据仓库、数据挖掘、地理信息系统、数字图书馆、生物数据库等。

本章主要介绍数据库技术的几个重要的新技术及其应用领域，如面向对象数据库、分布式数据库、多媒体数据库、嵌入式数据库、WWW数据库、数据仓库和数据挖掘等数据库新技术。

10.1　基于对象的数据库系统

在本书1.5节已经介绍了面向对象数据模型的一些基本概念，1.6节介绍了数据库技术的发展，并在高级数据库技术阶段简单介绍了面向对象数据库系统。现在，对象技术已经逐步地替代了传统的软件开发和数据库设计方法。从面向对象（Object-Oriented）技术角度考虑，将其与DB技术相结合，提出新的数据模型，建立新的基于对象的数据库系统。由于处理问题的方法不同，基于对象的数据库系统可以分为两种类型：

（1）面向对象数据库系统（OODBS），其基本特征是直接将面向对象程序设计语言引入数据库，完全与已有的关系数据库系统无关。

（2）对象关系数据库系统（ORDBS），其基本特征是在关系数据库系统加入面向对象技术，从而使得其具有新的功能和应用。

本节针对OODBS主要介绍ODBMS方面的ODMG 3.0标准；针对ORDBS主要介绍SQL:2003。

10.1.1　ODMG 3.0标准

作为ODBMS软件商的国际联盟，对象数据管理组织（Object Data Management Group，简称ODMG）提出了ODMG 3.0标准，包括对象模型（Object Model）、对象定义语言（Object Definition Language，简称ODL）、对象查询语言（Object Query Language，简称OQL）以及面向对象编程语言的绑定（Binding）。语言绑定涉及三种面向对象的编程语言，即C++、Smalltalk和Java。一些软件商只提供特定的语言绑定，不提供ODL和OQL的全部功能。

1. ODMG对象模型

ODMG对象模型是对象定义语言和对象查询语言的基础，提供了数据类型、类型构造器以及其他一些可以用于ODL来说明数据库模式的概念，也为面向对象数据库系统提供了一套标准术语。

对象和文本（Literal）是组成对象模型的基本成分。其中对象既包括一个对象标识，又包括一个状态，该状态随着对象值的修改而改变。文本没有对象标识，只有一个值，基本上是一个常量值，可能具有复杂的结构，它的属性不能被改变，不能像对象一样独立，但可嵌入到对象中。文本的类型有三种：原子类型、汇集类型和结构化类型。

对象数据库管理系统用于存储对象，使它们能够被多个用户或应用程序共享。对象可以用四个特征来描述：标识符、名称、生存期和结构。对象标识符是该对象在系统范围内唯一的标识，每个对象都必须有一个对象标识符，这个标识符不会改变，并且在对象被删除后也不能被重新使用。一些对象在特定的数据库中可以（可选地）有一个唯一的对用户有意义的名称（Name），用来在一个程序中表示该对象，并且系统可以通过给定的名称定位到该对象。对象的生存期（Lifetime）确定了该对象是一个持久对象还是一个临时对象；持久对象的存储由对象数据管理系统管理，而临时对象的存储空间由编程语言运行时系统分配和回收。对象的结构（Struct）指定该对象是如何使用类型构造器构造出来的，确定了该对象是原子对象、汇集对象还是结构化对象。

ODMG 指定对象类型存在两个概念：接口和类。采用接口（Interface）来描述对象可见的属性、联系及操作。这些接口是不可实例化的，也就是不能直接创建对象，不过它们可用于定义操作，而这些操作可以被特定应用中用户定义的对象所继承，即行为继承（Behavior Inheritance）。对象模型中保留关键字 Class，表示用户说明的用来形成数据库模式的类声明，用于创建应用对象。除了行为继承外，还有一种继承叫扩展，用关键字 Extends 来指定，用来严格继承类中的状态和行为。在一个扩展继承中，超类型和子类型都必须是类，并且不允许多重继承。对于通过冒号（:）来说明的行为继承允许多重继承。

继承 Collection 接口的汇集对象（Collection Object）包含任意数量的未命名的同类元素，其中每个元素都可能是某个原子类型、另一个汇集或某个文本类型的一个实例。汇集对象进一步特化为集合（Set＜t＞）、列表（List＜t＞）、包（Bag＜t＞）、数组（Array＜t＞）及字典（Dictionary＜k，v＞）。任何一种不是汇集对象的用户定义的对象都叫作原子对象（Atomic Object）。

（1）类的定义。一个原子对象类型要定义成为一个类，需要指定它的特性（Properties）和操作（Operation），其中特性定义对象的状态，并且进一步分为属性（Attribute）和联系（Relationship）。图 10.1 即类定义中的属性、联系以及操作，其中定义了两个类：Teacher 和 Department。

属性是描述对象某个方面的一个特性。在图 10.1 中 Teacher 的属性包括教师号 Tnum、姓名 Tname、性别 Tsex、出生日期 Tbirth、工资 Tsalary 和电话 Tphone 等，其中 Tphone 是通过集合构造器来定义的，因为可能有一系列的电话；Department 的属性包括系编号 Dnum、名称 Dname 和负责人 Dr 等，其中 Dr 有复杂的结构，是通过 struct 来定义的。

联系是说明把数据库中的两个对象关联在一起的一个特性。在 ODMG 的对象模型中，只有二元联系，通过关键字 **Relationship** 来指定，并且表示为一对反向的参照。在图 10.1 中，Department 存在一个联系 works_for，它把每个系和工作在该系中的所有教师相联系。关键字 **inverse** 表示这两个联系反向地确定了一个单独概念的联系。通过指定 **inverse**，数据库系统可以自动维护联系的参照完整性。如果对于一个特定教师 t，works_for 的值指向某系 d，那么对于系 d，has_tchrs 的值（教师的集合）中必须包含教师 t。

```
class Teacher
( extent all_Teachers    key Tnum  )
{
/*定义属性*/
    attribute string                Tnum;
    attribute string                Tname;
    attribute enum Gender{M,F} Tsex;
    attribute date                  Tbirth;
    attribute float                 Tsalary;
    attribute set<string>           Tphone;
/*定义联系*/
    relationship Department works_ for
    inverse Department::has_tchrs;
/*定义操作*/
    void GetAge();
};
```

```
class Department
( extent all_Departments
key Dnum  )
{
/*定义属性*/
    attribute string    Dnum;
    attribute string    Dname;
    attribute struct Dept_dr
     { Teacher    director, date Start_date} Dr;
/*定义联系*/
    relationship set< Teacher > has_tchrs
    inverse Department::works_for;
/*定义操作*/
    void add_tchr(in string new_tname)
    raises(tname_not_valid);
};
```

图 10.1　类定义中的属性、联系以及操作

每个对象类型可以有多个操作签名（Operation Signature），用来指定操作者名、参数类型以及返回值等。在每个操作对象类型中，操作名唯一，但可以通过出现在不同的对象类型中的相同操作名来重载。操作签名也可以指定可能出现在操作执行过程中的异常的名称，操作的实现将包含这些异常的代码。在图 10.1 中类 Department 有一个操作 add_tchr，异常为 tname_not_valid。

（2）类外延（extent）。在 ODMG 3.0 对象模型中，数据库设计者可以对任何通过一个类声明来定义的对象类型声明一个类外延，并且给该类外延起一个名字。这个类外延将包括那个类中所有的持久对象。在图 10.1 中，Teacher 和 Department 有各自的类外延，分别叫做 all_Teachers 和 all_Departments。这就相当于创建了两个集合对象：**set**＜Teacher＞类型和 **set**＜Department＞类型，并且给它们分别命名 all_Teachers 和 all_ Departments，使得它们持久。

一个带有类外延的类可以拥有一个或多个键。键由一个或多个特性（属性和联系）组成，在该类外延中，对于每个对象这些特性的值是唯一的。在图 10.1 中，Teacher 类有 Tnum 属性作为键，在这个类外延中，每个 Teacher 对象必须有一个唯一的 Tnum；与此类似，Department 类有 Dnum 属性作为键。对于一个由多个特性组成的组合键，那些特性要包括在一对圆括号中。

当创建类的一个新实例时，分配一个唯一的对象标识符。例如：

```
Fang Teacher (Tnum: "T002", Tname: "王芳");
```

2. 对象定义语言及对象查询语言

ODL 设计成支持 ODMG 3.0 对象模型的语义结构，并且独立于任何特定的编程语言。它的主要用途是创建对象说明，也就是类和接口。因此 ODL 不是一个完全的编程语言，用户可以独立于任何编程语言在 ODL 中指定一种数据库模式，然后使用特定的语言绑定来指明如何将 ODL 结构映射到特定编程语言中的结构。

对象查询语言（OQL）是专门为 ODMG 对象模型制定的查询语言。OQL 与编程语言紧密配合使用，嵌入某种编程语言的一个 OQL 查询，可以返回与该语言的类型系统相匹配的对象。另外，一个 ODMG 模式中的类操作的实现可以通过这些编程语言来编写它们的代码。

对象查询语言既可以用于关联访问，也可以用于导航访问。

关联查询返回一个对象集合。这些对象的定位由对象数据管理系统完成，应用程序无需关心。

导航查询访问单个对象，对象之间的联系被用来从一个对象导航到另一个对象。应用程序需要指定访问所要求的过程。

对于查询，OQL 语法和 SQL 的语法相似，只是增加了有关 ODMG 概念的特征，比如对象标识、复杂对象、操作、继承、多态性以及联系等。

例如，与 SQL 一样，基本的 OQL 语法也是“select…from…where…”结构，另外，任何持久对象的名称本身就是一个查询，其结果就是那个持久对象。

OQL 中的视图机制使用了命名查询（Named Query）这个概念。关键字 Define 用来指定该命名查询的标识，它在该模式中是唯一的。如果该标识与一个已存在的命名查询有相同的名称，则新的定义会代替以前的定义。一旦定义，查询定义就是持久的，直到它被重新定义或删除。

3. ODMG 语言绑定

语言绑定说明了对象定义语言（对象操作语言）结构是如何映射到编程语言结构中的。下面简单介绍 C++绑定的工作原理。

C++语言绑定指明了如何从 ODL 构造映射到 C++构造。这是通过 C++的一个类库完成的，该类库提供了实现 ODL 构造的类和操作。需要有一个对象操纵语言（Object Manipulation Language，简称 OML）来指明在 C++程序中如何检索和操纵一个数据库对象，而这又是基于 C++编程语言的语法和语义。为了创建一个可执行应用程序，C++对象定义语言声明传给 C++对象定义语言预处理器，这个预处理器的功能是产生一个包含对象数据库定义并存储对象数据管理系统元数据的 C++头文件。然后含有对象操作语言的 C++用户程序与已产生的含有对象数据库定义的 C++头文件一起进行通常的编译。最后，将编译器输出的对象代码与对象数据管理系统进行库链接，产生所要的可执行映像。另外，对于 ODL/OML 绑定，定义了一个专门的构造集合，以便程序员控制某些物理存储问题，比如对象的聚簇、索引的使用以及存储管理等。

对于 ODMG 标准，加入到 C++的类库都使用前缀 d_处理数据库概念的类声明。为了让程序员在一个程序中参照数据库对象，对模式中的每个数据库类 T 都定义了一个类 d_Ref＜T＞。这样 d_Ref＜T＞类型的程序变量既可以用来表示类 T 的持久对象，也可以用来表示 T 的临时对象。

为了在 ODMG 对象模型中使用各种不同的类型，如汇集类型等，在类库中指定了各种模板类。例如抽象类 d_Object＜T＞指定了所有对象都可以继承的操作。d_Collection＜T＞指定了汇集的操作。这些类不可以实例化。类库中的模板类包括了 d_Set＜T＞、d_List＜T＞、d_Bag＜T＞以及 d_Dictionary＜T＞等，这些和对象模型中的汇集类型相对应。C++ ODL 不仅允许用户使用对象数据库的类库提供的模板类来构造一个数据库模式的类，也允许用户使用 C++的构造来指定一个类。关键字 Rel_用作类型名称的前缀，来指定联系。

10.1.2 SQL:2003 标准概述

SQL:2003 标准包括 9 个部分和 7 个包，即框架、基础、CLI（调用层接口）、PSM（持久存储模块）、外部数据的管理、对象语言绑定、信息和定义模式、使用 Java 编程语言的 SQL

例程和类型、与 XML 相关的规范等部分，以及增强的日期时间工具、增强的完整性管理、持久性存储模块、基本对象支持、增强的对象支持、活动数据库、OLAP 工具等包。

基础部分处理的是新的数据类型、新的谓词、关系操作、游标、规则与触发器、用户定义类型以及存储例程。调用层接口部分提供了某些规则，以允许执行没有给出源代码的应用代码，并且避免了进行预处理的需要。它包含大约 50 个例程，用于同 SQL 服务器进行连接、申请和释放资源、获得诊断与执行信息以及控制事务终止。持久存储模块指定在客户机和服务器之间划分应用的设施，其目的就是通过最小化网络流量来增强性能。

SQL:2003 大致定义了三组结构数据类型：引用类型（REF）、行类型（ROW）和汇集类型（ARRAY 和 MULTISET）。引用类型、行类型与面向对象功能是密切相关的。

一个元组的分量属性可以通过关键字 REF 来表明是对另一个或同一个关系元组的参照，SQL:2003 使用点表示法建立引用元组以及行类型的组件属性的路径表达式。

如果存在具有相同行类型的若干关系，SQL:2003 提供了一种机制，它可以建立一个参照属性，指向使用该类型的一个指定的表，可以在 CREATE TABLE 语句中使用如下语句：

```
<属性> with options SCOPE <关系>
```

行类型提供对象功能，并最终允许通过组合行类型来实现复杂对象类型的构造，但不提供封装特征，封装由 SQL:2003 中的抽象数据类来提供。例如，表 5.9 的学生家庭住址关系可以使用如下的行类型进行定义：

```
create table s_addr (
   Snum char(10),
   Sname VARCHAR(8),
   HomeAddress row(province varchar(20),
                   city varchar(20),
                   street varchar(20),
                   zipcode char(6)));
```

在 SQL:2003 中，提供一个类似于类定义的构造，通过它用户可以创建指定的带有自身行为说明和内部结构的用户定义类型，这就是用户定义类型（UDT）。UDT 定义的一般形式为

```
CREATE TYPE <type_name> (
            带有单个类型的成员属性列表
            EQUAL 和 LESS THAN 函数的声明
            其他函数（方法）的声明
            );
```

SQL:2003 为 UDT 提供了某些内置函数。对于一个 Type_T 的 UDT，构造函数（Constructor Function）Type_T( )返回这个类型的一个新的对象。在新的 UDT 对象中，每个属性都被初始化为它的缺省值。对于每个属性 A，观察者函数（Observer Function）A 是隐式创建的，它读取每个属性的 A 的值。因此，如果 X 的类型是 Type_T，则 A（X）返回 Type_T 的属性 A 的值。增变者函数（Mutator Function）用于更新属性，它将某属性值设置成一个新值。

UDT 有许多与它相联系的用户定义的函数。定义函数的语法是

```
METHOD <name> (<argument_list>)RETURNS <type>;
```

可以定义两种函数类型：SQL:2003 内部函数和外部函数。内部函数是以扩展的 SQL 语

言编写的；外部函数是以宿主语言编写的，只是它们的签名（接口）出现在ADT定义中。一个外部函数定义的形式是

```
DECLARE EXTERNAL <function_name> <signature>
LANGUAGE <language_name>;
```

许多ORDBMS采取了一种定义一组ADT和指定应用域的关联函数的方法，并且将它们封装在一起。

SQL:2003支持汇集类型的构造器，有列表、集合、多重集合作为内置类型构造器，用于创建复杂对象的嵌套结构。这些构造器的变元可以是其他任意类型，包括行类型、UDT以及其他汇集类型。可以将这些类型的实例当作查询目的的表来处理。

10.1.3 OODB与ORDB的比较

前面已针对OODBS介绍了ODMG 3.0标准，针对ORDBS介绍了SQL:2003。现在，这两种数据库都有商用系统，数据库设计者应根据实际情况选择合适的数据库系统。

SQL语言的描述性特点提供了保护数据不受程序错误影响的措施，也使得高级优化（如减少I/O次数）变得相对简单。ORDBS的目标是通过使用复合数据类型而使得数据建模和查询更加容易。它的典型应用涉及复合数据（包括多媒体数据）的存储和查询。然而，SQL这样的说明性语言会给一些应用带来性能上的损失，这些应用主要是指在内存上运行的和那些要进行大量的数据库访问的应用。

OODBS与程序设计语言集成一体，其应用定位于性能要求很高的应用。持久化语言提供了对持久性数据的低开销访问方式，并且省略了传统数据库应用中必不可少的数据转换环节，即游标机制。但是，OODBS的数据容易受编程错误的侵害，通常不能提供强有力的查询。

OODBS与ORDBS的主要区别见表10.1。

表10.1　OODBS与ORDBS的主要区别

OODBS	ORDBS
从OOPL出发，引入持久数据的概念，能操纵DB	从SQL出发，引入复合类型、继承性、引用类型等概念
有导航式查询，也有非过程性查询	结构化查询，非过程性查询
符合面向对象语言	符合第四代语言
显式联系	隐式联系
唯一的对象标识符	有主键概念，也有对象标识概念
对象处于中心位置	关系处于中心位置

10.2 分布式数据库

随着计算机技术的发展、新领域的涌现和实用化的进展，集中式数据库渐渐显示出其不足之处，人们期望着符合现实需要的、能处理分散地域的、具备数据库管理特点的新的数据库系统的出现，这样分布式数据库被提出来。分布式数据库（Distributed Database，简称DDB）是数据库技术和计算机网络及数据通信技术相结合的产物。早期比较有影响的分布式数据库系统有：美国计算机公司（Computer Corporation of America）的SDD-1、美国IBM公司的System

R*、美国加州大学伯克利分校（University of California, Berkeley）的分布式 Ingres 等。在商业系统方面，几大著名的数据库厂商如 IBM、Oracle、Microsoft 等都宣称其产品支持分布式数据库。目前分布式数据库技术已经处于实用阶段但仍在发展之中，现有的商业产品还不能完全实现 DDB 研究中提出的功能和技术。大部分主要厂商把精力从开发一个“纯”的 DDBMS 产品重新定位到开发基于客户机/服务器的系统，或者开发主动的异构型数据库管理系统。

本节将明确解释分布式数据库的特点、体系结构，讨论分布式数据库设计、分布查询、分布式并发控制和客户机/服务器系统等。

10.2.1 分布式数据库的概念

分布式数据库系统是数据物理上分布在几个不同的计算机系统上的数据库，如图 10.2 所示。每个站点具有独立处理能力，可以访问本地数据库，执行局部应用，也能通过网络通信子系统访问远程的数据库，执行全局应用。尽管这些站点在地理上是分散的，但分布式数据库系统将整个数据库作为一个单一的数据集合进行管理和控制。

分布式数据库是数据库的一种新的类型，与集中式数据库相比有许多重要特点。

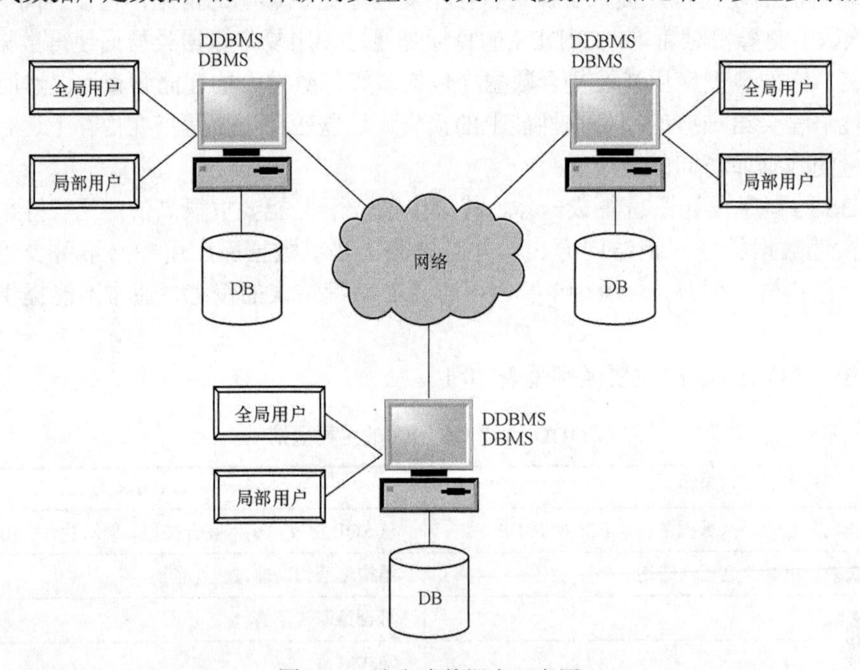

图 10.2 分布式数据库示意图

1. 自治性

局部 DBMS 只管理、控制自己的本地数据库，分布式数据库系统是集中和自治相结合。

2. 不同透明度层次的分布式管理

分布或网络透明性指用户能从网络的操作细节中解脱出来，包括位置的透明性和分配的透明性。位置透明性（Location Transparency）指用于执行任务的命令对于所需数据的物理位置不必关心，可以像使用集中式数据库一样，认为数据就处在他所在的站点上，而数据的实际的物理位置是由全局数据管理员 GDBA 在系统设计时决定的，位置信息由 DDBMS 自动通过数据字典中的位置对照表——全局目录获得，并由 DDBMS 决定是在本地自治处理，还是通过网络存取他站点的数据。因此无论是应用的改变还是实际数据驻留场地的变化，都不影响用户访问数据。

分片透明性指所有的应用程序都不必了解分片的任何细节，对 DDB 的操作只针对用户所关心的视图，视图是由 DDBMS 自动合成的若干分片。

复制透明性（Replication Transparency）指用户使用数据库时不必了解有多少副本。这些副本是为了提高分布式数据库系统的性能，有些数据并不只仅仅存放在一个站点，很可能同时重复存放在不同的站点，也就是说本地数据库也可能存放外地数据库的数据，目的在于尽量不借助于通信网络去与外地数据库联系，提高分布式数据库的查询速度。

3. 优化和效率

在分布式数据库系统中，由于系统的复杂性，站点间的通信开销可能很大，为了提供能被用户接受的效率，优化是 DDBMS 的很重要的一环。优化分局部优化和全局优化。局部优化是决定如何执行对局部站点数据库的存取，通常采用集中式 DBMS 的代数优化和非代数优化等方法。全局优化是要决定数据在哪个站点上存取，即在多个副本中选取恰当的场地副本，使站点间的数据传输量及次数最小。全局优化的主要参数是网上的通信量。

4. 可靠性和可用性

可靠性（Reliability）指系统在某个时间点运行（没有故障）的可能性；可用性（Availability）是指一个时间段内连续可用的可能性。由于分布式数据库的自治性和重复副本，一个站点的故障不会影响整个系统的正常运行。因此，分布式数据库比集中式数据库有更高的可靠性和可用性。

5. 可扩充性

在分布式环境中，涉及诸如添加更多数据、增加数据库大小或加入更多的处理器之类的系统扩充会变得很容易。

10.2.2 分布式数据库的类型

1. 同构的 DDBS

同构的 DDBS 是分布式数据库最简单的形式，这种形式的 DDBS 有几个站点，每个站点在相同的 DBMS 软件上运行自己的应用程序，所有这些站点有相同的 DBMS 软件，所有的用户使用相同的软件，彼此知道，而且同意在处理用户请求时相互合作。应用程序都可以看到相同的模式并运行相同的事务，即在同构的 DDBS 中位置是透明的。

在同构的 DDBS 中，单个 DBMS 的使用避免了站点间错误地匹配数据库能力的问题，因为所有的数据是在一个单一的框架中管理的。在同构的 DDBS 中，本地站点根据它们的权限交出自己的一部分自治来更改模式或者数据库软件。

2. 异构的 DDBS

在异构的分布式数据库系统中，不同的站点由不同的 DBMS 控制，本质上是自治的，并且相互连接使得可以从多个站点访问数据。不同的站点可以使用不同的模式和不同的 DBMS 软件。站点可能彼此之间互不知道，并且在事务处理的相互合作中它们可以仅提供有限的功能。换言之，在异构的 DDBS 中，每个服务器（站点）是独立的并且是自治的、集中的 DBMS，这些 DBMS 有自己的本地用户、本地事务以及数据库管理员。

异构的分布式数据库系统也称为多数据库系统（Multidatabase System）或者是联合的数据库系统（Federated Database System，简称 FDBS）。异构数据库系统有很好的可接受的网关协议标准来为外部应用展示 DBMS 功能，网关协议帮助掩饰访问数据库服务器的差别（比如功能、数据格式等），并在分布式系统中搭建避免不同服务器间的区别的桥梁。

10.2.3　分布式数据库的体系结构

分布式数据库是一种分层的体系结构，如图 10.3 所示。分布式数据库的结构包括全局外模式、全局概念模式、分片模式、分配模式、局部概念模式和局部内模式。图 10.3 虚线以下的局部概念模式和局部内模式是集中式数据库原有的体系结构，代表各站点上的局部数据库的基本结构；虚线以上的全局外模式、全局概念模式、分片模式和分配模式是分布式数据库所特有的。

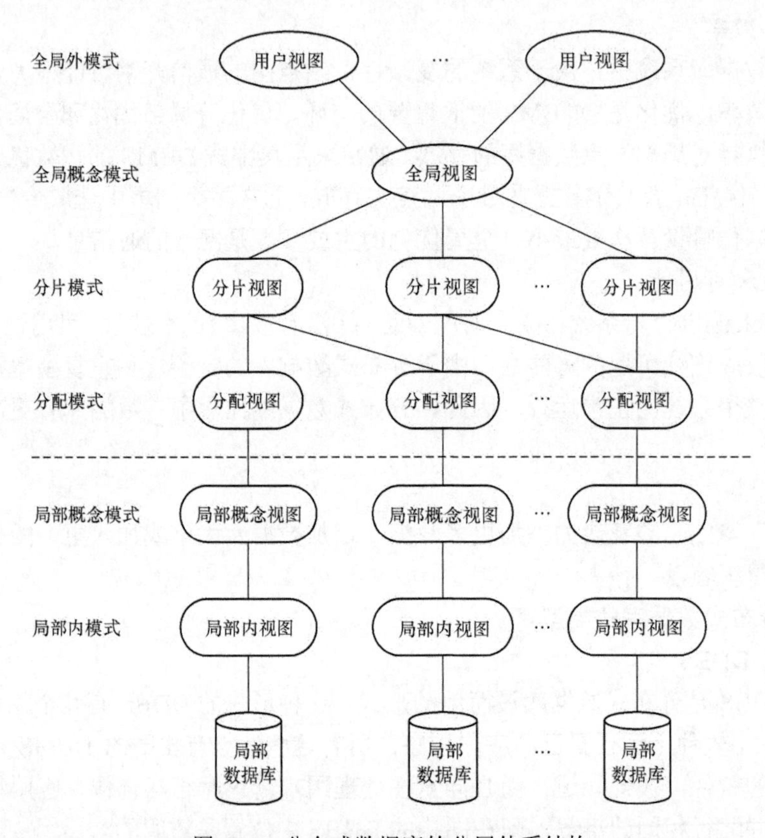

图 10.3　分布式数据库的分层体系结构

1. 全局外模式

全局外模式（Global External Schema）由多个用户视图组成，是全局用户对分布式数据库的最高层抽象，是全局概念模式的子集。用户视图在分布式数据库与集中式数据库有同样的概念，不同的是分布式数据库的用户视图是从一个虚拟的各局部数据库的逻辑集合中抽取的。对全局用户而言，没有什么不同。

2. 全局概念模式

全局概念模式（Global Conceptual Schema）是分布式数据库中的全局数据的逻辑结构的定义，是分布式数据库的整体抽象。

3. 分片模式

分片模式（Fragmentation Schema）是分布式数据库中的全局数据的逻辑分布的定义，是全局数据逻辑结构划分成为局部的逻辑结构，即数据分片。每一个逻辑划分就是一个片段

(fragment)。分片模式就是定义片段及全局关系与片段之间的映射。

4. 分配模式

分配模式(Allocation Schema)是分布式数据库中的全局数据的物理分布的定义，是划分后的片段的物理分配视图。如果一个片段存储在多个站点上，就称它是复制的。

10.2.4 分布式数据库设计

分布式数据库设计不同于集中式数据库设计：集中式数据库设计的主要问题是概念模式和物理模式的设计，而在分布式数据库中这两个问题变成了全局模式和局部物理模式的设计，其技术是一样的。除此之外，分布式数据库设计的主要问题是分片模式和分配模式的设计，即如何在分布式环境中确定数据的分割、分布和副本策略。由于分布式数据库一般都采用关系数据模型，下面以关系模型为基础讨论数据的分布。

1. 数据分片

数据分片是指将分布式数据库的全局关系划分成相应的逻辑片段。其目的是便于分布式数据库系统按照用户的需要较好地组织数据的分布和合理地控制数据的冗余度，以提高整个系统的数据访问的局部性，以减少数据访问的代价，从而提高系统的效率和可靠性。

数据分片应遵守三个原则：

- 完备性(Completeness)。全局关系的所有数据必须映射到各个片段中。
- 可重构性(Reconstruction)。全局关系的所有片段必须能够重构该全局关系。
- 不相交性(Disjointness)。不相交性不允许片段相交。它不是必须的，不相交性主要针对水平分片。

在关系数据模型中，数据分片就是关系的分割，一般有两类，一类是基于关系本身的划分，称为独立划分，有水平分片、垂直分片、混合分片；另一类是基于关联的划分，即一个关系的划分是基于另一关系而被划分，称为相关划分，有导出分片。

(1)水平分片。水平分片(Horizontal Fragmentation)是指将关系按行(水平方向)以一定的条件划分成元组的不相关的子集，每一子集称为一个逻辑片段。然后这些片段分配到分布式数据库系统中的不同站点上。水平分片是关系的选择操作，可用 σ_P(R)表示。

【例 10.1】 设有一职工关系 Employee(ENum, EName, Sex, Age, PNum, Salary, WDate)为全局关系，试按工厂编号 PNum 属性值水平分片，假设有三个工厂编号 1、2、3。

解 其水平分片为：

$$Employee1=\sigma_{PNum=1}(Employee)$$
$$Employee2=\sigma_{PNum=2}(Employee)$$
$$Employee3=\sigma_{PNum=3}(Employee)$$

由[例 10.1]看出，水平分片可由选择运算定义，定义片段的选择运算的谓词称为对该片段的限定，所有片段的限定集是完全的，即满足分片的完备性规则。该例中的限定集为：

q_1:PNum=1
q_2:PNum=2
q_3:PNum=3

对于水平分片，重构全局关系可通过关系的并操作实现。例题中的全局关系为：

$$Employee=Employee1 \cup Employee2 \cup Employee3$$

（2）垂直分片。垂直分片（Vertical Fragmentation）是将关系按列（垂直方向）以属性组划分成若干片段。为了保证片段的重构性，每一个垂直分片的片段都包含关系的键。垂直分片是关系对指定属性集的投影操作，因此垂直分片的片段是关系 R 的部分属性组合的子关系 R_i，可用 π_{Ai}（R）表示。

【例 10.2】 设有一职工关系 Employee（ENum, EName, Sex, Age, PNum, Salary, WDate）为全局关系，试按职工个人情况和工作情况垂直划分成两个子关系。

解 其垂直分片为：

$$Employee1=\pi_{ENum,\ EName,\ Sex,\ Age}(Employee)$$
$$Employee2=\pi_{Enum,\ PNum,\ Salary,\ WDate}(Employee)$$

键 Enum 分别包含在片 Employee1 和 Employee2 中，重构全局关系 Employee 可用连接运算来实现。即

$$Employee=Employee1 \bowtie Employee2$$

（3）混合分片。混合分片是水平分片和垂直分片的混合操作。即对关系的选择和投影。可以先水平分片，再在子集中进行垂直分片；也可以先垂直分片，再在子集上进行水平分片。重构时需要按相应的次序做并（Union）和连接（Join）操作。

【例 10.3】 将［例 10.2］中的职工关系 Employee 先按职工个人情况和工作情况垂直划分成两个子关系 Employee1 和 Employee2，然后对 Employee1 按工厂编号 PNum 水平分片，PNum＝1 或 2 在一个片段上，PNum＝3 在另一片段上。

解 其混合分片为：

$$Employee2=\pi_{Enum,\ PNum,\ Salary,\ WDate}(Employee)$$
$$Employee3=\sigma_{PNum='1'\ or\ PNum='2'}(\pi_{ENum,\ EName,\ Sex,\ Age}(Employee))$$
$$Employee4=\sigma_{PNum='3'}(\pi_{ENum,\ EName,\ Sex,\ Age}(Employee))$$

（4）导出分片。导出分片是指导出水平分片（Derived Horizontal Fragmentation），一个关系的分片不是基于关系本身的属性，而是根据另一个与其有关联性质的关系的属性来划分。

2. 数据复制和分配

数据分配是指全局关系划分后得到的一组逻辑片段，如何分布在网络的各个场地上。这些逻辑片段并不仅仅是放置在各自的场地上，还要根据需要在其他场地放置若干副本，这主要有两个原因：一个是可靠性，将划分后的逻辑片段放在一个以上的场地上，当一个场地出现故障时，由于这个场地的数据在其他场地有副本，整个分布式系统仍可正常运行；另一个是可用性，将某一场地上常用的数据直接放置在本场地上，可以减少通信代价，减少相应时间，提高系统的效率。当然数据副本的重复必然会给数据更新及系统管理等带来诸多问题，必须从全局的角度进行考虑和优化。

数据分配的一般准则包括三方面：

第一，处理局部性。提高局部处理能力，减少远程访问次数。

第二，数据的可用性和可靠性。提高只读应用的可靠性和整个系统的可用性，充分发挥 DDB 的优点。

第三，工作负载分布的均匀性。使各场地的负载均匀，提高系统的并行处理能力，但可能会与处理的局部性发生矛盾。

数据分配大致有四种：集中式、分割式、全复制式和混合式。

（1）集中式。所有数据都集中放置在一个场地上。这种分配方式没有副本，不需要同步更新和额外的存储开销，并且系统管理简单。但其他场地的检索和修改都必须通过通信到达该场地，检索代价很大，同时系统可靠性差，一个故障会使整个系统无法使用。

（2）分割式。数据被划分成若干不相交的子集（逻辑片段），分配在各个场地上，没有副本。这种分配方式比较简单，场地自治性好，有并发操作能力，不需要同步更新和额外的存储开销，可靠性优于集中式，某场地故障不影响其他场地。但灵活性较小，只有局部应用，如果涉及全局查询，代价高于集中式，因为没有副本。

（3）全复制式。每个场地上都安置一个完整的数据库副本。这种数据分配方式的可靠性最高，检索代价极低，响应时间极快，数据库恢复简单，可从任何场地获得恢复数据库的副本。但是更新同步机制复杂，并且代价很高，会急剧降低更新操作效率。同时存储代价极大，系统数据库的容量只是一个场地的数据库容量。

（4）混合式。数据被划分成若干子集，分配在不同的场地，共享的逻辑片段在需要的场地重复设置，而各场地的私用的逻辑片段只放在自己的场地上。这种数据分配方式兼顾了分割式和全复制式两个方法，它获得了二者优点，灵活性很大，充分体现了分布式数据库的特点，但较为复杂。

10.2.5 分布式查询处理

分布式数据库系统的分布式查询是指以整个信息系统为查询对象的查询过程。在分布式查询中，用户将整个分布式信息系统看作一个整体，并以这个整体为查询对象发出查询请求。在完全不用考虑分布系统的分布状况情况下，用户可以直接得到全局的查询结果。

从分布式查询技术的设计角度来说，其任务是首先将用户提交的全局查询需求翻译为几个相关站点都可以识别的本地查询请求（查询分解），即实现全局查询到局部查询的转换，然后正确地执行每个局部查询任务，最后将在各个站点的查询结果汇总返回给用户。

对于用户来说，分布式查询技术所提供的功能应具备下列三个特点：①正确性：分布式查询系统必须保证返回给用户的是正确的查询结果。整个分布式查询系统正确性依赖于正确的查询分解、正确的局部查询和正确的查询结果汇总；②透明性：分布式查询系统必须提供查询的透明性。就是说，用户不必了解分布系统的站点分布状况，甚至不用知道系统是分布的，就可以提出正确的查询要求并由系统透明地返回查询结果；③优化性：这是分布式查询的最重要的课题之一。分布式查询系统必须能够尽量减少对系统资源的浪费和用户的等待时间。

1．分布式查询处理的数据传输代价

分布式查询处理中需要在网络上传输数据，包括需要进一步的处理而传送到其他站点的中间文件和需要传送到需要查询结果站点的最终结果文件。数据传输的开销在广域网上是很可观的。通信代价可用下面的公式粗略计算：

$$TC(X)=C_0+X*C_1$$

其中，X 为数据传输量；C_0 为两结点初始化一次传输所花费的开销，近似为一个常数；C_1 为单位数据传输所花费的时间。

所以 DDBMS 查询优化算法的首要目标是减少传输的数据量，使该查询执行时其通信代价最省。

在此用两个简单的查询例子来说明。假设有Employee和Plant关系的分布如图10.4所示，Employee关系的大小是$100\times10000=10^6$字节，Plant关系的大小是$35\times100=3500$字节。现执行查询Q：对每一位职工，检索他的姓名和所在工厂的名称。转换为关系代数表达式：

Q：$\Pi_{\text{EName, PName}}(\text{Employee} \bowtie \text{Plant})$

假设每个职工都与某个工厂有关系，这个查询的结果将包含10000条记录。假设查询结果中的每条记录是30字节长，且查询在存放Employee和Plant关系之外的站点3提交，即站点3是结果站点（Result Site）。

站点1：Employee(ENum, EName, Sex, Age, Address, PNum, Salary, WDate)
10000条记录，每条记录100字节
其中ENum：6字节；EName：10字节；PNum：4字节
站点2：Plant(PNum, PName, PTel)
100条记录，每条记录35字节
其中PNum：4字节；EName：20字节

图10.4 传输数据容量示意图

执行此分布式查询的三种简单策略是：

（1）将Employee和Plant关系传送到结果站点，并在结果站点3上完成连接。总共传输$10^6+3500=1.0035\times10^6$字节。

（2）将Employee关系传送到存放Plant关系的站点2，并在站点2执行连接，再将结果传送到结果站点。该查询结果的大小是$30\times10000=300000$，所以总共传输$10^6+300000=1.3\times10^6$字节。

（3）将Plant关系传送到存放Employee关系的站点1，并在站点1执行连接，再将结果传送到结果站点。该查询结果的大小也是300000，所以总共传输$3500+300000=3.035\times10^5$字节。

由于策略（3）相对策略（1）、（2）具有传输数据量小的优势，所以在这三种简单策略中选择策略（3）。

一些更为复杂的策略采用一种称为半连接的操作，它有时比这三种简单策略更有效率。接下来讨论使用半连接的分布式查询处理。

2. 采用半连接的分布式查询处理

采用半连接的分布式查询处理的要点就是在从一个站点传送关系到另一个站点之前减少关系中元组的数量。直观地看，其思想是将一个关系R的连接列传送到另一个关系S所在的站点，与S连接，然后将连接属性和结果中要求的属性投影出来，并且传回关系R的站点与之连接。

现在采用半连接的分布式查询处理重新做上面的查询Q：

（1）在站点1投影Employee关系的PNum属性，并把它们传送到站点2。此步传送$4\times100=400$字节。

（2）在站点2上对传送过来的数据和Plant连接，并将要求的属性传回给站点1。此步传送$24\times100=2400$字节。

（3）在站点1执行连接，再将结果传送到结果站点。该查询结果的大小是$30\times10000=300000$。

采用这种策略，总共传送400＋2400＋300000＝3.028×10^5字节。相比前面三种简单策略中最优的策略（3），略微改进。如果只需要R中的一小部分元组参与与关系S连接时，这是一个使数据传输量最小化的非常有效的方案。

上面分析的是简单的连接查询，对于复杂的连接查询，即包括多个关系的连接，则可能存在许多可应用的半连接方案，而其中总有一个方案的效果最佳，因此，优化的第一步是从所有半连接方案中找出一个最优的，第二步是与不用半连接的方案进行比较，选出较优者。

10.2.6 分布式并发控制

1．基于数据项识别拷贝的分布式并发控制

这种技术是从集中式数据库的并发控制技术扩展而来的，其思想是为每个数据项指定一个特定的拷贝作为该数据项的识别拷贝（Distinguished Copy）。对于该数据项的封锁与识别拷贝相联系，并且所有的封锁和解锁请求都传送到包含那个拷贝的站点上。许多不同的方法都是基于这一思想的，但是这些方法的区别在于对识别拷贝的选择。

主站点技术（Primary Site Technique）指派单个主站点为所有数据项的协调者站点，所有的封锁信息都保留在主站点，并且所有的封锁和解锁请求都传送到主站点。如果所有的事务都遵守两阶段封锁协议，就可以保证可串行化。此方法不太复杂，但主站点可能超负荷且导致系统瓶颈，第二个缺点是主站点的故障会使系统瘫痪，制约了系统的可靠性和可用性。

有备份站点的主站点技术指派第二个站点为备份站点（Backup Site），用来解决主站点方法的第二个缺点。所有的封锁信息都保留在主站点和备份站点。如果主站点发生故障，备份站点将成为主站点，并且选择新的备份站点，将封锁信息也拷贝到新的备份站点上。然而，这会减慢请求封锁的过程。另外，主站点和备份站点可能超负荷，且使得系统运行速度变慢。

主拷贝技术（Primary Copy Technique）试图在各种站点中分担封锁配合的负担，通过存储在不同站点上的不同数据项的识别拷贝来实现。一个站点的故障只会影响访问主拷贝存储在该故障站点上的数据项的事务，而其他的事务不会受到影响。此技术也可以采用备份站点来提高可靠性和可用性。

在前面的任何一种技术中，每当协调者站点故障，要使其他站点继续运行，必须选择一个新的协调者站点。在此情况下，若采用没有备份站点的主站点方法，那么所有正在执行的事务都必须终止，并且要在冗长的恢复过程中重启。恢复过程涉及选择新的主站点，并且生成一个封锁管理程序和所有封锁信息的记录。对于采用备份站点的方法，在备份站点被指派为新的主站并且选出新的备份站点，将所有封锁信息的拷贝从新的主站点传送到新的备份站点时，事务处理是被挂起的。

主站点发生故障而没有备份站点或者主站点和备份站点都发生故障，一个称为选举（Election）的过程会选择新的协调者站点。在这个过程中，任何试图不断与协调者站点联系而又失败的站点可以认为协调者站点失败而启动选举协调者，它向所有运行站点发出消息提议它自己成为新的协调者。一旦发起站点收到大多数赞成选票，就可以宣布成为新的协调者站点。

2．基于投票方法的分布式并发控制

投票方法中没有识别拷贝，将封锁请求发送到所有包含该数据项拷贝的站点上。每个拷贝维护自己的锁信息并可以授予或拒绝封锁。如果一个请求封锁的事务被大多数的拷贝授予了锁，它将获得该锁并通知所有的拷贝。如果一个事务在给定的间隔时间段中没有获得授予锁的大部分投票，将取消请求并通知所有的站点。

投票方法把决策的职责驻留在所有涉及的站点，所以被认为是真正的分布式并发控制方法。模拟研究表明投票方法在站点间产生的信息通信量比识别拷贝方法要多。如果要考虑投票过程中可能的站点故障，该算法会极其复杂。

10.2.7 客户机/服务器体系结构

正如前面介绍的，现有的商业产品还不能完全实现 DDB 研究中提出的功能和技术。大部分主要厂商把精力从开发一个“纯”的 DDBMS 产品重新定位到开发基于客户机（Client）/服务器（Server）的系统，或者开发主动的异构型数据库管理系统。

C/S 体系结构是将与 DBMS 相关的工作量划分到两个逻辑组件中，一个是客户机，一个是服务器。客户机和服务器典型地运行在不同的系统中的。在客户机和服务器之间如何划分 DBMS 功能有不同的方案。大多数 DBMS 产品采用的方案是在服务器中包含集中式 DBMS 功能，为客户机提供一个 SQL 服务器，负责管理数据并进行事务管理；每一个客户机必须配置合适的 SQL 查询，并为用户提供用户接口和编程语言接口功能。客户机可以引用存在在各种 SQL 服务器中的包含数据分布信息的数据字典，还可以访问一些功能模块，将一个全局查询分解为若干可以在不同站点上执行的局部查询。

由于系统扩展性、维护成本、安全性等问题，两层 C/S 技术正逐步被三层体系结构所取代，尤其在 Web 应用中。在三层 C/S 体系结构中，有以下 3 个层次。

1. 表示层（客户层）

表示层提供了用户界面并同用户进行交互。

2. 应用层（业务逻辑层）

应用层对应用逻辑进行编程，也是表示层和数据库服务器层的桥梁，它响应表示层的用户请求，从数据库服务器层获取数据，执行业务处理，并将必要的数据传送给表示层以展示给用户。在这一层还可以处理附加的应用功能，例如安全检查、身份验证以及其他功能。需要时，应用层可以与一个或多个数据库或数据源进行交互。

3. 数据库服务器层

数据库服务层负责数据的存储、事务管理、数据完整性控制、故障恢复等，处理来自应层的查询与更新请求，并发送结果。

10.3 多媒体数据库

传统的数据库都是以数值和字符数据等作为管理对象，如今将数据库管理对象扩充到多媒体数据后，产生了多媒体数据库，其数据模型、存储结构等都有别于传统的数据库。

10.3.1 概述

多媒体是指各种信息载体（即媒体）的复合体，或者说多媒体是指多种媒体如数字、文本、图形、图像和声音的有机集成（而不是简单的组合）。下面简单介绍常见的多媒体数据。

文本包括格式化的和非格式化的。借助 HTML 等可以很方便地对结构化文档进行处理。

图形是使用描述性标准进行编码的图形、图表等，如 Postscript 编码的图形、图表等。

图像包括使用标准格式的位图、JPEG 和 MPEG 格式的图形、相片等。其中，JPEG 和

MPEG 格式对图像进行了压缩，所以其图像不能细分，对其进行基于内容的查询就很困难。

动画可以看作是图像或图形数据的时态序列。

视频是以特定速率输出的图像数据的时态序列集。

结构化音频是包括音调、音质和持续时间等音频元素的序列。

音频是从数字化位串表示的声音记录中得到的样本数据。存储之前，声音记录通常都要转换成数字格式。

组合多媒体数据是多媒体数据的组合，比如音频和视频，它们既可以是物理组合成新的存储格式，也可以保持各自原有数据类型和格式，形成逻辑意义上的组合。

多媒体数据库实现对格式化和非格式化的多媒体数据的存储、管理和查询，其主要特征有 4 个方面。

（1）多媒体数据库应能够表示多种媒体的数据。非格式化数据表示起来比较复杂，需要根据多媒体系统的特点来决定表示方法。

（2）多媒体数据库应能够支持大数据对象。视频等多媒体数据可能会占几个 GB 的空间，所以要提供二进制大数据对象，这样存储上可能也需要进行特殊处理，如数据压缩与解压缩等。

（3）多媒体数据库应能够协调处理各种媒体数据，正确识别各种媒体数据之间在空间或时间上的关联。

（4）多媒体数据库应提供比传统数据管理系统更强的、适合非格式化数据查询的搜索功能。

多媒体数据库非常复杂，涉及的研究问题有：

（1）多媒体数据模型研究。多媒体数据具有数据量大、类型多样以及表现时具有时、空性质等特点。而作为数据模型应提供统一的概念，既要在用户使用时屏蔽各类媒体间的差异，又要在具体实现时考虑各种媒体的不同。

（2）多媒体数据的查询和检索。信息检索既是计算密集的，也是 I/O 密集的。信息检索也可能是模糊的或基于不完全信息的。基于多媒体对象内容的检索要求用户必须给出选择条件，例如用户可能使用诸如“找出与这个图像类似的所有图像”和“找出包含日出的图像”之类的查询来查找需要的图像。当图像插入到数据库中时，DBMS 必须分析它们，同时自动提取特征。

（3）多媒体数据的聚簇、存储、表现合成和传输支持技术。

（4）多媒体数据库系统的标准化工作。

10.3.2 多媒体数据模型

在实际应用中，多媒体的建模方法有多种，常见的有以下几种方法。

1. 扩充关系模型

一种最简单的方法是在传统的关系数据模型基础上引入新的多媒体数据类型，以及相应的存取和操作功能。在传统关系模型中基本的数据结构是属性、元组和关系。属性的类型是一些基本的数据类型，如数值型、字符型等；元组是属性值的有序集合；而关系是元组的集合。在关系模型中，要求模式具有第一范式（1NF）性质，即属性值不能分解，因此不适合表示具有结构类型性质的多媒体数据对象。当遇到复杂对象表示时，虽然可以用二级表的形式表示，但是应用程序复杂、效率低，并且表示的层次也很有限。采用非第一关系模型或嵌套关系模型，使属性值可以是复合数据。这样便适合表示具有层次结构的数据，弥补关系模型的不足。

2. 语义数据模型

语义数据模型能提供更自然的处理现实世界的数据及其联系，它在实体的表示、相互间联系、抽象等机制上具有特点。有两种语义数据模型可支持多媒体数据的描述。

一种是基于实体—联系的语义模型，它又分为函数数据模型（FDM）和IFO数据模型。

函数数据模型提供基于实体型的表示和相互间的函数关联表示的框架。除了IS—A关联外，对聚集等模型构成要素都能用函数来表示，语义机制也用检查函数来处理。

IFO 数据模型也是基于实体及它们之间的函数关联表示的，但在实体表示可区分关联的表示域和值域。

另一种是用于处理数据库动态变化的数据模型，在进行数据抽象的同时，对抽象数据的更新操作也使用抽象，而对数据库的一连串操作进行抽象，可以作为事务处理来定义。

3. 面向对象模型

面向对象的方法最适用于描述复杂对象，通过引入封装、继承、对象、类等概念，可以有效地描述各种对象及其内部结构和联系。

在以上三种数据模型中，面向对象的数据模型最适合表示对象及其内在结构和联系，但是它缺乏坚实的理论基础，目前也没有一个统一的标准，实现技术也不很成熟；语义数据模型侧重语义，不便于描述结构非常复杂的对象，在理论和实现上都存在许多难关；而关系模型以集合论、关系代数作为理论基础，实现上也发展得很成熟。因此，采用扩充关系模型是目前比较经济且有效的途径。

10.3.3 多媒体数据库管理系统的组织结构

多媒体数据库管理系统（Multimedia Data Base Management System，简称MDBMS）的组织结构一般可分为三种：集中型、主从型和协作型。

1. 集中型数据库管理系统的体系结构

集中型数据库管理系统的体系结构是由单独一个多媒体数据库管理系统来管理和建立不同媒体的数据库，也由这个MDBMS来管理对象空间及目的数据的集成，如图10.5所示。

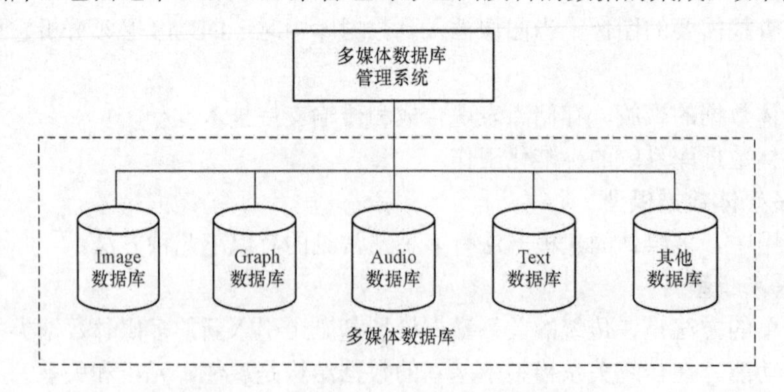

图10.5 集中型多媒体数据库管理系统

2. 主从型数据库管理系统的体系结构

在主从型数据库管理系统的体系结构中，每一个数据库都由自己的数据库管理系统进行管理，称为从数据库管理系统，它们各自管理自己的数据库（一个或多个）。这些从数据库管理系统又受一个称为主数据库管理系统的控制和管理，用户在主数据库管理系统上使用多媒体数据库中的数据，即用户使用数据库系统是通过主数据库管理系统提供的功能来实现的，目的数据的集成也由主数据库管理系统来管理加固。

3. 协作型数据库管理系统的体系结构

协作型数据库管理系统也是由多个数据库管理系统组成，每个数据库管理系统之间没有主从之分，要求系统中每个数据库管理系统（称为成员 MDBMS）能协调地工作，但因每一成员 MDBMS 彼此有差异，所以在通信中必须首先解决这个问题。为此对每个成员附加一个外部处理软件模块，由它提供通信、检索和修改界面。在这种结构的系统中，用户位于任一数据库管理系统位置。

10.3.4 多媒体数据库应用系统的开发

一般来说，图像、声音、数字视频是多媒体的基本要素，目前多媒体数据库的应用日益广泛。例如，城市交互式有线电视实时点歌系统，使人们可以通过电话机按键点歌，并且同时在电视上看到自己正在操纵的菜单，选中歌曲后电视立即自动播放 MTV，不需他人帮助，这是网络多媒体数据库的具体应用。

多媒体应用的开发技术，是一个涉及多方面的综合技术。例如，有线电视实时点播系统不仅涉及语音卡、电话网、有线电视网、数据库、高级语言编程等多方面的技术，还要解决节目来源、版权等多方面的问题。多媒体数据库应用系统的应用程序一般要具备多媒体录制、查询与播放等众多功能。

开发过程一般要注意以下事项：

（1）系统统筹、设计、资源的数字化；

（2）将图像（静态、动态）、声音、动画、文字等多媒体素材存入数据库；

（3）制作查询、播放功能模块；

（4）设计、开发应用硬件平台，比如应用在银行等系统的 ATM、CDM、查询终端等。

10.4 WWW 数据库

21 世纪，因特网（Internet）对社会的发展起着巨大推动作用。万维网（The World Wide Web，简称 WWW）的飞速增长，自然与数据库相结合，产生了 WWW 数据库。

10.4.1 WWW 与数据库的结合

万维网简称为 Web，它拥有友好的图形界面、简单的操作方法及图文并茂的显示方式。客户机/服务器体系结构是 Web 技术的基础，客户机是浏览器，服务器就是 Web 服务器。WWW 主要由三种标准成分组成，即统一资源定位器、超文本传输协议和超文本标记语言。

统一资源定位器（Uniform Resource Locator，简称 URL）把网络上的有效信息组织在一起。URL 是一个由反斜杠符号（/）分隔的目录名的字符串。例如，大家可以在下面的 URL 获得中华人民共和国教育部的相关信息：http://www.moe.edu.cn。

URL 的开头部分通常是一个超文本传输协议（Hypertext Transport Protocol，简称 HTTP），这是 Web 浏览器（Web Browser）所使用的协议，用来与网络服务器进行通信。

各种信息以超文本标记语言（Hyper Text Markup Language，简称 HTML）格式存于网络服务器上。HTML 标记约定是基于标准通用标记语言（Standard Generalized Markup Language，简称 SGML）规则的。可扩展标记语言（XML）是专门针对 Web 文档而设计的，以一种基于文本的机制来表示带有结构信息的数据，以便准确地创建和解释数据，也是基于 SGML，XML 是作为基于树型结构的数据表示语言来设计的，它与 XHTML 联合使用可以替代 HTML。XHTML 对 HTML 进行了扩展，以使其适应 XML。

随着 Internet 的兴起与发展，WWW 与数据库的结合显得越来越重要。各个厂商不断推出新技术、新产品，使得连接更加简洁、迅速和方便。将数据库和 Web 结合有两种想法：

（1）主要在于数据库。Web 是作为工具来获取对数据更容易的访问。在这种情况下，数据库的位置是清楚明显的。可以编写 Web 页来允许查看数据库所包含的表，通过 Web 服务器来提高对数据库的访问能力。

（2）主要在于 Web 站点。为了使站点的内容对访问者更有价值、更为便捷，数据库作为 Web 的一个工具。例如，保留访问者的信息轨迹，以分析访问者的爱好。

与传统方式相比，通过 WWW 访问数据库有很多好处。首先，我们可以借用统一的浏览器软件，无需开发数据库前端。其次，所使用的标准统一，开发过程简单，HTML 是 WWW 信息组织方式，是一种国际标准，现有的 WWW 服务器与浏览器均遵循这个标准。使用 WWW 的另一个优点在于交叉平台对它的支持，几乎每种操作系统上都有现成的浏览器可供使用。

同时，数据库也可以作为 WWW 的一种工具，为 WWW 提供更加有效的数据组织和管理。由于数据库系统采用了索引技术和查询优化技术，通过数据库可以快速准确地访问数据。面对 WWW 上的大量信息，数据库无疑是管理它们的最好方式。

无论是数据库为 WWW 服务，还是 WWW 为数据库服务，还是它们相互作用，都可以看出，WWW 数据库给我们带来的是一种更为有效、便利的信息管理和展示方式。

10.4.2 Web 上数据库的存取

随着新技术的飞速发展，网页技术由静态网页发展为动态网页。为支持用户进行查询处理、报表生成等请求，除支持对文件系统的存取外，还允许用户对数据库及 DBMS 进行存取。现在可以通过 CGI、JDBC 和 API 等实现。

1. CGI

CGI（公共网关接口）程序能够与浏览器进行交互作用，同时还可以通过数据库的 API 与数据库服务器等外部数据源进行通信。几乎所有的服务器软件都支持 CGI。开发者可以使用任何一种 WWW 服务器内置语言编写 CGI，其中常用的包括 Perl、C、C++、VB 和 Delphi 等。CGI 访问数据库的步骤大致如下：

（1）客户端通过浏览器向 Web 服务器发出 HTTP 请求；

（2）Web 服务器接收客户对 CGI 的请求，设置环境变量或命令行参数，然后创建一个子进程来启动 CGI 程序，再把客户的请求传给 CGI 程序；

（3）CGI 程序向数据库服务器发出请求，数据库服务器执行相应的查询操作；

（4）数据库服务器把查询结果返回给 CGI 程序；

（5）CGI 程序将查询结果转换成 HTML 格式，返回给 Web 服务器；

（6）Web 服务器将格式化的结果送客户端浏览器显示。

但是 CGI 技术有以下几个缺点：首先，CGI 不提供状态管理功能。而在 WWW 与数据库访问的过程中状态的管理是很重要的，如果没有状态管理的功能，浏览器每次请求，都需要一个连接的建立和释放过程，效率较低。另外，对脚本的安全存放管理也成问题。

2. JDBC

Java 的推出，使 WWW 页面有了动感和活力。Internet 用户可以从 WWW 服务器上下载 Java 小程序到本地运行。这些小程序像本地程序一样，可以独立地访问本地和其他服务器的资源。最初的 Java 语言并没有访问数据库的功能。随着应用的深入，出现了 JDBC 作为 Java 语言的数据库访问 API。使用 JDBC，可以很容易地用 SQL 语句访问各种数据库，包括 Microsoft SQL Server、Sybase 和 Oracle 等。

使用 JDBC 的缺点是其效率取决于 Java 虚拟机的固有效率。

3. API

现在有几家 WWW 服务器软件厂商已经开发出各自服务器的 API。服务器的 API 是驻留在 WWW 服务器中的程序代码。目前主要的 WWW API 有 Microsoft 公司的 ISAPI、Netscape 公司的 NSAPI 和 O' Reilly 公司的 WSAPI。开发人员不但可以使用 API 解决 CGI 可以解决的一切问题，而且能够进一步解决给予不同的 WWW 应用程序的特殊请求。各种 API 与其相应的 WWW 服务器相结合，使服务器的运行性能进一步发掘、提高。

服务器 API 的原理和 CGI 大体相同，都是通过交互式页面取得用户的输入信息，然后交服务器后台处理，但两者在实现机制上却大相径庭。在服务器 API 下建立的程序均以动态链接库的形式存在，而 CGI 程序一般都是可执行程序。在服务器 API 调用方式中，被用户请求激活的 DLL 和 Web 服务处于同一进程中，在处理完某个用户请求后并不会马上消失，而是和 Web 服务器一起继续驻留在内存中，等待处理其他用户的 HTTP 请求，直到过了指定时间后一直没有用户请求为止。基于服务器 API 的所有进程均可获得服务器上的任何资源，并且当它调用外部 CGI 程序时，需要的开销也较单纯的 CGI 少，因此服务器 API 的运行效率显著高于 CGI。

开发 API 应用程序需要一些编程方面的专门知识，如多线程、进程同步、直接协议编程以及错误处理等。对于不同的操作系统和 API 驻留的不同服务器来说，API 是不同的，所以要在其他系统运行 API，就必须重新编写它们。另外，因为 API 驻留在 Web 服务器上，所以一个 API 错误可能会引起服务器崩溃。

CGI、JDBC 和 API 的工作原理不同，各有优缺点，现从不同侧面进行比较，见表 10.2。

表 10.2　　三种访问数据库技术的比较

不同侧面 \ 访问数据库的技术	CGI	JDBC	API
编程的复杂度	复杂	中等	复杂
对程序员的要求	高	中等	高
开发时间	长	中等	长
可移植性	中等	好	差
CPU 的负载	高	较低	较低

10.4.3 XML

在本书 7.3 中已经较详细地介绍了 XML。XML 是一种人和机器都能理解的格式，应用程序可以很容易地解析 XML，因此相当程度上简化了数据传输，XML 已经成为 Web 上构建和交换数据的标准。

1. XML 数据模型

由于 XML 是一种文档标记语言，具有的一些特点，如 XML 元素的有序性，文本与元素的混合等，使得半结构化数据模型不能很好地描述 XML 的特征。为此，需要提出新的数据模型来描述 XML 数据。目前还没有公认的 XML 数据模型，W3C 已经提出了 XML Information Set、XPath 1.0 Data Model、DOM model 和 XML Query Data Model。总体来讲，这四种模型都采用树结构，XML Query Data Model 是其中较为完全的一种。

2. XML 模式定义

在 XML 标准中，有一个可选项 DTD（Document Type Definition），它描述了 XML 文档的结构，类似于模式。DTD 通过指明子元素和属性的名字及出现次数来定义一个元素的结构，但它不支持对参照关系的约束，对元素出现次数的定义不够精确，可能产生非常模糊的定义。W3C 提出了定义 XML 模式的另外两个标准：XML Schema 和 Document Content Descriptors（DCDs），它们是对 DTD 的扩展。XML Schema 用 XML 语法来定义其文档的模式，支持对结构和数据类型的定义，更适合作为数据模式的定义标准。

3. XML 的存储

为了便于随后的查询和检索，目前已经提出了多种方法来组织 XML 文档的内容。最常用的方法有：

（1）使用 DBMS 把文档存储为文本；

（2）使用 DBMS 把文档内容存储为数据元素；

（3）设计专门的系统存储本机 XML 数据；

（4）从已有的关系数据库创建或发布定制的 XML 文档。

4. XML 查询语言

对于 XML 查询语言的提议有很多，最常用的有：

（1）XPath。XPath 提供了指定路径表达式的语言构造，以识别符合特定模式的 XML 文档中的某些结点（元素），是 W3C 的官方推荐语言。XPath 简单并且高效，可以嵌入到 URL 中使用。

XPath 将 XML 文档看作树，将元素、属性、注释和文本看作这些树的结点。

（2）XQuery。XQuery 采用 XPath 表达式，但还有其他的构造，是一种更通用的查询语言。XQuery 由被称作查询模块的单元组成，这些单元之间彼此相当独立，可以进行任意层次的嵌套，完成变量绑定、条件判断、查询结果构造等功能。

（3）SQL/XML。SQL/XML 是 SQL:2003 标准的一部分，用来在关系数据库中存储的数据与 XML 文档之间进行互操作。

10.5 数据仓库和数据挖掘

数据仓库（Data Warehouse，简称 DW）的概念提出于 20 世纪 80 年代中期。一些大型公司或机构为了提高市场竞争能力，往往要从大量的可能来自不同地点或不同操作系统的不同数据源的数据进行计算机辅助分析决策，即所谓的决策支持系统（Decision Support Systems，简称 DSS）。传统的数据库都是事务处理型的，主要是对数据库联机的日常操作，这种数据库应用称为联机事务处理（On-Line Transaction Processing，简称 OLTP）。显然，OLTP 无法满足 DDS 的要求，主要反映在以下几个方面。

（1）驱动和面向的对象不同。OLTP 是事务驱动，面向应用的；而 DDS 是分析驱动，面向分析。

（2）特性不同。OLTP 一般是操作频率高、处理时间短、一次操作量小，对系统性能要求高；而 DDS 的分析处理一次操作量大，往往要连续运行几个小时或更长时间，占用大量的系统资源，但对系统性能要求比较宽松。

（3）数据集成问题。OLTP 一般只需要与本部门业务有关的当前数据，对于整个企业范围内的集成应用考虑很少。而 DDS 需要集成的数据，全面而正确的数据是进行有效分析和决策的首要前提，相关数据收集的越完整，得到的结果就越可靠。

数据集成是一项十分繁杂的工作，都交给应用程序完成会大大增加程序员的负担。并且如果每做一次分析，都要对数据进行一次集成，会导致极低的处理效率，因此还存在数据动态集成的问题。

（4）历史数据问题。OLTP 一般只需要当前的数据，数据库中一般也只存放更新后的数据。但对于 DDS 决策分析来说，历史数据是非常重要的，许多分析方法都以大量的历史数据为依据来进行分析，分析历史数据对于把握企业的发展方向是很重要的。

（5）数据的综合问题。OLTP 处理的是大量的细节数据，这些细节往往需要综合后才能被 DDS 所用，而 OLTP 不具备这种综合能力的。

综上所述，传统的事务型数据库是不适用于决策支持系统的。DDS 的需求是数据仓库技术出现的根本原因。

10.5.1 数据仓库的定义

数据仓库之父 W.H.Inmon 把数据仓库定义为“数据仓库是在管理人员决策中的面向主题的、集成的、非易失的并且随时间变化的数据集合”。

该定义包含四个方面的内容。

（1）“面向主题”是指数据是由业务主题组织的，而不是由其他关键因素组织的。主题是一个抽象的概念，是在较高层次上将企业信息系统中的数据综合、归纳并进行分析利用的对象。主题对应企业或组织中某一宏观分析领域所涉及的分析对象。比如一个企业，应用的主题包括供应商、产品、顾客等，但传统的数据组织方式是面向处理具体的应用的，这些主题往往被划分为各自独立的领域，每个领域有着自己的逻辑内涵。

（2）“集成”是指数据作为一个整体进行存储的，而不是以可能有不同结构或组织方式的文件集合存储的。因此数据仓库中的综合数据不能从原有的数据库系统中直接得到，数据在进入数据仓库之前，必然要经过统一与综合。

（3）“非易失”是指数据仓库的数据是不可更新的。按计划添加新数据，但是依据规则，原数据不会丢失。如果数据仓库存放的某些数据超过存储期限，则这些数据将从当前的数据仓库中删去。数据仓库一般只进行数据查询操作，因此数据仓库管理系统（Data Warehouse Manage System，简称 DWMS）比 DBMS 简单得多，但由于数据仓库的查询数据量往往很大，所以对查询技术有很高的要求。

（4）“随时间而变化”是指时间量度明确地包含在数据中，使得随时间的趋向和变化可以用于分析研究。这并不意味着与“非易失”相矛盾，数据仓库的数据的不可更新是针对用户的分析处理而言的。数据仓库的数据随时间而变化，表现在三个方面：

1）数据仓库随时间变化不断增加新的数据内容。数据仓库必须不断捕捉 OLTP 数据库中变化的数据，追加到数据库中去，但并不是对数据仓库的原来的数据进行修改。

2）数据仓库随时间变化不断删去旧的数据内容。数据仓库的数据也有存储期限，只是它的时限比较长（如 5～10 年），数据一旦超过期限就要被删除。

3）数据仓库中包含有大量的综合数据，这些综合数据中很多跟时间有关。如数据经常按照时间段进行综合或隔一定的时间片进行抽样等。这些数据要随时间的变化不断地进行重新综合。

10.5.2 数据仓库框架

图 10.6 给出了数据仓库构造和使用的典型框架。

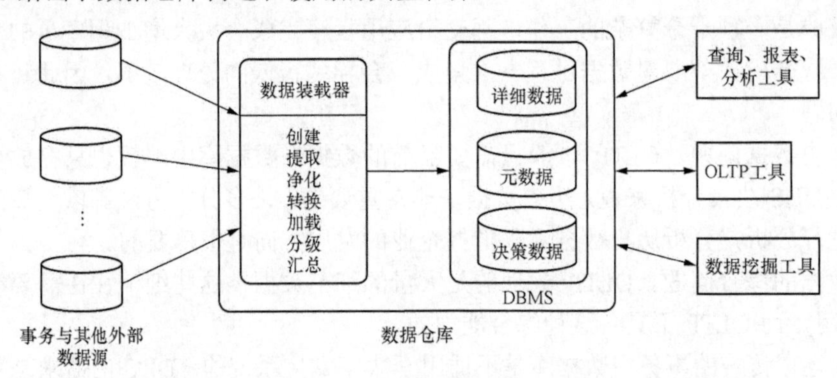

图 10.6 典型的数据仓库框架

数据仓库的整体结构主要包括以下几个方面：

（1）事务或其他外部的数据源。数据源一般是异构的，通过网络连接，数据仓库应能通过 ODBC 之类的机制访问各种数据源，包括外部数据。要注意的是，事务数据供应给数据仓库，数据仓库得到的是事务数据的拷贝，数据仓库不直接存储事务数据。

（2）提取和转换。事务或其他外部的数据被提取到数据仓库中，并转换成数据仓库的数据库结构和内部格式。

（3）净化。数据必须经过净化，以确保数据有足够的品质为其所用于的决策服务。

（4）加载。净化后的数据加载到数据仓库中。

（5）汇总。建立某种需要的数据汇总程序：预先计算出总额、平均数以及类似的经常使用的数额。这些数据汇总随着通过内部资源以及外部资源的数据输入而被储存到数据仓库中。

（6）元数据（Metadata）。元数据是有关数据的数据，类似于传统数据库中的数据字典。通过元数据可以知道数据仓库中有什么、它们来自何处、它们在谁的管辖之下、在哪里可以找到、有哪些已经预先求出的汇总数据等其他信息。

（7）数据仓库数据库（Data Warehouse Database）本身。数据仓库数据库包含数据仓库中的明细数据和汇总数据。由于数据仓库不用于处理个别事务，所以在设计组织它的数据库时没有必要考虑事务存取和检索模式，而是针对用于分析的完全不同的访问模式将数据仓库优化。

（8）终端用户查询工具。数据仓库的目的是为公司决策者提供信息。这些工具通常包括查询报表分析工具、在线分析处理（On-Line Analytical Processing，简称 OLAP）工具、数据挖掘（Data Mining）工具等。

SQL Server 2005 支持数据仓库，例如 Integration Services 用于步骤（2）～（4）等，Reporting Services 作为报表工具等。

10.5.3 数据仓库模式

典型的数据仓库具有为数据分析而设计的模式，因此，数据通常是多维数据，包括维属性和度量属性。包含多维数据的表称为事实表，通常很大。复杂的数据仓库设计也可能含有不止一个事实表。

为了最小化存储需求，维属性通常是一些短的标识符，作为参照其他表［称为维表（Dimension Table）］的外键。

具有一个事实表、多个维表以及从事实表到维表的参照外键的模式称为星形模式（Star Schema）。事实表一般都很大，维表一般都比较小。星形模式的事实表与所有的维表相连，而每一个维表只与事实表相连。更复杂的数据仓库设计可能含有多级维表。这种模式称为雪花模式。

这里只介绍了数据仓库的一些基本知识，关于数据仓库的其他知识，读者可参考有关的数据仓库的图书。

10.5.4 在线分析处理工具

在线分析处理工具是重要的数据仓库终端用户查询工具之一。在线分析处理是使用一组图形工具为用户提供数据的多维视图，并允许用户使用简单的窗口技术来分析数据。在商业领域，OLAP 是非常有用的工具，例如销售分析和预测等。

1. 多维分析的基本操作

在多维数据模型中，数据按照多个维进行组织，每个维又具有多个层次，每个层次由多个层组成。多维数据模型使用户可以从不同的视角来观察和分析数据。常用的 OLAP 多维分析操作有切片（Slice）、切块（Dice）、旋转（Pivot）、上钻（Rollup）和下钻（Drill-Down）等。通过这些操作，使最终用户能从多个角度多侧面观察数据、剖析数据，从而深入地了解包含在数据中的信息与内涵。

（1）切片。在超立方体 Cube 的某一维上选定一个维成员的操作称为切片。一次切片得到维数减 1 的 Subcube。

（2）切块。在超立方体 Cube 上选定两个或更多个维成员的操作称为切块。

（3）旋转。改变一个超立方体 Cube 的维方向的操作称为旋转。旋转用于改变对 Cube 的视角，即用户可以从不同的角度来观察 Cube。

（4）上钻。上钻提供 Cube 上的聚集操作。包括两种形式，一种是在某个维的某一层上由低到高的聚集操作；另一种是通过减少维的个数进行聚集操作。

（5）下钻。下钻是上钻的逆操作。它同样包括两种形式：在某个维的某一层次上由高到低地进行钻取操作，找到更详细的数据，或者通过增加新的维来获取更加细节的数据。

2. OLAP 的实现

OLAP 工具可以分为以下 3 类。

（1）多维 OLAP（MOLAP）工具：在多维数据存储上操作数据。

（2）关系 OLAP（ROLAP）工具：直接从关系数据库访问数据。

（3）混合 OLAP（HOLAP）工具：结合 MOLAP 和 ROLAP 两种工具的功能。

10.5.5 数据挖掘

需求是发明之母。当数据的收集、组织、存储和访问等基本问题解决之后，数据的丰富带来了对强有力数据分析工具的需求，大量的数据被描述为“数据丰富，但有用的信息贫乏”。将快速增长的海量数据收集、存放在大型的和大量的数据库中，没有强有力的工具的支持，理解它们已经远远超出了人类的能力。结果，收集在大型数据库中的数据变成了“数据坟墓”，这些数据档案难得再访问。这样，决策者缺乏从海量数据中提取有价值知识的工具，重要的决定还是要凭决策者的直觉，而不是基于数据库中信息丰富的数据。此外，考虑当前的专家系统技术，通常，这种系统依赖用户或领域专家人工地将知识输入到知识库，这个过程常常有偏差和错误，并且耗时、耗力、耗钱。通过数据挖掘，可以发现重要的数据模式，对商务决策、知识库、科学和医学研究做出巨大贡献。数据和信息之间的鸿沟要求系统地开发数据挖掘工具，将“数据坟墓”转换成“知识金块”。

数据挖掘（Data Mining）是指将大量的源数据通过清理和转换等变为适合于挖掘的数据集，然后建立特定的挖掘模型，利用这些数据集训练模型，最后挖掘、发现有用的知识。它建立在数据库，尤其是数据仓库基础之上，面向非专业用户，定位于桌面，支持即兴的随机查询。数据挖掘技术能自动分析数据，对它们进行归纳性推理和联想，寻找数据间内在的某些关联，从中发掘出潜在的、对信息预测和决策行为起着十分重要作用的模式，从而建立新的业务模型，以达到帮助决策者制定市场策略、作出正确决策的目的。数据挖掘是数据库研究、开发和应用最活跃的分支之一，数据挖掘技术涉及数据库、人工智能、机器学习、模式识别、信息检索和统计分析等多种技术，它使决策支持工具跨入了一个新的阶段。

数据挖掘可以在任何类型的信息存储上进行，包括关系数据库、数据仓库、对象-关系数据库、空间数据库、多媒体数据库和 WWW 等。其中数据仓库对支持数据分析是有帮助的，但需要更多的数据挖掘工具，以便进行更深入地自动分析。

数据挖掘通过预测未来趋势及行为，做出基于知识的决策。数据挖掘的目标是从数据库中发现隐含的、有意义的知识，其功能以及可以发现的模式类型主要有以下几种。

1. 自动预测趋势和行为

数据挖掘自动在大型数据库中寻找预测性信息，以往需要进行大量手工分析的问题如今可以迅速直接由数据本身得出结论。一个典型的例子是市场预测问题，数据挖掘使用过去有关促销的数据来寻找未来投资中回报最大的用户，其他可预测的问题包括预报破产以及认定对指定事件最可能作出反应的群体。SQL Server 2005 中，当预测列是一个连续变量的时候，神经网络算法是回归的第一选择，而时序算法是用于预测时间序列数据的首选算法。

2. 关联分析

数据关联是数据库中存在的一类重要的可被发现的知识。若两个或多个变量的取值之间存在某种规律性，就称为关联。关联可分为简单关联、时序关联、因果关联。两种常用的技术是关联规则和序列模式。关联规则是寻找在同一个事件中出现的不同项的相关性，比如在一次购买活动中所买不同商品的相关性。序列模式与此类似，寻找的是事件之间时间上的相关性，如对股票涨跌的分析。关联分析的目的是找出数据库中隐藏的关联网，有时并不知道数据库中数据的关联函数，即使知道也是不确定的，因此关联分析生成的规则带有可信度。

SQL Server 2005 Analysis Services 提供关联算法。

3. 聚类

数据库中的记录可被化分为一系列有意义的子集，即聚类。聚类增强了人们对客观现实的认识，是概念描述和偏差分析的先决条件。聚类技术主要包括传统的模式识别方法和数学分类学。聚类技术在划分对象时不仅考虑对象之间的距离，还要求划分出的类具有某种内涵描述，从而避免了传统技术的某些片面性。SQL Server 2005 Analysis Services 提供聚类分析算法。

以 Web 搜索引擎作为一种应用示例。Web 搜索引擎经常找到几十万个匹配一个给定查询的文档。为帮助组织这些文档，Web 搜索引擎可根据它们使用的单词将它们聚类。如，Web 搜索引擎可将文档放入一个空间中，对每一个可能用到的单词，在这个空间中都有一维与它对应，这需要排除最常用的单词，如“and”、“the”和“的”等。根据任何特定词出现频率将文档放入相应空间。如，一千个单词的文档中有两个“数据库”词汇，则将文档放在与“数据库”对应的那一维的 0.002 坐标处。通过将文档在词空间聚类，得到谈论相同事情的文档组。例如，谈论篮球的文档不太可能出现数据库文档中常见的“函数”、“范式”等词汇。

4. 概念描述

概念描述就是对某类对象的内涵进行描述，并概括这类对象的有关特征。概念描述分为特征性描述和区别性描述，前者描述某类对象的共同特征，后者描述不同类对象之间的区别。生成一个类的特征性描述只涉及该类对象中所有对象的共性。生成区别性描述的方法很多，如决策树方法、遗传算法等。SQL Server 2005 Analysis Services 提供决策树算法。

5. 偏差检测

数据库中的数据常有一些异常记录，从数据库中检测这些偏差很有意义。偏差包括很多潜在的知识，如分类中的反常实例、不满足规则的特例、观测结果与模型预测值的偏差、量值随时间的变化等。偏差检测的基本方法是寻找观测结果与参照值之间有意义的差别。

10.6 嵌入式数据库

10.6.1 嵌入式系统

嵌入式系统是以嵌入式计算机为技术核心，面向用户、面向产品、面向应用、软硬件可裁减的，适用于对功能、可靠性、成本、体积、功耗等严格要求的专用计算机系统。和通用计算机不同，嵌入式系统是针对具体应用的专用系统，目的就是要把一切应用变得更简单、更方便、更普遍、更适用。

嵌入式系统主要由嵌入式处理器、外围硬件设备、嵌入式操作系统以及特定的应用程序等四部分组成，是集软硬件于一体的可独立工作的“器件”；用于实现对其他设备的控制、监视或管理等功能。

嵌入式计算机系统同通用型计算机系统相比具有以下特点：

（1）嵌入式系统通常是面向特定应用的。嵌入式 CPU 与通用型 CPU 的最大不同就是嵌入式 CPU 大多工作在为特定用户群设计的系统中，它通常都具有低功耗、体积小、集成度高等特点，能够把通用 CPU 中许多由板卡完成的任务集成在芯片内部，从而有利于嵌入式系统设计趋于小型化，移动能力大大增强，跟网络的耦合也越来越紧密。

（2）嵌入式系统是将先进的计算机技术、半导体技术和电子技术与各个行业的具体应用相结合后的产物。这就决定了它必然是一个技术密集、资金密集、高度分散、不断创新的知识集成系统。

（3）嵌入式系统的硬件和软件都必须高效率地设计，量体裁衣、去除冗余，力争在同样的硅片面积上实现更高的性能，这样才能在具体应用中对处理器的选择更具有竞争力。

（4）嵌入式系统和具体应用有机地结合在一起，它的升级换代也是和具体产品同步进行，因此嵌入式系统产品一旦进入市场，具有较长的生命周期。

（5）为了提高执行速度和系统可靠性，嵌入式系统中的软件一般都固化在存储器芯片或单片机本身中，而不是存贮于磁盘等载体中。

（6）嵌入式系统本身不具备自举开发能力，即使设计完成以后用户通常也是不能对其中的程序功能进行修改的，必须有一套开发工具和环境才能进行开发。

随着后 PC 时代的到来，使得人们越来越多地接触到嵌入式系统的产品。像手机、PDA（如商务通等）均属于手持的嵌入式产品，VCD 机、机顶盒等也属于嵌入式产品，而像车载 GPS 系统、数控机床、网络冰箱等同样都采用嵌入式系统。形式多样的数字化设备正努力把 Internet 连接到人们生活的各个角落。嵌入式软件是数字化产品的核心，如果说 PC 机的发展带动了整个桌面软件的发展，那么数字化产品的广泛普及必将为嵌入式软件产业的蓬勃发展提供无穷的推动力。现在，嵌入式软件已经在很多领域得到了大量应用。

10.6.2 嵌入式数据库

随着微电子技术和存储技术的不断发展，嵌入式系统的内存和各种永久存储介质容量都在不断增加。这也就意味着嵌入式系统内数据处理量会不断增加，如此大量的数据如何处理变得非常现实。人们将原本在企业级运用的复杂的数据库处理技术引入到嵌入式系统中，故应用于嵌入式系统的数据库技术也就应运而生。与各种智能设备紧密结合的嵌入式数据库技术现在已经得到了学术界、工业界、军事领域、民用部门等各方面的重视。人们将发现，不久的将来嵌入式数据库将无处不在，人们希望随时随地存取任意数据信息的愿望终将成为现实。

1. 嵌入式数据库的基本架构

嵌入式系统主要由嵌入式处理器、外围硬件设备、嵌入式操作系统以及特定的应用程序等组成，在目前各种应用解决方案中，基本上都采用了如图 10.7 所示的体系结构。

图 10.7 嵌入式数据库的基本架构

在这个嵌入式架构中，嵌入式数据库系统能够和嵌入式操作系统有机地结合在一起，为应用开发人员提供有效的本地数据管理手段，同时提供各种定制条件和方法。

目前，各种嵌入式数据库系统提供应用定制的方法主要有编译法和解释法两种。前者是将应用所使用的数据管理操作固定在应用中，在应用生成后，如果需要调整操作，参数也要重新生成。而解释法则将数据操作的解释器集成在应用中，生成后的应用对新的操作也能够起作用。无论采用哪种方式，嵌入式数据库系统都要努力降低自己的资源消耗，提高处理效率。

2. 嵌入式数据库的应用

从计算机技术及其应用发展的历史来看，计算机技术，尤其是数据库技术发展的原动力主要来自两个方面：不断发展扩大的应用需求和其他支撑技术的发展。嵌入式数据库领域的研究在继续深入发展的同时，也已经进入了实用化和产品化的阶段。

纵观目前国际、国内嵌入式数据库的应用情况，嵌入式数据库的应用处于一个“百花齐放、百家争鸣”的状态，即目前基于嵌入式数据库应用的市场需求已经进入加速发展的阶段。但应用需求多种多样，计算平台也是各有特色，还没有任何一家厂商能够做到一统天下，整个市场的需求空间仍然很大。

嵌入式数据库的常见应用领域如下。

（1）数据库信息存取。移动用户通过前端嵌入式数据库应用工具，直接向网络数据库服务器提交查询，将检索到的结果缓存或复制到嵌入式数据库中，进行本地管理。这些前端工具可能进行一定的定制，后台数据库服务器也可能作一些修改。

（2）场地内或场地间的移动应用。应用中的移动用户在某个或某几个场地内移动，同时保持与基地服务器的联系，这种典型应用有存货清单和制造公司的车间管理等。

（3）基于 GPS 和 GLS 的应用。这类应用通过地球同步通信卫星（GPS 类）传送地图信息或位置信息，或者通过发射器的信号广播（GLS 类）来发送位置信息，各种位置信息、环境信息以及其他的辅助资料可以保留在嵌入式数据库中。例如 GIS 系统（Geographic Information System）通过获取指定地点的地图信息来指导工作，该系统可以应用到自然资源和环境控制中。

（4）现场审计和检查。移动用户是具有一定审计、检查、监督等权利的检查人员，在处理过程中要连接到受检查者的信息数据库，并进行必要的更新，同时更新被检查者的嵌入式数据库。例如，出租车检查、财务审计、施工监督、车辆保险协调等。

3. 嵌入式数据库发展展望

嵌入式数据库将随着各种移动设备、智能计算设备、嵌入式设备的发展而迅速发展。随着设备上的嵌入式应用对数据管理的要求不断提高，嵌入式数据库技术的地位也日显重要，它将在各个应用领域中扮演越来越重要的角色。

小　　结

随着数据库技术的发展和应用的深入，出现了新的数据模型、新的技术内容、新的应用领域，本章在三方面分别介绍了一些代表性的数据库：面向对象数据库、分布式数据库系统、多媒体数据库、嵌入式数据库、WWW 数据库和数据挖掘。

基于面向对象模型的第三代数据库系统（ODBS）由于处理问题的方法不同，可以分为两种类型：面向对象数据库系统（OODBS），直接将面向对象程序设计语言引入数据库，完全与已有的关系数据库系统无关，本章主要介绍了 ODBMS 方面的 ODMG 3.0 标准；对象关系数据库系统（ORDBS），在关系数据库系统自然加入面向对象技术从而使得其具有新的功能和应用，本章主要介绍了 SQL:2003。最后，对两类数据库进行了简单比较。

分布式数据库系统主要介绍了设计过程中涉及的数据复制、数据分片等技术，评价执行一个分布式查询的简单策略，并描述实现分布式并发控制的技术与方法，最后简单描述了三层客户机/服务器模型。

多媒体数据库主要介绍了要处理的多媒体，多媒体数据库的基本特征、多媒体数据模型和多媒体数据库管理系统的体系结构等。

WWW 与数据库的结合使用户可以通过 WWW 浏览器很方便地查询数据库中数据。目前 WWW 与数据库的连接有三种方式：CGI、API 和 JDBC。

数据仓库介绍了其定义、框架、模式和在线分析处理工具。数据挖掘可以认为是从数据中抽取知识的活动，简单介绍了定义和目标。

嵌入式数据库介绍了其框架、应用。

习　题

一、单项选择

1．DDBS 中，透明性层次越高（　　）。

A．网络结构越简单　　B．应用程序编写越简单

C．网络结构越复杂　　D．应用程序编写越复杂

2．ORDBMS 可以处理（　　）。

A．复杂对象　　B．UDT

C．抽象数据类型　　D．以上都是

3．在同构 DDBS 中（　　）。

A．存在几个站点，每个站点都在相同的 DBMS 上运行它们自己的应用程序

B．所有的站点都有相同的 DBMS 软件

C．所有的用户（或客户）都使用相同的软件

D．以上都是

4．C/S 系统的客户机的功能是实现（　　）。

A．前端处理和事务处理　　B．事务处理和用户界面

C．前端处理和用户界面　　D．事务处理和数据访问控制

5．ODL 构造可以映射到（　　）。

A．C++　　B．SmallTalk　　C．Java　　D．以上都是

6．DDBS 允许应用程序从（　　）访问数据。

A．本地数据库　　B．远程数据库

C．本地和远程数据库　　D．以上都不是

7．数据分片是（　　）。

A．将数据库划分成多个逻辑单元的技术，这些单元可以存储在不同的站点上
B．对几个站点决定数据存放位置的过程
C．允许某些数据存储在多个站点上的技术
D．以上都不是

8．HTTP 的全称为（　　）。
A．超文本传输协议　　B．高性能电话传输协议
C．合同谈判协议　　D．以上都不是

9．CGI 的全称为（　　）。
A．编译网关接口　　B．公共网关接口
C．目录网关接口　　D．以上都不是

10．下列（　　）是数据仓库中数据的特征。
A．非易失　　B．面向主题
C．随时间而变化　　D．以上都是

二、填空

1．在定义数据分片时，必须遵守 3 个条件：__________、__________和__________。
2．基于半连接的查询优化策略的主要思想是______________。
3．______________是数据库物理地存储在两个或多个计算机系统中。
4．异构的分布式数据库系统也称为______________或多数据库系统。
5．关系的水平分片是按一定的条件把全局关系的所有元组划分成若干__________的子集。
6．多媒体查询称为_________查询。
7．WWW 是 Internet 的一个子集，它使用称为_________的计算机来存储多媒体文件。
8．HTML 是______________的缩写。
9．URL 是______________的缩写。
10．________是从大型数据库中提取隐藏的预测性信息。

三、简答

1．ODMG 3.0 标准的组成有哪几部分？SQL:2003 标准的组成有哪几部分？
2．什么是分布式数据库？与集中式数据库相比有哪些特点？
3．什么是数据分片？数据分片有哪几种？
4．什么是数据分配？数据分配有哪几种？数据分配的一般准则是什么？
5．什么是数据挖掘？为什么需要数据挖掘？
6．关联规则是什么？
7．什么是分布式查询？
8．多媒体数据建模有哪几种方法？
9．多媒体数据库管理系统有哪几种组织结构？
10．WWW 与数据库的连接，现在主要有哪些方式？各有什么优缺点？

参 考 文 献

[1] 陆慧娟，高波涌，蒋志平．数据库系统原理．杭州：浙江大学出版社，2004．

[2] Abraham Silberschatz，Henry F.Korth，S.Sudarshan．数据库系统概念（Database System Concepts）．5版．杨冬青，马秀莉，唐世渭，等译．北京：机械工业出版社，2008．

[3] Jeffrey A. Hoffer，Mary B. Prescott，Fred R. McFadden．现代数据库管理（Modern Database Management）．8版．刘伟琴，张芳，史新元译．北京：清华大学出版社，2008．

[4] 李建中，王珊．数据库系统原理．2 版．北京：电子工业出版社，2005．

[5] 李合龙，董守玲，谢乐军，等．数据库理论与应用．北京：清华大学出版社，2008．

[6] 谢兴生．高级数据库系统及其应用．北京：清华大学出版社，2010．

[7] Michael Kifer，Arthur Bernstein，Philip M.Lewis．数据库系统面向应用的方法（Database System:An Application-Oriented Approach）．2 版．陈立军，赵加奎，邱海艳，帅猛，等译．北京：人民邮电出版社，2006．

[8] 施伯乐，丁宝康，汪卫．数据库系统教程．3 版．北京：高等教育出版社，2008．

[9] 闪四清．数据库系统原理与应用教程．3 版．北京：清华大学出版社，2008．

[10] 王常选，廖国琼，吴京慧，刘喜平．数据库系统原理与设计．北京：清华大学出版社，2009．

[11] 蒋学英，刘星，程绍辉，黄立明．Web 数据库设计与开发．北京：清华大学出版社，2007．

[12] 赵韶平，徐茂生，周勇华，罗海燕，等．PowerDesigner 系统分析与建模．2 版．北京：清华大学出版社，2010．

[13] 郭薇，郭菁，胡志勇．空间数据库索引技术．上海：上海交通大学出版社，2006．

[14] 苗雪兰，刘瑞新，宋歌，等．数据库系统实验指导和习题解答．2 版．北京：机械工业出版社，2008．

[15] 王珊，萨师煊．数据库系统概论．4 版．北京：高等教育出版社，2006．

[16] 郝安林，许勇，康会光，郭洪武，等．SQL Server 2005 基础教程与实验指导．北京：清华大学出版社，2008．

[17] 王珊，李盛恩．数据库基础与应用．2 版．北京：人民邮电出版社，2009．

[18] 钱雪忠，罗海驰，钱鹏江．数据库系统原理学习辅导．北京：清华大学出版社，2004．

[19] 崔巍．数据库系统及应用．2 版．北京：高等教育出版社，2003．

[20] 陆慧娟，高波涌，蒋志平．数据库系统原理-习题集与上机指导．杭州：浙江大学出版社，2004．

[21] 叶小平，汤庸，汤娜，左亚尧，刘海．数据库系统基础教程．北京：清华大学出版社，2007．

[22] 朱杨勇．数据库系统设计与开发．北京：清华大学出版社，2007．

[23] 李绍原，罗晓沛．数据库技术新进展．2 版．北京：清华大学出版社，2007．

[24] Ramez Elmasri，Shamkant B. Navathe．数据库系统基础：初级篇（Fundamentals of Database System）．5版．邵佩英，徐俊刚，王文杰，等译．北京：人民邮电出版社，2007．

[25] Ramez Elmasri，Shamkant B. Navathe．数据库系统基础：高级篇（Fundamentals of Database System）．5版．邵佩英，徐俊刚，王文杰，等译．北京：人民邮电出版社，2008．

[26] S. K. Singh．数据库系统概念、设计及应用（Database Systems: Concepts, Design & Applications）．何玉洁，王晓波，车蕾，等译．北京：人民邮电出版社，2010．